DEUTSCHE DEMOKRATISCHE REPUBLIK
DEUTSCHE AKADEMIE DER LANDWIRTSCHAFTSWISSENSCHAFTEN ZU BERLIN
INSTITUT FÜR LANDWIRTSCHAFTLICHE INFORMATION UND DOKUMENTATION

Landwirtschaftliches Zentralblatt

ABTEILUNG I

LANDTECHNIK

SACHREGISTER 1963

AKADEMIE-VERLAG · BERLIN

LZ. I. LANDTECHNIK · JG. 1963 · SACHREGISTER · BERLIN · JUNI 1964

LANDWIRTSCHAFTLICHES ZENTRALBLATT

ABTEILUNG LANDTECHNIK

DEUTSCHE DEMOKRATISCHE REPUBLIK
DEUTSCHE AKADEMIE DER LANDWIRTSCHAFTSWISSENSCHAFTEN ZU BERLIN
INSTITUT FÜR LANDWIRTSCHAFTLICHE INFORMATION UND DOKUMENTATION

Landwirtschaftliches Zentralblatt

ABTEILUNG I

LANDTECHNIK

SACHREGISTER 1963

AKADEMIE-VERLAG · BERLIN

LZ. I LANDTECHNIK · JG. 1963 · SACHREGISTER · BERLIN · JUNI 1964

LANDWIRTSCHAFTLICHES ZENTRALBLATT

KURATORIUM

CHEFREDAKTEUR

STELLVERTRETENDER CHEFREDAKTEUR

ABTEILUNG LANDTECHNIK

REDAKTIONSAUSSCHUSS

REDAKTION

LANDWIRTSCHAFTLICHES ZENTRALBLATT

ABTEILUNG I
LANDTECHNIK

SACHREGISTER

1963

BEARBEITET VON DIPLOM-LANDWIRT MARGOT LÜPNITZ

Herausgeber: Deutsche Demokratische Republik · Deutsche Akademie der Landwirtschaftswissenschaften zu Berlin, Institut für Landwirtschaftliche Information und Dokumentation, Berlin W 8, Krausenstraße 38/39; Fernsprecher: 22 51 61. Chefredakteur: Dr. Ursula Wittbrodt, stellvertretender Chefredakteur: Dr. Werner Kleeberg, Berlin W 8, Krausenstraße 38/39; Fernsprecher: 22 51 61. Redaktion der Abteilung I – Landtechnik: Dr. Joachim Güssefeldt. Verlag: Akademie-Verlag GmbH, Berlin W 8, Leipziger Straße 3—4; Fernsprecher: 22 04 41, Telex-Nr. 011773, Postscheckkonto Berlin 350 21. Bestellnummer dieses Heftes: 1030 I – SR 63. Das Landwirtschaftliche Zentralblatt, Abt. Landtechnik, erscheint jährlich in 9 Heften. Einzelheft DM 20,–; einseitig bedruckte Ausgabe DM 24,–. Jahresbezugspreis DM 180,–; einseitig bedruckte Ausgabe DM 216,– einschließl. Autoren- und Sachregister, zuzüglich Porto- und Versandkosten. Gesamtherstellung: VEB Druckerei „Thomas Müntzer" Bad Langensalza. Veröffentlicht unter der Lizenznummer 1289 des Presseamtes beim Vorsitzenden des Ministerrates der Deutschen Demokratischen Republik.

EINFÜHRUNG IN DAS SACHREGISTER

Das Sachregister für den Jahrgang 1963 besteht aus einem alphabetisch angeordneten Stichwortverzeichnis. Die Stichwörter wurden den Titeln und Texten der Referate, den Buchbesprechungen und den Bibliographien entnommen. Sie sind weitgehend durch Hinweise untereinander verbunden. Sachlich zusammengehörende Stichwörter wurden zusammengefaßt (Beispiel: Scheibenradfeldhäcksler, Schlegelernter, Trommelfeldhäcksler zu "Feldhäcksler") und innerhalb der einzelnen Stichwörter nach sachlichen Gesichtspunkten geordnet.

Zahlen hinter den Stichwörtern geben die Seiten im Jahresband an, auf denen die Referate und Buchbesprechungen zu finden sind (Beispiel: Anbaugeräte, Vorzüge gegenüber Anhängegeräten 699). Seitenzahl mit $^{+}$ bedeutet Bibliographie.

Hinweise ohne Seitenangabe geben das Synonym oder andere Stichwörter an, unter denen der Begriff zu finden ist (Beispiele: Bindemäher s. Mähbinder; Fahrsilo s. unter Gärfutterbehälter).

STICHWORTVERZEICHNIS

Abfallvertilger der English Electric für Küchenabfälle 765.
Abferkelställe s. unter Schweineställe.
Abgasturbo-Aufladung s. unter: Dieselmotoren, Motoren.
Abies alba Mill., Weißtanne, Ermittlung des Wassergehaltes von Saatgut 621; Saatgutaufbereitung 622.
Abkalbeställe, Baunormen und -regeln (SNiP) 1361; Typenvorschläge 819; Bauvorschlag 1011; Warmbauten, unifizierte Stahlbetonfertigteile 1362; Stall in Mastenbauweise 809; Stall mit 26 Ständen 1190.
Abkühlungsgröße s. unter Stallklima.
Abladen s. Entladen.
Absackbänder s. unter Kartoffeln: Transport.
Abtütwaagen s. unter Kartoffeln: Ernteaufbereitung.
Abwärme, Industrieabwärme zur Gewächshausbeheizung 353, 775.
Abwasser, Anfall bei der modernen Rinder- und Schweinehaltung in Großbetrieben 1273; in Molkereien 503. - Schutz der Gewässer vor Verunreinigung 1203; kommunale Gemeinschaftsplanung in Wasser- und Kanalisationsfragen 122; Bauforschung 1170; komplexe Mech. beim Bau von Abflußkanälen 651; flache Kanäle für Niederschlagwasser, Bodenstabilisierung mit Zement 651.
Abwasserbeseitigung: 813; Jahresübersicht 1356; mit Hilfe des Schwemmmistverfahrens 922; von Melkhäusern 922.
Abwasserverregnung: 298, 705; Gerätesysteme 550.
Ackerbürste, Unkrautbekämpfung im Pflanz-Gemüsebau 555; "P 281" 602, 1136; "BPN-4" für erhöhte Arbeitsgeschwindigkeiten 243.
Ackerwagen, Bauweisen und Einsatz 1063; Allzweck- oder Zweckwagen? 1064; Vorteile eines Vielzweckwagens 1064; Selbstladewagen 155; Übersicht über westdeutsche Fabrikate 113; Pferdewagen und -geschirr in China 155; Zusatzprüfung des kombinierten Ackerwagen-Düngerstreuers "AV 3", Maschinenprüfbericht Ultuna 1225. - s. auch: Einachsanhänger; Schlepperanhänger; Entladen s. dort.
Adhäsion zwischen Boden und festen Werkstoffen 688.
Ährendruschverfahren s. unter Dreschen.
Ährenheber, Arbeitsbedingungen bei der Mahd von Hülsenfrüchten 1078.
Ährenköpfdrescher für Schlepperaufbau 895.
Äpfel, Boden- und Blattanalysen 1283; Widerstandsfähigkeit gegenüber Beschädigung 948. - Mechanisierung der Ernte 1302; physik. Messungen als Grundlage für pneumatische Ernteverfahren 1124; mech. Schüttelgeräte oder Vibratoren 1305; Obstrüttelgeräte in Kombination mit Auffangvorrichtungen 1305; Sammelgerät für Falläpfel 466. - Arbeitsverfahren bei dem Transport vom Baum zum Lager 1304; Verwendung von Palette und Großkiste im Erwerbsobstbau 1302; Großkistenverwendung 207, 1125, 1126; Großkistenverwendung bei 'McIntosh'-Äpfeln für den Frischmarkt 1304. - Aufbau

einer Aufbereitungsstation 209; halbautomat. Anlage zum Auslesen, Polieren, Sortieren und Verpacken 209.
Lagerung: 1125; Erfahrungen mit Luftwaschgeräten bei der Kühl- und Gaslagerung 952; Luftwaschanlage "Sigma" 356; Lagerung in verpacktem Zustand 90; Apfelscheiben, Gefriertrocknungsversuche 339.
Aerosolgeräte s. unter Nebeln.
Afrika, Bekämpfung der Tsetsefliege vom Flugzeug aus 867; möglicher Einsatz von Plastmaterialien bei der Lagerhaltung 740.
Ahorn, Erhöhung der Keimkraft des Saatgutes 1137.
Allheuer s. unter Heuernte: Schwaden, Wenden.
Allradschlepper s. unter Schlepper.
Altbaunutzung, Bauhandbuch für LPG 114.
Altersheim, Richtlinien für Planung und Bau 653; "Tallgården" 654.
Aluminium als Bau- und Werkstoff in der Landwirtschaft 115, 833, 1000; Lit. über Pleuelstangen 286 . - Al-Legierungen: Anwendung bei der Konstruktion landwirtsch. Maschinen 682; Verwendung bei Beregnungsaggregaten 419. - Al als Baustoff 248; Einfluß auf das Stallklima 497; Al als Dachmaterial für landwirtsch. Gebäude 385; Getreidelagersilos und Trockner 134.
Ambulanz in Ostra Husby 124.
Ammoniak, mech. Beimischung zu Zuckerschnitzeln und Silomasse 749. - Ammoniakatdüngung s. unter Düngen.
Amphibienfahrzeug mit 2 Mähbalken von Liédrot 1348.
Analogrechner s. unter Rechenanlagen.
Anbaugeräte, Vorzüge gegenüber Anhängegeräten 699; Minderung der Stoßbeanspruchung 541. - s. auch die einzelnen Geräte; s. unter dem Arbeitsvorgang.
Anbindeställe, Beziehung zwischen Betriebsgebäuden und Betriebsorganisation 745; Hygiene und Gesundheit der Tiere 1187; Perspektiven als Kaltstall 909. - Vergleich der Produktionskosten für Milch bei verschiedenen Stalltypen 1188; Vergleich von Anbinde- und Laufställen für Milchvieh 255; Vergleich der Milchviehhaltung im Anbinde- und Offenstall 746, 1008; Vergleich der Gesamtkosten eines Tierplatzes in Offen- und Geschlossenställen für Milchvieh 125; ökonomischer Vergleich der Jungbullenmast im Anbinde- und Offenlaufstall 69.
Normung 1363; Richtlinien in der ČSSR 396; Kuhställe in LPG der DDR 253; Bau moderner Ställe in den Niederlanden 745; Genossenschafts-Ställe in Schweden 658; Stall auf der Ausstellung in Jönköping, Schweden 826. - Nutzung von Altbauten als Milchviehställe 660; Ausbauvorschläge zum geschlossenen Anbindestall für Kühe 1009; Umbau in einen Laufstall 586. - Ställe in Mastenbauweise 509, 510, 809; 4reihige Ställe 655, 1184; 4reihiger Stall mit niedrigen Wänden 508; 4- und 2reihige Ställe 659; 2reihige Ställe mit zentralem Futter- oder Mistgang 1007; Stall mit Entmistungs- und Melksanlage 13; Stall mit Bergeraum und Rohrmelkanlage, Baukosten 658; Stall mit halbautomat. Fütterung 815; Stall mit Handfütterung 815;

Frischluftstall für alpenländische Betriebe 254. - Stall ohne Streu, mit wärmedämmenden Gummimatten 805; Spaltfußboden 508, 654. - Neu entwickeltes Entlüftungssystem 1363.

Standlänge und Anbindevorrichtungen: 126; Kurzstand 245, 254, 395, 396, 1362; Kurzstand mit Halsrahmen oder Gleitketten 638; Kurzstand mit anschließendem Gitterrost und mech. Entmistung 397; Stall mit Kurzstand und Halsbügelanbindung 678; Anbindevorrichtungen für Kurzstände, Einfluß auf das Verhalten von Mastrindern 126; Mittellangstand 1009; Anbindevorrichtungen für Mastrinder, Gebrauchsfähigkeit und Wirtschaftlichkeit 1169; elektr. Rückenbügel 919.

Arbeitswirtschaft: Arbeitszeitaufwand und -bedarf 909; Arbeits- und Investitionsaufwand im hochmech. Stall 382; Arbeitseinsparung der Laufstallhaltung gegenüber Anbindehaltung 638; ökonomische Beurteilung der verschiedenen Melk-, Entmistungs- und Fütterungsverfahren 508; Mechanisierung arbeitsintensiver Prozesse in Ställen in Rahmenbauweise 661; Mechanisierung der Fütterungs- und Entmistungsarbeiten 1271.

Anhängegeräte s. die einzelnen Geräte; s. unter dem Arbeitsvorgang.

Anlasser s. unter Schlepper: Motoren.

Anlaßhilfen s. unter Schlepper: Motoren.

Anstaubewässerung für Topfpflanzenbetriebe 775.

Anstriche, wetterfeste Schutzanstriche für landwirtsch. Holzbauten 834.

Anti-Schall bei Heubelüftungsanlagen 905.

Antriebe s. die einzelnen Maschinen und Geräte; Elektro-Antriebe s. dort.

Apfelwicklerwarndienst in Österreich 612.

Aprikose, physik. Messungen als Grundlage für pneumatische Ernteverfahren 1124.

Aräometer s. unter Milch.

Arbeitsbühne s. unter Obstbau: Ernte.

Arbeitsgeschwindigkeit von Schleppern s. unter Schlepper.

Arbeitshygiene in der Forstwirtschaft 615.

Arbeitskennzahlen s. unter Arbeitswirtschaft.

Arbeitsmedizin, Schlepper, Maschinen, Berücksichtigung der menschl. Anatomie bei Anordnung der Bedienungselemente und Form der Sitze 1044; Schlepperfahren und Gesundheit 847+; Rückenschäden bei Waldarbeitern 366. - s. auch Arbeitsphysiologie.

Arbeitsphysiologie, Untersuchungen 2; praktische Arbeitsphysiologie 402+; Arbeitskalorienumsatz zur Kennzeichnung der möglichen Produktivität 1133; Messung der körperlichen Leistungsfähigkeit 402+; Ermittlung der Schwere der Arbeit 601; Meßverfahren der Spitzenbelastung des Menschen bei der Arbeit 680; Gerät zur Prüfung körperlicher Anstrengung 958. - Umweltbedingungen und psychische Leistungsfähigkeit 7; Bedeutung des Klimas am Arbeitsplatz für körperliche Arbeitsfähigkeit 7; Physiologie industrieller Arbeiter in den Tropen 7; Abhängigkeit der Arbeitsleistung von den Sehbedingungen 7; Einfluß von Vibrationen und emotionales Ver-

halten 402. - Energieaufwand bei hauswirtsch. Arbeiten 195; techn. und bauliche Gestaltung des Hauses, Bedeutung für die Arbeitsbelastung 1357; körperliche Belastung beim Bügeln, Untersuchungsergebnisse 82. - Folgen von Arbeit und Ermüdung auf die Verkehrssicherheit 138; fußgerechtes Schuhwerk 522.
Probleme in der Landtechnik, insbesondere beim Schlepperfahren 846; Einfluß des Motorenlärms und der Sitzschwingungen auf den Schlepperfahrer 847; Schwingungsbelastung des Schlepperfahrers 1110; techn. Möglichkeiten zur Minderung der auf den Schlepperfahrer einwirkenden Schwingungen 1059, 1060; Meß- und Bewertungsverfahren für die menschliche Belastung beim Arbeiten mit Einachsschleppern 535; Arbeitsbedingungen der Traktoristen auf dem Schnellschlepper "T-75" 847.
Forstwirtschaft: Auswirkungen der Technik auf den Menschen 615; Einmannarbeit im Hauungsbetrieb, internationaler Arbeits- und Leistungsvergleich 367; Energieverbrauch bei Holzfällen 790; physiol., hygienische und ökonomische Fragen der Arbeit der Motorsägen 224, 367; körperlicher Energieverbrauch bei der Arbeit mit Motorsägen 370; körperliche Anstrengung bei der Arbeit mit verschiedenen VK- und Elektro-Motorkettensägen 367; Entasten mit der Axt und Motorsäge 369; körperliche Belastung beim Tragen der Motorsägen 102.

<u>Arbeitsproduktivität</u> in der Landwirtschaft 1045^{+}.

<u>Arbeitsschutz</u> und Arbeitshygiene in der Landwirtschaft 686; techn. Handbuch 1206^{+}; Spravočnik po ocbrane truda v sel'skom chozjajstve (Handbuch) 526^{+}; Vorschriften in der Tierzucht 320^{+}; Arbeitsschutz beim Flugzeugeinsatz 542; Maßnahmen gegen Witterungsunbilden bei der Arbeit im Obstbau 940; ist das Anspritzen von Hochspannungsleitungen gefährlich? 91. Forstwirtschaft: Aufbereitung von Windwurf 1324; Schutzkappen für den Holzeinschlag 958; Schutzhelm für Waldarbeiter 783; Schutzschuhe für Waldarbeiter 783.

<u>Arbeitstechnik,</u> Bewegungsstudium und Arbeitsgestaltung 5^{+}; Berücksichtigung des arbeitenden Menschen bei neuen Arbeitsverfahren und Maschinen 601; Einfluß der Parzellenform auf die Leistung der Arbeitsmaschinen 1044, 1045; Handhabung getragener Maschinen 616; Arbeitsuntersuchungen in der Hauswirtschaft 1102; Arbeitsgestaltung beim Schneiden von Erikenstecklingen 601; Einmannarbeit im Hauungsbetrieb, internationaler Arbeits- und Leistungsvergleich 367.

<u>Arbeitsvoranschlag,</u> Bedeutung und Methode 7.

<u>Arbeitswirtschaft,</u> Klärung und Systematisierung von Begriffen 403; landwirtsch. Symbole 401; Arbeitsbedarf und Arbeitskosten 6. - Methodik für Zeitstudien bei landwirtsch. Arbeiten 140; Work study in agriculture 279^{+}; Arbeitszeit- und Arbeitsaufwanderhebungen 2; Standardzahlen für die Arbeitszeitmessung 1045; Kostenvergleich von Arbeitsverfahren 526^{+}. - Techn.-wirtsch. Kennzahlen (TWK) zur Planung der Arbeit in LPG und VEG 835^{+}; Entwicklung einer Betriebsplanungsmethode 278; Bedeutung und Metho-

de des Arbeitsvoranschlages 7; Arbeitsorganisation bei Einführung der komplexen Mechanisierung 1066; Arbeitsorganisation in den Kollektivwirtschaften 1045+. - Jahresbericht des ILR 1961 402; Arbeitsteilung und Spezialisierung in der Landwirtschaft 1046+; Arbeitsaufwand vom Gesamtbetrieb her gesehen 526+; Arbeitsaufwand in alpinen Grünlandbetrieben 686; Schwerpunkte der Arbeitsersparnis in Hof und Feld 8..- Betriebsgröße und Arbeitswirtschaft unter dem Einfluß der Technik 686; Rationalisierung und Familienbetrieb 7; Arbeitswirtschaft des bäuerlichen Familienbetriebes 8+; zweckmäßige Zugkraftausstattung im bäuerlichen Betrieb 8.

I n n e n w i r t s c h a f t : ökonomischer Vergleich der Jungbullenmast im Anbinde- und Offenlaufstall 69.

A u ß e n w i r t s c h a f t : Mechanisierungsgrad als arbeitswirtsch. Kennzahl 685; jahreszeitliche Verteilung des Arbeitsbedarfs und ganzjährige Auslastung der AK in der Landwirtschaft 835+; Kostenberechnung als Grundlage für die Planung von Betriebsorganisation 835; Arbeitswirtschaft im getreidebaustarken Betrieb 892; Untersuchung des Absack- und Schüttverfahrens beim Mähdrusch 1248. - Arbeitsorganisation im Weidebetrieb 1045; Einfluß des Futterbaues 278; Arbeitsstatistik von 3 Grünlandbetrieben des Pinzgaues 7.

G a r t e n b a u : Arbeitswirtschaft in intensiven Gartenbaubetrieben 933; Untersuchungen im Wein- und Gartenbau 2; Einfügung des Erwerbobstbaues in den bäuerlichen Betrieb 84+; Arbeitskennzahlen für den Gemüsebau unter Glas 200; Untersuchungen bei Cyclamen 933.

F o r s t w i r t s c h a f t : Arbeitsplanung 959; Arbeitsorganisation 958; Arbeitsaufwand 213.

B a u w e s e n : Einfluß der Gebäude auf die Arbeitsökonomik 638; Hofanlagen und Baukörper arbeitswirtsch. gesehen 1359.

Arbeitswissenschaft, Kommission für arbeitswissensch. Terminologie, Broschüre der Fachbegriffe 7; XIII. IUFRO-Kongreß Wien 1961, arbeitswissensch. Forschung 95; arbeitswissensch. Kongreß März 1962 in Hannover 7. - Untersuchungen über den Einsatz von Hilfsmitteln und Maschinen im Gartenbau 1108. - Anwendung von wissensch. Erkenntnissen im prakt. Forstbetrieb 615; Gesellschaft für forstliche Arbeitswissenschaft 95+; Fachtagung der Gesellschaft für forstliche Arbeitswissenschaft (GEFFA) e. V. 484; Planung der Arbeit, Arbeitssitzung der GEFFA 959.

Argon, radioaktiv, Untersuchung der Luftführung einer Belüftungsanlage 738.

Asbestbeton, Lit. 1177+; Verwendung von Asbestzement in der Landwirtschaft 247; Verwendung von Eternit im landwirtsch. Bauen 246; Asbestbetonplatten zur Dacheindeckung 394; Asbestzement-Dächer, Mängelerscheinungen 639.

Asien, Elektrifizierung der Landwirtschaft 689.

Asphalt, Fußboden in Bergeräumen, Haltbarkeit und Kosten 823.

Atomenergie, Strahlenschutzmaßnahmen 839; Bedeutung der Grundwasserreserven bei radioaktiver Verseuchung 703; Radioaktivität der Milch 753; Entfernen radioaktiver Rückstände aus der Milch 597; Radiation in agricultural research and practicie 843+; Preservation of soft fruit by ionizing radiation in the Netherlands, a feasibility study 690+. - s. auch Isotope.

Auberginen, Nest-Streifenverfahren bei der Aussaat 349; Handhydrobohrer für Pflanzlöcher 349.

Aufasten, Anbau-Schleppe für das Abschleppen des Astholzes 471; Unfallverhütung 213.

Aufforstung, Methoden zur Verringerung des Arbeitsaufwandes 961; Technologie der Walderneuerungsarbeiten auf der Grundlage der Vollmechanisierung 1320+; komplexe Mechanisierung der Aufforstungsarbeiten 96; komplexe Mechanisierung der Walderneuerung 965; Mechanisierung der Aufforstungsarbeiten auf Kahlschlägen 360; Konstruktion von Maschinen und Geräten zur Aufforstung von Kahlschlägen 962; mech. Bestandesgründung und Kulturpflege auf großer Fläche 361; Technologie und Mechanisierung der Waldarbeiten auf den Sandböden Kasachstans 361; Mechanisierung der Walderneuerungsarbeiten im Gebiet Kostroma 1319; Neubegründung nach ganzflächiger Bodenbearbeitung 216; Stockrodung und Vollumbruch in den StFB des Bezirkes Neubrandenburg 1963 1319; Aufforstung von Dünen in der Ukraine 965; Geräte zur Aufforstung von Berghängen 962. - Pflugstreifen- und Frässtreifenkultur 361; Freisaat von Schottischer Kiefer 220; Zeitaufwand beim Pflanzen auf ehemaligem Acker- und Weideland 1137; Einfluß verschieden großer Pflanzplätze auf Entwicklung des Wurzelsystems und Wachstum der Kiefer auf Sandflächen 619; Ballenpflanzverfahren 364. - s. auch die einzelnen Maschinen und Geräte; s. auch unter dem Arbeitsvorgang.

Aufsammelpressen s. unter Heuernte: Sammelpressen; Stroh.

Aufsatzhebekippbühnen und Aufsatzkipprampen, Verladen von Zuckerrüben 58.

Aufzugstransportmaschinen in der Landwirtschaft 547+.

Ausdünnstriegel s. unter Vereinzeln von Rüben.

Ausläufe, Verwendung von Beton 246.

Aussiedlungsgehöfte s. unter Gehöftplanung.

Ausstellungen

B e l g i e n : Landmaschinensalon 1962 in Brüssel 1346; Internationale Landbauwoche in Brüssel 997.

B R D : Techn. Messe Hannover 1960, "festigkeitsgerechte" Konstruktionen 522. - Hannover-Messe 1962: Elektr. Haushaltsgeräte 599; Maschinen für die Forstwirtschaft 237. - Kölner Frühjahrsmesse: Messeübersicht 932; Geräte 1962 79, 83; Ausstellung 1963 1107. - Kölner Herbstmesse 1962: 600, 764; elektr. Haushaltsgeräte 453 - 455. - Maschinenausstellung des Obstbauversuchsringes 94; Geräteschau und Vorführung für den rhein-hessischen Weinbau in Gau-Bickelheim 211; "informa 62" in Stuttgart-Killes-

berg 200, 455; Baumaschinenausstellung in München 1961 522; "deubau 62" im Bauzentrum Essen 455.
DLG-Ausstellungen: Vorschläge der Landmaschinen- und Ackerschlepper-Industrie 1347; Ackerschlepper 690; Futtererntemaschinen 718. - Einrichtungen für die Innenwirtschaft auf der DLG-Bausonderschau 507; Ausstellungsschwerpunkte der Bausonderschau 825, 826; ALB-Bausonderschau 1960 in Köln 519; Ausstellung 1960, "festigkeitsgerechte" Konstruktionen 522. - Ausstellung 1962: 243, 497, 805, 996; Vorschau 826; Schlepper und Geräte 146; Transportmittel 412; Futtererntemaschinen 556; Getreideerntemaschinen 562; Kartoffelerntemaschinen 728; Entmistungsanlagen 752; Bausonderschau 519; Gebäude in Montagebauweise 678. - 2. DLG-Berichtsheft 1347.
Č S S R : Landmaschinen auf der 3. Internationalen Messe in Brno 997.
D ä n e m a r k : Landmaschinenmesse in Odense 1347.
D D R : Gartenbauausstellung 1961 in Erfurt 457; Landmaschinen auf der Frühjahrsmesse 1963 in Leipzig 997.
F r a n k r e i c h : 31. Landmaschinensalon in Paris 1315; 32. Landmaschinensalon in Paris 93, 110, 467; 33. Landmaschinensalon in Paris 110, 242, 1167: Landmaschinensalon 1963 in Paris 1348; "die Kälte und ihre Wunder" in Paris 455.
G r o ß b r i t a n n i e n : Smithfield Show 1961 137, 380. - Smithfield Show 1962: 848; Ausstellungsverzeichnis 997.- Smithfield Show 1963 1166. - Royal Smithfield Show 1961 381; Royal Smithfield Show 1962 996, 1166. - Royal Show: Vorschau 305, 310; Royal Show 1961 109; Royal Show 1962 302, 489, 997. - Ausstellung für mech. Transportmittel in London 294; nationale Grünlanddemonstration in England 556; Ausstellung von Parkpflegegeräten 1961 357. - Hausgeräte auf der Olympia-Schau 82.
N i e d e r l a n d e : Jahresbericht des ILR 1961 402; "Die Landmaschine 1962" in Amsterdam 111; "Das Landwirtschaftsgerät" 1962 782; "Idee 1962" in Amsterdam 764; 14. Landwirtschaftsmesse Zuidlaardermarkt 1347; Arbeitsgerätetag in Liempde 111; Transportmesse in Utrecht 701; Haushaltsausstellung in Amsterdam und Frühjahrsmesse 1963 in Utrecht 1281.
Ö s t e r r e i c h : Messen in Wels u. Wien 996; Frühjahrsmesse in Wien 109.
P o l e n : Geräte für die Forstwirtschaft auf der 29. Posener Messe 990.
S c h w e d e n : Elmia 62 805; Maschinen und Gebäude auf der Elmia 488; Ausstellung anläßlich der schwed. Festwoche 626; landwirtsch. Gebäude auf der Landwirtschafts- und Industrieausstellung in Jönköping 826.
U n g a r n : landwirtsch. Ausstellung 1962 in Budapest 1346.
U d S S R : Forstmaschinen auf der Allunionsausstellung Moskau 236.
Australien, Schädlingsbekämpfungsgeräte im Obstbau 781.
Autokipper "ZIL-585" 1336.
Automation, Grundbegriffe der Automatisierungstechnik 402; Automation in der Landwirtschaft 829; Problematik der landwirtsch. Automatisierung 1036; Übergang zu industriemäßiger Produktion in der Landwirtschaft 1035, 1037; Landwirtschaft der SU 24; Arbeitsgänge in der Feld- und Viehwirtschaft, Lit. 2+; Produktionsprozesse in der tierischen Produktion 1093+;

automatisierte Fütterung, Betriebs- und Arbeitswirtschaft 1097; **Automation** im Gewächshaus 942. - s. auch die einzelnen Maschinen und Geräte; s. unter dem Arbeitsvorgang.

Axt, Verwendung zur Jungwuchspflege 224; Fällaxt mit 1800 bis 2300 g Masse 974; physische Anstrengung bei der Entastung 369.

Azaleen, Stecklingsvermehrung 605.

Backofen, Anschlußwerte 530.

Bad, moderne Haustechnik 78; Lehrschau Mai 1961 in Bad Godesberg 123; elektr. Heizung mittels Strahlung 927; Infrarotstrahler oder Öl-gefüllte Radiatoren 593.

Badeanlage für Schafe 190.

Bäckereien, Typenprojekte für eingeschossige Brotbäckereien 394.

Bagger, Einsatz bei Meliorationsarbeiten 1067; Charakterisierung der Einsatzbedingungen für Grabenbagger 31; Einsatz zur Bodenbewegung 417; Einsatz von Seil- und Hydraulikbaggern im landwirtsch. Wasserbau 157; Bagger für die Herstellung von Kanälen 417. - Eimerkettenbagger, internationale Vergleichsprüfung 416; Schwimmbagger, internationale Vergleichsprüfung 416; Bagger für Schlepperanbau 872; Bagger mit rotierenden und fräsenden Arbeitsorganen 1066; Hydromotoren zum Antrieb von Saugspülbaggern 1066. - Grabenbagger "Commando" 297; Autobagger "D 030" und Löffelbagger "D 500", Verwendung bei Erdarbeiten im Forstwegebau 989; "E 302" 1290; "E-505" 1336; "E-652" und "OM-202", Verwendung auf Moorböden 618; "E-754" 989; 2-Seil-Bagger "E-1513" 161; Grabenbagger "EDR-1", "EDR-2" und "EDR-3" 421; Gredall-Teleskopbagger 990; Drängrabenbagger "Howard" 1230; Eimerkettenschwimmbagger "Hydra" 1230; "Kovrovec" 1294; Schürfkübelbagger "KM-251" 1231; Eimerkettenbagger "KWG-161" 1231; Bagger von Orenstein und Koppel 1230; Universalbagger "Multi-Scoop" 298; "Priestman" 1230; Eimerketten-Schwimmbagger "PWP-301" 1231; Fräsbagger "ZFM-1000" 421; Fräsbagger "ZFM-3000" 421. - s. auch unter: Dränage; Grabenräumung.

Bakterien, Gehalt von Tankmilch im innerstaatlichen Schiffstransport 587.

Ballenlader mit Aufnahmevorrichtung 556; "Trojan" 567.

Ballenpflanzung s. unter Pflanzen: Forstwirtschaft.

Ballenpressen s. unter: Heuernte; Sammelpressen; Stroh: Bergung.

Ballenschlitten, "Gale"-Ballenschlitten 567.

Ballenwerfer an der Presse "New Holland 78" 111.

Ballon, Holzrücken mittels Sperrballons in Schweden 1145.

Bananen, Lagertemp. und Luftfeuchtigkeit in Indien 80.

Bandförderer s. Förderbänder.

Bandgefriergerät von Brown 199.

Bandnestverfahren für den Tomatenanbau 345.

Bandspritzgeräte s. unter Spritzen.

Band-Wasserförderer für das Tränken von Schafen auf der Weide 188.
Bauberatungen, praktische Erfahrungen in Österreich 998.
Bauhandbuch für LPG 114.
Bauhygiene, Bauphysical für Stallräume 497; Abhängigkeit des Raumklimas von Sonnenschutz und Fensterlüftung 250; Durchfeuchtungsmöglichkeiten bei Gebäudewänden 388; Kühlung von Ställen durch Sonnenenergie 387. - s. auch: Lüftung; Stallklima; Wärmeschutz.
Baukastensystem in der Technik 4, 524+.
Baukonstruktionen, Zentrum für baukonstruktive Fragen in Frankreich 1170; Bauhandbuch für LPG 114; Bausonderschau in Köln 519. - Warmbauten 249; Universalkonstruktionen für landwirtsch. Bauten ohne Dachboden 1173; Verwendungsmöglichkeiten stützenfreier Mehrzweckhallen 1003; Kuhstallprojekte mit 18 m stützenfreier Spannweite 662;Mehrzweckbauten nach dem "Regenschirm"-Typ 1003; eingeschossige, hallenartige Flachbauten 249; Milchwerk in Hallenbauweise 503; Stahlhallen für die Landwirtsch. 1000; Blockhäuser mit geleimten Dachbalken 1174; Konstruktion und Einrichtung eines Abferkelstalles 667; Hühnerstall in Holzkonstruktion mit 8 cm dikken Glasfaserplatten 826; Hühnerstall aus Holzfiberplatten 1195. - Bemessungsgrundlage für Ständerbausysteme in Holzkonstruktion 1169; starrer Eingelenk-Rahmen aus Kantholz 1350; Stallwandelemente und Dachdecken in Holzbauweise 494; holzgetäfelte Decken und Wände 1174; wärmedämmende Stalldecke 808.
Flachdach, bauphysikalische Entwurfsregeln 1001; Kaltdach mit Luftschicht und mit Luftraum 249; Berechnung einfacher Druckschalenplatten für Dächer 1350; Verwendung von Beton bei Dachkonstruktionen 246; Dachkonstruktionen aus geleimten Holzgitterträgern 826; Herstellung und Richten freitragender Dachbinder 384; Entwurf von frei tragenden Holzbindern 640; Nagelbinder mit Al-Eindeckung 826; genagelte Al-Dächer 385. - Dacheindeckungen: aus Wellasbestzementplatten, Sturmschäden 1001; mit Asbestbetonplatten 394; von Offenställen mit galvanisierten Stahlplatten, Al-Wellplatten oder Asbestzementplatten 1269. - Anordnung und Ausbildung von Dachrinnen und Dachbrüstungen 383; Vorschlag für eine Dachdecke 495.
Klebeverbindung im Holz- und Metallbau 115; Spannungsprüfgerät für Stabbewehrung 385. - Vorteile des Holzfußbodens 1173; Treppen aus Holz 1173. - Großkipptor 385; Schiebetore 250; Stallschiebetür mit Anschlagsdichtung 808; Außentüren aus Holz 1172; Innentüren aus Holz 1172. - Stallfenster aus Kunststoff 493; neuartige Isolier-Doppelscheibe (aus Glas) 116. - Bau von wasserdichten Gruben 808.
F e r t i g t e i l e : 1000, 1349; Betonfertigteile, Jahresübersicht 1350; schlüsselfertiger Vollmontagehof aus Betonfertigteilen 505. - Stahlbetonfertigteile: 640; Anwendung 826, 1350; zusammensetzbare Stahlbeton-Konstruktionen 115; Konstruktionen in der ČSSR 640; Montage universaler Konstruktionen 384. - Ganzmontiertes Skelett eines Freilaufstalles 1189; Konstruktionen aus großformatigen Elementen für Rinder-

ställe 384; Montagebauten aus großflächigen Silikatbetonteilen 640; vorgefertigte Holzbauteile für landwirtsch. Betriebsgebäude 493; Schweinemaststall aus Holzfertigteilen 1020; teilmech. Fertigungsanlagen für Leichtwand-Konstruktionen 641; großformatige Wandelemente aus gebranntem Ton 826; Raumzellen (Zimmer) aus Keramsitbeton 1181.

Baukosten, Risiko von Fehlinvestierungen in der Landwirtschaft 1172; rationelle Bauverfahren, Einfluß auf funktionelle Gestaltung, Bauausführung und Kapitalbedarf 1358; Jungbullenmastanlage im Laufhofsystem mit Automatenfütterung 663; Warmbaureihe der Mastenbauweise, Analyse der Gebäudepreise 383; Wertermittlung bebauter landwirtsch. Grundstücke 248.

Baumaschinen und Ausrüstungen 116; Ausstellung in München 1961, "festigkeitsgerechte" Konstruktionen 522; Mechanisierung von Erdarbeiten im ländlichen Bauwesen 641; Einsatz von Landmaschinen auf Bauplätzen 1174; Ladegeräte als Anbaugeräte an Landmaschinen 641; Anhänge-Bulldozer zum Schlepper "TDT-60" 215; fahrbare Betonmisch- und Druckanlage 385; Montagevorrichtung zum Heben von Masten 385; Stirnradflaschenzug "TMSch-3" 385; Rohrbiegemaschine "TRT-24" 385; Spannungsprüfgerät für Stabbewehrung 385; hydraulischer Heber "DS-30-200" 385; Dieselramme "DB 45" zum Einrammen von Brückenpfählen 116. - s. auch: Forstwege, Forststraßen, Wegebau.

Baumnetze zur Forstsamengewinnung 222.

Baumroden s. unter Roden.

Baumscheibenfräse s. unter Obstbau: Bodenbearbeitung.

Baumscheren s. unter Obstbau: Pflege.

Baumschulen, Pflanzen, Säen, Verschulen s. dort; s. auch Jungpflanzenanzucht.

G a r t e n b a u : Neuheiten auf dem 31. Landmaschinensalon 1315; Möglichkeiten der Mechanisierung 1113; Arbeitsaufwand in der UdSSR 344; neue Anzuchtmethode 941; Solitärgehölze, Anzucht 941; Unterlagenerzeugung mit elektr. Wärme, Frühbeetkästen 1299; Zuschneidemaschine "Spa-We-Schnitt", Einsatz zum Zuschneiden der Ballentücher 941; schwarzgefärbte Mulchfolien 403. - Maschinelle Pflanzung von Obstgehölzen 1115; Pflanzmaschine "A 821" für Junggehölze 766. - Kühllagerung von Baumschulgehölzen 611.

Ausheben von Pflanzen: Maschinen 297; Anhängevorrichtungen zum Roden von Pflanzmaterial und Sämlingen 941; neue Aushebevorrichtung 1116. - Rodepflüge: "B 176" 87, 461; Pflug, der hydraulisch vom "RS 30" bedient werden kann 87; Eigenbau-Pflüge mit Vorderkarre 87; Anbau-Pflug "Depf" 87; Anbau-Pflug "VPN-2" 87; Anbau-Pflug aus der ČSSR 87; "VON" 87; Aufsattel-Pflug "Zolnok" 87.

F o r s t w i r t s c h a f t : Maschinen und Geräte für die Mechanisierung 212, 216; komplexe Mechanisierung aller arbeitsintensiven Tätigkeiten 962; Mechanisierung der Arbeiten bei der Anlage 99; Rationalisierung der Arbeitsverfahren in der BRD 100; zentrale Forstbaumschule Bukuru in Nord-Nigeria 963. - Anwendung des "RS 09" 96, 97; "RS 09"-Maschinen-

system 1136; Maschinenreihe mit der Bodenfräse "Typ 20" 97; Pflanzenanzucht in forsteigener Regie 216; Forstpflanzenzucht in der ČSSR 97; internationale Prüfung von Sämaschinen 620; Dunemann-Nadelstreubeete in Großbritannien 787; Pflege von Pflänzlingen 470; Technik und Technologie der Pflanzenerziehung, Maschinensysteme 97. - Bewässerungsanlage 361. - Unkrautbekämpfung: 1136; Verwendung von chem. Mitteln 100; Einsatz von Flammenwerfern 630. - Bekämpfung von Erdeichhörnchen mit einem Gangzieher 234.

Ausheben von Pflanzen: Vorrichtung 361, 364; Aushebepflüge 469; Pflug zum Ausheben von Kleinpflanzen und Heistern 363; Wurzelschnitt- und Pflanzen-Aushebepflug "B 180" 212; Maschine zum Ausheben von Bündeln von verschulten Pflanzen 100.

Baumwolle, Vollmechanisierung des Anbaues und der Ernte 157; Ermittlung der Mechanisierungsstufe in bulg. LPG 279.

A u s s a a t , P f l e g e : Quadratnest-Aussaat mit erhöhter Geschwindigkeit 716; Punktsämaschine für enthaartes und behaartes Saatgut 1239; Gleichstandsämaschine "STVCh-4" 157. - Verwendung transportabler Rohrleitungen für die Furchenbewässerung 420; Bodenfreiheit der Schlepper bei verengten Zwischenreihen 147. - Unkrautbekämpfung mit Flammenwerfern 1076; Spritzgerät "K.E.F.-Flamingo" 239; Deflektor-Sprühdüsen 488.

E r n t e : Gerät "APZV" für Kontrolle der Faser-Reife mit polarisiertem Licht 273; Längen- bzw. Seiteneinstellungen bei Aufnahmevorrichtungen 523. - Erntemaschinen: Verwendung glasfaserverstärkter Kunststoffteile 682; "ChVS-1,2" und "SKO-4" 157; 4reihige "Pachtakor" 736; Zerschlagen von Stengeln mit Rotorschneider 875; Schneiden von Stengeln mit rotierenden Messern ohne Gegenschneide 1241.

Reinigungsmaschine "UPCh-1,5A" 157.

Baunormen s. unter: Normung; Standardisierung.

Bauplanung, Moldauischer zwischenkollektivwirtsch. Projektierungsbetrieb 641.

Baurecht, techn. Baubestimmungen, Hochbau-Tiefbau - Baulenkung - Wiederaufbau 1004+; Bundesbaugesetz in der BRD 386; Gesichtspunkte in Schweden 117; Aufgaben der Bauaufsicht 117.

Bausonderschau 507; Ausstellungsschwerpunkte 825, 826; 1960 in Köln 519; 1962 in München 519.

Baustoffe, Einfluß auf das Stallklima 657; Baustoffe und Bauausstattungen für optimale Stalluftverhältnisse 826; Bauhandbuch für LPG 114; Lit. über Baustoffe für webenartige Zwischenlagen von Mehrschichtenplatten 1004+; Leichtwandplatten für ländliche Warmbauten 493. - Al 248, 1000; Al und Stallklima 497. - Ziegel 246; 1171. - Beton im landwirtsch. Bauen 246; Lit. über Asbestbeton 1177+; Mängelerscheinungen an Asbestzement-Dächern 639; Verwendung von Eternit in der Landwirtschaft 247; Komplexserie von Entwürfen für Produktionsbauten und Viehställe aus Silikatbetonplatten 1171; Schweinemaststall aus Keramsitbeton-Platten 1193. -

Glaswolle, Holzwolleichtbauplatten und Kunstharze 668; Schaumstoffe (Polystrol) zur Isolierung 403; Anwendung von Schaumglas 247; "Leca", ein neuer Außenbaustoff 247. - Fliesen im Molkereibau 504; Glas im Molkereibau 504; Holz im Landwirtschaftsbau 248; Verwendung von Stroh 383. - s. auch die einzelnen Baustoffe; Baustoffe für Wegbau s. unter: Wegebau; Forststraßen: Forstwege.

Bautechnik, Photomodellprojektierung 1170; Musterbauordnung 496; Normenentwurf "Lastannahmen für Bauten" DIN 1055 Blatt 1 492; Lit. über maschinelles Putzen 810+; LPG-Baubrigaden 492; Baubrigaden mit eigenem Ziegelwerk in der SU 827; Verlegen von Fensterstürzen und Anschlagen der Rahmen im Mauerwerk 810.

Bautenschutz, Bauhandbuch für LPG 114; Verhütung von Blitzschäden 496. - Brandschutz, Holzschutz s. dort.

Bauweisen, Errichtung von Ställen in industrieller Bauweise 1175; Anwendung standardisierter austauschbarer Bauelemente 395; Stahlbau im landwirtsch. Bauwesen 495; Typenprojekte in Stahlbeton-Skelettbauweise für Sowchosen und Kolchosen 638; Einsatz von Fertigbauelementen 386; Betonhofanlagen in Großtafelbauweise 1171; industrielle Montagebauverfahren 395; DLG-Ausstellung 1962, Gebäude in Montagebauweise 678; Milchviehställe in Montagebauweise 815; Montage von Bogenkonstruktionen für Viehställe 643; Ziegelmontageverfahren am DLG-Lehrhof in München 495. - Vorteile der Hallenbauweise 1168; Ständerbauweise für Offenlaufställe 1188.
M a s t e n b a u w e i s e : 249, 395, 496, 809, 1351; Erfahrungen 386; 9. Landwirtschaftsausstellung der DDR 520; spezialisierte Betriebe für den Mastenbau und für den Ausbau 643; Spannbetonstützen 494. - Errichtung von Kalt- und Warmbauten in Taktstraßen 642; Warmbauten 386, 809; Warmbaureihe, Analyse der Gebäudepreise 383; Entwicklung von erdgeschossigen Warmbauten 827; Ställe aus Holz mit Al-Dach 1363; Anbindestall für Milchkühe 509; Kaltställe für 120 Milchkühe 399; Abferkelstall für 30 Sauen 116; Hühnerställe, Mastbau mit Holzfaserplattenverkleidung und Sparbalken 805.
s. auch die einzelnen Bauten.

Bauwesen, 3. Unions-Tagung der sowj. Architekten 827; Inst. für landwirtsch. Bauforschung 1169; Protokoll zum IV. Bundeskongreß des BDA April 1961 827; Elmia 62 805. - Wohnungs- und Landwirtschaftsbau, Jahresübersicht 1349; Gegenwartsaufgaben in der Landwirtschaft 490; Aufgaben des Architekten 1168; künftige Entwicklung von landwirtsch. Gebäuden 637; landwirtsch. Bauformen von morgen 381; Wirtschaftsgebäude heute und morgen 998; rationelles Bauen 1349; zweckmäßig bauen 1168; Nutzeffekt von Landbauten 1168. - Planung landwirtsch. Gebäude 382, 390; Landwirt und Architekt als Partner bei der Planung landwirtsch. Gebäude 382; Betriebswirtschaft und Bauplanung 245; aktuelle Fragen des landwirtsch. Bauwesens unter bes. Berücksichtigung der Betriebswirtschaft 638; Rolle der Betriebsgebäude im landwirtsch. Produktionsprozeß 382; Einfluß der Gebäude

auf die Arbeitsökonomik 638; Auswirkungen der modernen landwirtsch. Produktionsbedingungen 807; strukturelle Veränderungen in der Landwirtschaft, Einfluß auf die Gebäude 998; Einfluß der Mech. auf die Gebäudegestaltung 1349; Gebäudeplanung als landtechn. Aufgabe der Innenwirtschaft 638; bauliche Voraussetzungen für die Mechanisierung der Innenwirtschaft 244; landtechn. und bauliche Fragen der Veredlungswirtschaft 6. - Betriebsgebäude als Typenbauten mit komplett mitgelieferter Mechanisierung 1169; Typenprojekte in Stahlbeton-Skelettbauweise für Sowchosen und Kolchosen 638.

Ländliches Bauen im Kreis Gransee 807; wirtschaftliche Nutzung von Altbauten in der DDR 807; Entwicklungstendenzen und Förderung des landwirtsch. Bauens im Ausland 806; Tätigkeit der Abt. für Bauwesen der Landeskammer für Land- und Forstwirtschaft in Steier 245; Bauwesen in der österr. Landwirtschaft 998; Stand in der Schweiz 114; Förderung von Baumaßnahmen in der Schweiz 490; Wandlungen von Betriebsstruktur und Produktionsprogramm der schweiz. Landwirtschaft 806; landwirtsch. Bauen in der Türkei 491.

Bücher: Dt. Bauenzyklopädie 245+; landwirtsch. Bauten in Tab. und Ziffern 1000+; Elemente des Bauens 117+; Wirtschaftsgebäude in der Landwirtschaft als Betriebsmittel 1170+; Handbuch für den Baumeister auf dem Sowjetgut 1349; Bauwesen in der UdSSR und im Ausland 639+; Ideas for farm mechanics projects and activities 382+; The English farmhouse and cottage 1349+; Ökonomik des landwirtsch. Bauwesens 1349+; landwirtsch. Bauen in Skandinavien 1349+.

<u>Bauwirtschaft</u>, zwischenkollektivwirtsch. Bauorganisation 1353+; wirtsch. Überlegungen beim Bauen 115.

<u>Becherwerke</u> 742; für den vertikalen Transport in Lagern 545.

<u>Beetkulturen</u>, Geräteträger, Einsatz 1288.

<u>Beetpflüge</u> s. unter Pflügen.

<u>Begasung</u> der Eier mit Formalin 748.

<u>Behälter</u>, Übersicht in Frankreich 275; aus Kunststoffen 403; korrosionsunempfindlich, Verwendung glasfaserverstärkter Kunststoffteile 682; Großbehälter aus glasfaserverstärkten Kunststoffen 4; Behälter aus Plastikfolien für Verdunstungsbestimmungen 688; biegsame Behälter aus Gummi 960; Einsatzmöglichkeiten des Vakuumfasses 1073. - Bunkerfüllstandsanzeiger mit radioaktiven Isotopen 282. - Anlieferung und Verteilung des Futters 324. - Container, Kurzholzverladen mit Hilfe von Behältern 1332; Technologie des Stapelns und Beladens von Kurzholz 798; Transportbehälter für Schichtholz 230.

K i s t e n : Großbehälter für den Korntransport bei Mähdruschernte 412; Sammelroden von Kartoffeln in Kisten 569; Arbeitsstudien beim Transport von Kartoffeln in Säcken oder Kisten mit 1 t Inhalt 1254; Häckselkästen als Transportgeräte bei Feld-Hof-Mechanisierungsketten 27.

s. auch: die einzelnen Erntegüter; Milchtransport; Obstbau.

Beil mit Keil zum Aushauen des mit der Säge vorgeschnittenen Fallkerbes 101.

Beizen von Sämereien 1311; Feuchtbeizung 378; neue Verfahren zur Bekämpfung der Flugbrandarten von Gerste und Weizen 1344; Beizen und Pudern von Rübensaatgut mit Insektiziden 485; Desinfektion des forstlichen Saatgutes 969+, - Beizanlagen: Ausbau und Einrichtung 1263; Maschine zur Kurznaßbeize des Saatgutes 995; Vielzweckwagen für Saatgetreide 293. - Beizgeräte: Beizautomat "K 618", Prüfbericht 1339; "Protektor" 802; "PZ-10" 488; Trockenbeizmaschine "Wiersum", Prüfungsergebnisse 992.

Beleuchtung von Wohn- und Wirtschaftsräumen 646; zukunftssichere Lichtinstallation in jeder Wohnung 1105; Anforderungen im landwirtsch. Betrieb 119; Planung elektr. Anlagen in landwirtsch. Betrieben 530. - Lichtsummenmesser 933. - Rohbaurichtmaße für Fensteröffnungen 1176. - Anlagen in Betriebsgebäuden 13; Anlagen für Ställe in Wanddurchbrüchen 810; Jungbullenmastanlage im Laufhofsystem 663. - Geflügelställe 515; Normen und Gütevorschriften für die Projektierung von Geflügelfarmen 513; Hühnerställe 671, 672. - Beleuchtung der Waldaufbereitungsplätze 1334+.

Belichtung s. Beleuchtung; in Gewächshäusern s. dort.

Belgien, Schlepperbesatz 1; Mechanisierung des Zuckerrübenanbaues 30; Kühlkonservierung von landwirtsch. Rohprodukten und von aufbereiteten Lebensmitteln 597. - Ausstellungen s. dort.

Belüftung von Gebäuden s. Lüftung; von Getreide s. unter Getreide; von Gewächshäusern s. dort; Heubelüftung s. dort.
Kaltlufttrocknung von Stroh mittels Gebläse direkt auf dem Felde 738; Belüftungstrocknung von Mähdruschstroh 181; Zuckerrübenmieten 744+.

Belüftungsgerät für Grasland 708.

Beratung, Tätigkeit der Abteilung für Bauwesen der Landeskammer für Land- und Forstwirtsch. in Steier 245; Landwirt und Architekt als Partner bei der Planung landwirtsch. Gebäude 382.

Beregnung, Verbesserungsmöglichkeiten der Betriebstechnik 158; von Getreide in Oklahoma 33; Technik und Organisation 1240+; Verfahren zum Zählen und Sammeln von Wassertropfen sowie zur Untersuchung der Auflösung von Wasserstrahlen 875; Lehrfahrt ins Knoblauchland 1069; bij de teelt kropsla 1077+.
Arbeitswirtschaft: Arbeitsaufwand 159; Arbeitstechnik bei der aufsichtslosen Feldberegnung 160; automat. Betrieb einer kleinen Anlage ohne Zwischenbehälter 159; Beregnungsarbeiten 1240+. - Rohrtransport: 550; Aufwendungen 418; mit Hilfe von Rohrtragegerüsten 550; Geräteträger "RS 09" mit Rohrtragegerüst 706; Spezialanhänger für den Transport von Schnellkupplungsrohren 299. - Bau eines speziellen Rohrschuppens 458.
Kosten: 873; für Einrichtung, Amortisation und Betrieb 458; Beregnung oder Berieselung? Wirtschaftlichkeit, Berechnungen 418; Wasserverbrauch und Kosten in Noord-Brabant 159; Kostenberechnung einer Großberegnungsanlage bei Verwendung des "RS 09" mit Rohrtragegerüst 550.

A n l a g e n : 419; Katalog der Geräte in der DDR 418; Unterlagen für die zweckmäßige Weiterentwicklung 550; Zusammenstellung DLG-anerkannter Maschinen 113; auf der DLG-Ausstellung 1962 gezeigte Geräte 874; Anlagen und Verfahren 550; Gerätesysteme für die Klar- und Abwasserverregnung 550: Wasserentnahme, Rohrleitungen und Regnergeräte 298; Modernisierung der Bewässerungsanlagen in der elsässischen Hardt durch Umstellung auf Beregnung 875; Langsam- oder Schwachberegnung, Vorteile 298; Ausbau von stationären Anlagen 1232; Verwendung halbstationärer Anlagen 1286; Betrieb 1241+; Betrieb von Anlagen unter Hochspannungsleitungen 706. - Maschinen und Geräte für Forstbaumschulen 216. - Einsatzmöglichkeiten selbstfahrender Regnerflügel 550; rollender Beregnungsflügel 418; rollende Anlagen der Fa. Perrot 550; selbstfahrender Regnerflügel der Fa. Perrot 706; Großflächen-Kreisregner "ZO 30" 874. - Drehstrahlregner: 550; Klassifizierung 298; Wasserverteilung 299. - "DDA-100M", Verwendung von Leichtmetallegierungen und Plasten 419; Buckner-Regner mit wartungsfreiem GDG-Lager 874; "IAJ-60" 29; selbstfahrender Regner "Rainmobile" 357; Standdüsenregner 874; "Tundsha-18" 460.
Pumpenaggregate: 874; Zentrifugal- oder Turbinenpumpen 298; Tiefbrunnenpumpen 874; horizontale Kreiselpumpe 874; Überwachungsanlage 874.
Motoren: Butan- oder Propanmotoren 298; Pumpenmotoren mit Ejektor oder Gasstrahlentlüftung 874; Dieselwächter zur Sicherung des Dieselmotors 159, 550.
Rohrleitungen: 873; graphische Bestimmung der wirtschaftlichsten Rohrgrößen 160; Rohre aus Leichtmetall 874; SK-Rohre mit Steckkupplung 874; Anlage mit Schnellkupplungsrohren 705; Kunststoffrohre und Stahlrohre, Wirtschaftlichkeit bei der Feldberegnung 34; Verwendung von Kunststoffschläuchen im "Kreuznacher" System 550; Kunststoffrohre 403, 874.
G a r t e n b a u : im Obstbau 1113; im Garten-, Obst- und Weinbau 1288; Versuche bei Kern- und Steinobst 942; Beregnung von Citrus 347; Pflanzenbeschädigungen im Feldgemüse bei der rollenden Beregnung 706. - Verregnung von Pflanzenschutzmitteln 612, 613, 1129; Einfluß der Pflanzenschutzmittel und von Magnesiumsulfat auf die feuerverzinkten Bandstahlrohre 613.

Beregnungsdüngung, Verregnung von Jauche und Kunstdünger 419. - Abwasserverregnung s. unter Abwasser; s. auch unter Gülle.

Bereifung, neue Luftdrucktab. für Landwirtschaftsreifen 1220; Reifenfragen 1213; Reifenausrüstung der Zweiachs- und Einachsanhänger 414; Verringerung der Wurzelbeschädigungen bei der Düngerausbringung durch Ausrüstung der Verteilergeräte mit Flugzeug-Bereifung 883; Bereifung für Holztransportfahrzeuge 1328; TO-Luftreifen 1220. - Bereifung von Schleppern s. unter Schlepper.

Bergeräume, Futterlagerung auf dem Hof 1028; Räume in Holzkonstruktion mit Eternitwellplatten-Verkleidung 394; Untersuchungen mit verschiedenen Fußbodenmaterialien 823.

Berufsausbildung. Umgestaltung der landtechn. Ausbildung 831; brit. Landtechn. Ausbildungsinstitutionen 137; Erziehung ingenieurtechn. Fachkräfte in den USA 138; zentr. Lehranstalt für Maschinenkunde 616; Ausbildung von Spezialisten für die Feldwirtschaft in der SU 831; landtechn. Ausbildung in den sozial. Großbetrieben 1038; landwirtsch. Zirkel als Mittelpunkt für die Mechanisierung des Dorfes 831+; fachgerechte Maschinenbedienung 94; Fachkunde für Schlepper- und Landmaschinenschlosser 1223+. - Ausbildung von Piloten 542.
F o r s t w i r t s c h a f t : Aus- und Fortbildung der Waldarbeiter und des Forstpersonals 615; Berufs- und Forstschulen in der CSSR 94; forstliche Arbeitswiss. bzw. Arbeitslehre, Universitäts-Studium 95; Standardisierung als Vorlesungsfach der Ausbildungsstätten 1133; Waldarbeitsschulen 957; Ausbildung an Forstmaschinen 615; Ausbildung von forstl. Maschinenführern 212; Fortbildungskurse für forstl. Arbeitsleiter 212; Holztransport, Kursus für Transportleiter 480; Lehrgänge zur Bedienung von Benzinmotorsägen 368.
Lehre für landwirtsch. Bauen an der TU in Istambul 491.
Besamungsstationen, Baunormen und -regeln (SNiP) 1361; Bau von Gebäuden 501; billige Gebäude 663; Anwendung von Silikatbetonplatten 1171.
Besenginster, chem. Bekämpfung auf Grünland 237.
Bestandesbegründung und -pflege einschl. Kampbetrieb s. unter den einzelnen Geräten; s. unter dem Arbeitsvorgang; s. auch Aufforstung.
Bestellung, Geräte auf der DLG-Ausstellung 1962 887; Geräte für die Frühjahrsbestellung 877; Vermeidung von Bodenstrukturschäden im Frühjahr 885; Bestellkombine "KAB-2,7" mit schwingenden Scharen 715; Kombine zur Bestellung mit Abdeckung des Saatbeetes durch Kunststoffolien 715; Einsatz der Walzen im Frühjahr 166; Bestellung von Stoppelzwischenfrüchten 1241+; Bestellung von Stoppelfrüchten in einem Arbeitsgang 30; Reihenzieher für landwirtsch. Feldversuche 715+. - Säen, Pflanzen s. dort; s. auch die einzelnen Kulturen.
Beton im landwirtsch. Bauwesen 246, 1171; Betonstahl "ST I" 728; fahrbare Betonmisch- und Druckanlage 385; Richtlinien für die Herstellung von Beton für Gärfuttersilos 1372; Leichtwandplatten für ländliche Warmbauten 493; Fußboden in Bergeräumen, Haltbarkeit und Kosten 823. - Betonfertigteile: Jahresübersicht 1350; Anwendung von Stahlbetonfertigteilen 384, 640, 826, 1350; schlüsselfertiger Vollmontagehof 505; Staueinrichtungen und Wirtschaftswegbrücken 870. - Entwurf nichtarmierter Betondruckrohrleitungen für Bewässerungsanlagen 33; Dränage aus porösem Beton für schwache Sandfilter 416. - Muster- und Experimentalbau eines Spannbeton-Hopfengerüstes 728. - Betonpflaster für den Bauernhof zum Selbstverlegen 1179. - Betonsteinplatten, Arbeitsaufwand für die Fußbodenpflege 341. - Bau von Wirtschaftswegen 120, 648; Betonsteinpflaster für Wirtschaftswege 812; Betonspurbahn im Wirtschaftswegebau 93, 649; Betonverbundplatten für die Befestigung von Spurwegen 1171. - s. auch unter: Forststraßen, Forstwege.

Betriebsgebäude s. unter Gebäude; s. auch die einzelnen Arten.
Betriebswirtschaft, Beiträge zur landwirtsch. Betriebslehre 9; Pflanzenschutz-Betriebslehre 1346+; Betriebsgrößen von Maisfarmen in USA 279; Futterbau in Hangbetrieben, Einfluß auf das Wirtschaftsergebnis 1205; Wirtschaftlichkeit von Güllebetrieben in Höhengebieten Nordrhein-Westfalens 140+; techn. und ökonom. Daten der Energieaufwendung im Einfamilienbetrieb 1049+. - Fragen des landwirtsch. Bauwesens unter bes. Berücksichtigung der Betriebswirtschaft 638; Betriebswirtschaft und Bauplanung 245. - Mechanisierung des Rechnungswesens in Kolchosen und Sowchosen 526+.
B e t r i e b s o r g a n i s a t i o n : betriebswirtsch. Anpassung der Landwirtschaft an die veränderten ökonomischen Voraussetzungen 1046+; Übergang zu industriemäßiger Produktion in der Landwirtschaft 1035, 1037; statistische Erforschung und Ermittlung der Arbeitsproduktivitätsreserven in der Landwirtschaft 1206+; Entwicklung einer Betriebsplanungsmethode 278; Auswertung von Betriebsbeispielen für die Arbeitsplanung 1134; Handbuch der Betriebsorganisation der LPG 140+. - Einführung techn. Normen in der landwirtsch. Produktion 1206+; komplexmech. Produktionsgruppen und Brigaden 870+; mech. landwirtsch. Betriebe, Auswirkung auf Betriebsorganisation und Betriebserfolg 8; betriebswirtsch. Folgen der Arbeitszeitverkürzung in der Tierhaltung 579. - Grundlagen der Organisation der MTS 140+; Zusammenarbeit der MTS mit den GPG im Produktionsgebiet Erfurt 1108. - Analyse der Beziehung zwischen den Betriebsgebäuden und der Betriebsorganisation 745.
M e c h a n i s i e r u n g : und Betriebsorganisation 686; wirtschaftlicher Einsatz von Landmaschinen 6; Ökonomik der Maschinenarbeit 835+; überbetriebliche Maschinenverwendung 8+, 9, 403; Planung und Organisation von Maschinenarbeiten 1206+; wirksame Auswahl von Maschinen für die Feldwirtschaft 1205; Feldbau, Maßnahmen zur Hebung der Mechanisierung 280; Effects of farm mechanization on horse numbers in European countries 140+; Eignung norw. Landwirtschaftsbetriebe 112. - Mechanisierungs- und Rationalisierungsmöglichkeiten im Gartenbau 342; Bedarf an Maschinen zur Mechanisierung des Gemüseanbaues 1109.
K o s t e n : Arbeitsbedarf und Arbeitskosten 6; Einkommensbildung bei landwirtsch. Betrieben auf mathematischer Grundlage 686; finanzwirtsch. Auswirkungen der fortschreitenden Technisierung 9; Kostenanalyse der landwirtsch. Maschinenarbeiten 1046+; Kostenberechnung als Grundlage für die Planung von Betriebsorganisation und Arbeitswirtschaft in Hackfruchtbaubetrieben 835; Lit. über Kosten des Maschineneinsatzes unter bes. Berücks. der Reparaturkosten 835+; Berechnung der Kosten der mech. Arbeiten in der pflanzlichen Produktion der LPG 1206+; Festsetzung von Bestabschreibungsfristen der Maschinen 1205. - Bedeutung der Arbeits-, Konservierungs- und Verwertungsqualität im Rahmen der Kostenrechnung 279.

Bewässerung, Beregnung s. dort; in Gewächshäusern s. unter Gewächshäuser. Praktische Bewässerungswirtschaft 162+; Irrigation and climate 301+, 1077+; Forderungen an den Wasserhaushalt 637; Verfahren zur Herstellung von Salzwasser für Bewässerungsversuche 707. - Betriebsmäßige Untersuchungen 550+; Beregnung oder Berieselung? Wirtschaftlichkeit, Berechnungen 418; Bewässerung, mehr, besser, billiger 301+; besserer Einsatz 829. - Entsalztes Meerwasser für Bewässerung 1300; Abwässer für die Bewässerung landwirtsch. Flächen 705. - "Est Sesia", Bewässerungsverband in der Poebene 705; Bewässerung in der Südukraine 1077+; Bewässerung in Californien 1069; Bewässerung im hängigen Gelände 158; Be- und Entwässerungsnormen für Niederungsmoore 870. - Agrotechnik der bewässerten Kulturen 162+; Berieselungs-Grünlandwirtschaft 888+; Mais 158; Reben 347+.

A n l a g e n : Grünes Buch 1962 137; Typen der ČSSR 1232. - Bedarf an elektr. Energie 934; automat. gesteuerte Anlagen 33, 273; Vorrichtung für Obstgärten 457; Anlage einer Pflanzschule 361. - Erfahrungen beim Bau von Rohrbrunnen 160. - Pumpenanlage 300; Wright "Rain E15/Le3" Pumpe 963; P.T.O.-Bewässerungspumpe für Zapfwellenantrieb 97. - Gießwagen: 605; für Moorbeetkulturen 602, 1113; Bewässerung von Erica gracilis im Freiland 84.

G r ä b e n : Berücksichtigung der Schleppspannungs-Theorie bei der Berechnung des Kanalquerschnitts 33; Bulldozer beim Bau von Bewässerungskanälen im Sandboden 299; Anbau-Grabenziehgerät mit Streichblech 705.

R o h r e , S c h l ä u c h e : Bewässerung mit einem kombinierten Netz von unterirdisch verlegten Rohren und oberirdischen biegsamen, versetzbaren Rohren 160; Entwurf nichtarmierter Betondruckrohrleitungen 33; Verwendung biegsamer Polyäthylenleitungen 419; Verschlammen der Rohrleitungen 420.

F u r c h e n b e w ä s s e r u n g : auf stark geneigten Flächen 301+; Verwendung transportabler Rohrleitungen für Bewässerung der Baumwolle 420.

U n t e r g r u n d b e w ä s s e r u n g : 458; automat. Untergrundbewässerung 299; Entwicklung der Unterflurbewässerung 419; Maulwurfdränung mit dem Maschinensystem "KNU-1" und "KNU-7" 161.

Verwertung von Abwasser s. unter Abwasser.

Bewässerungswasser, Rückgewinnungsanlagen 415.

Bezugsmarkenmethoden, Verwendung zur Verschleißmessung 1048.

Bibliographie der polnischen Bibliographien der Landwirtschaft 831+; für die sozial. Landwirtschaft 1202+; Verzeichnis des landtechn. Schrifttums in der BRD nach dem Stand vom 1.9.63 830+; Pflanzenschutzlit. 109+.

Bibliotheken, landwirtsch. 1040+.

Bienenbauten, Bauplan und Erhaltung 1369.

Bikarbonatzersetzung, Wasseraufbereitung 347.

Bimsteinmauerwerk mit einem wärmedämmenden Kern 826.

Bindemäher s. Mähbinder.

Binsen, chem. Bekämpfung auf Grünland 237.
Biogas, Erzeugung im landtechn. Betrieb 1210.
Birkenfaserholz, Flößen auf dem Meer 233.
Birnen, Spätfrostverhütung in den Plantagen 955; Mechanisierung der Ernte 1302; mech. Schüttelgeräte oder Vibratoren 1305; Ernten in Großkisten 207; Großkistenverwendung und Lagerung 1125.
Bitumen im ländlichen Wegebau 648; Bauweisen mit Bitumenemulsionen für ländliche Wege 812; bitumierter Weg als Wirtschaftsweg 93; Bitumenstabilisierung von Forstwegen, Baukosten 378. - Bituminöse Allwetterbindemittel 1355. - Bitumenhaltige Fußbodenbeläge s. unter Stallfußboden.
Blattläuse, Bekämpfungserfolge mit neuem Spritzgerät 108; Bekämpfung im Sprühverfahren vom Hubschrauber aus 487.
Blaubeeren, physik. Messungen als Grundlage für pneumatische Ernteverfahren 1124.
Blauschimmelbekämpfung beim Tabak 378; Spritzgestänge für Schlepper 1313.
Blech als Verpackungsmaterial für Lebensmittel 81.
Bleioxyd, Verwendung für feste Schmier-Schutzüberzüge 1043.
Blitzschutz, Beurteilung der Notwendigkeit von Anlagen auf Hochbauten 809; Verhütung von Blitzschäden 496; Blitzableiter auf dem Lande 1177+.
Blockpumpen s. unter Dieselmotoren.
Blockspeicherheizung s. unter Heizung von Wohnräumen.
Blumenkohl, Jungpflanzenüberwinterung 603; Mechanisierung der Ernte 776; Transportwagen und Transportbänder 776; geeignete Sorten für die Gefrierkonservierung 778.
Bockkäfer, chem. Holzschutz für das im Walde lagernde Nadel- und Laub-Rundholz 106.
Boden, Probleme der Mechanik 831; Adhäsion zwischen Boden und festen Werkstoffen 688; Bestimmung der spezifischen Bodenwiderstände nach der Bodenfestigkeit 284; Gerät zur Registrierung der Scherkraft 837; Ermittlung des mech. Eindringwiderstandes an Löß, Lößlehm und lößähnlichen Lehmen 1208; Zugeigenschaften von Radschleppern in Abhängigkeit von der Bodenfeuchtigkeit 540. - Verbesserung der Bodenfruchtbarkeit durch sachgemäßen Einsatz 1286. - Forschungsarbeit über Verdunstungsvorgänge im westlichen Nord Carolina 687. - Auslaugung von Salzböden 415.
Bodenstruktur, Folgen der Mechanisierung 30, 528. - Verfahren zur Bestimmung der Beeinflussung durch Schlepper und Maschinen 283; Ermittlung von Kennwerten der Bodenverformung 877; biologische Voraussetzungen und Folgen des Schlepper- und Maschineneinsatzes 862. - Bodendruck: Anforderungen an Maschinen und Boden 539, 540; Ursachen der Bodenverdichtung in der Sohle der Pflugfurche und deren Vermeidung 881; Bodenverdichtungen in Radspuren 2, 243, 862; Bodendruck und Spatenpflug 143.
Bodenuntersuchungen: Selbstfahrende Maschine zur Probenentnahme 405; Motorbohrer zur Entnahme von Proben 405; Ermittlung von Kenngrößen 831; Perspektiven für den Einsatz von ß-Strahlen 529; Gammastrahlen und Neu-

tronen in Feld-Boden-Meliorationsuntersuchungen 1077⁺; Feuchte- und Dichtebestimmungen mit Hilfe von radioaktiven Strahlen 1207; Messen der Dichte mit Gammastrahlen 406; Dichtebestimmung mit Bodensonden 837; Doppelsonde für Dichtemessungen 1207; Dichtebestimmung mit Dichtemesser "I-PP" 10; Härtemesser 1206. - Bodenanalysen als Grundlage für richtige Düngung 284; pH-Meßgerät "PLP-58" und "PPP-58" 273. - Registriergerät zur Bestimmung der Wasserleitfähigkeit 11; Profilograph 1206; Gerät zur Übertragung des Bodenprofils 215. - Photometer "PPF-UNIIZ" und "FP-1" 273.

Feuchtigkeitsbestimmung: 456; Neutronenmethode 529; Meßgeräte auf Neutronenbasis 405; Paraffin-Standards zur Eichung von Neutronen-Meßgeräten 9; Messung über Spannungsänderungen 283; automat. wiegendes Lysimeter 686; Tensiometer 283.

Bodenaufzucht s. unter Hühnerhaltung; Hühnerställe.

Bodenbearbeitung, Eggen s. dort; Fräsen s. dort; Grubbern s. dort; Pflügen s. dort; Rotierende Bodenbearbeitung s. dort; Walzen s. dort.

Klärung komplexer Zusammenhänge zwischen Bodenstruktur und Pflanzenwachstum 878; Probleme 552⁺; Lehrbuch 531. - Sicherung der termingerechten Bodenbearbeitung 878; zweckmäßige Bearbeitung schwerer Böden im Süden der DDR 877; Bearbeitung im Frühjahr und Herbst 1069; Bearbeitung im Frühjahr im Hinblick auf die Bodenfruchtbarkeit 708; Vermeidung von Bodenstrukturschäden im Frühjahr 885; Bearbeitung vor der Aussaat mit erhöhter Geschwindigkeit 165. - Einfluß von Feuchtigkeit und Bearbeitung auf die Erosion 300; Auswirkungen verschiedener Verfahren auf den Wasserhaushalt des Bodens 111; Vibration 1069. - Bearbeitung in Hanglagen 294, 552⁺; Bearbeitung in Holland 708; Bearbeitung zu Getreide in Australien 1232; Bearbeitung für Zuckerrüben 1233.

M a s c h i n e n , G e r ä t e : 888⁺; Zusammenstellung von Neuentwicklungen 113; Vorführung 34; Lit.-Übersicht 637; Schleppergeräte 1069; Übersicht über westdeutsche Fabrikate 113; Zusammenstellung DLG-anerkannter Maschinen 113; DLG-Ausstellung 1962 876, 996; Ausstellung und Vorführung von Geräten anläßlich des Weltwettpflügens 1962 878; Smithfield-Schau 1961 380; Smithfield-Schau 1963 1212; Geräte und Maschinen in der UdSSR 877; von Maccine & Motori Agricoli vorgestellte Neuheiten 1348. - Anpassung von Maschinensystemen an landwirtsch. Gebiete 5; Eignung verschiedener Geräte für die Stoppelbearbeitung 708; Maschinen zur Verbesserung des Graslandes 551. - Halbarkeit 831; Verbesserungsvorschläge für die Ausnutzung von Geräten 217; Entwicklung motorisch angetriebener Kleingeräte 457; elektr. Einzelantriebe 1209; Gesetzmäßigkeiten der Vibration von Maschinen 551.

G a r t e n b a u : 1288; Einfluß auf die Struktur gärtnerischer Böden 1283; Einfluß von Rigolen auf die Bodenstruktur 84; Bestimmung der mischenden Wirkung von Geräten 85. - Obstbau 1115, 1288; Komplexmechanisierung 1113; Bodenbearbeitung vor der Pflanzung von Obstbäumen 767;

Bodenbearbeitungsgerät für die Arbeiten zwischen Baumreihen 956; Bodenpflegearbeiten in den Baumreihen, Versuchsgeräte 1286; Bodenbearbeitung im Drahtbau 940. - Bearbeitung im Weinbau bei Flach- und Steillagen 1292; Bodenbearbeitung im nordfranzösischen Weinbau 83; Mechanisierungsmöglichkeiten im Rebbau 1116.
F o r s t w i r t s c h a f t : Mechanisierung 1320⁺; Maschinensysteme 783; techn.-ökonomische Bewertung im bewaldeten Teil des Wolgagebietes 965. - Bodenverwundung: mittels eines an den "S-80" angehängten schweren Blocks mit einem angeschweißten Messer 217; Zahnscheiben-Bodenlockerungsgerät "DZP-1" 219; "R.C.M."-Räumer 218; "Amco"-Scheibenegge 219. - Definition des Vollumbruches 619; Vollumbruch ohne Stockholzentfernung 361; Stockrodung und Vollumbruch in den StFB des Bezirkes Neubrandenburg 1963 1319; Anbauaggregat zur streifenweisen Bodenbearbeitung 96; streifenweise Bearbeitung des Bodens mit dem Lockerer "D-210V" 1319; Gerät "PST-2A" zur Bodenverwundung mit einer Vorrichtung zum Aussäen von Kiefernsamen 99. - Kraftfahrzeuge im Einsatz bei neuen Verfahren 217.

Bodenbedeckung, finnische Erfahrungen mit Polyäthylenfolien 605; Anwendung von Plastfolien im Gemüsebau der sozial. Länder Europas 1117; Einfluß von verschiedenen Mulchfolien auf die Wuchs- und Ertragsleistung des Melonbaumes 350; dunkle Folien 1136; schwarze Folien 1293; schwarze Polyäthylenfolien 604; weiße Kunststoffolien 349; Kombine zur Bestellung mit Abdeckung des Saatbettes durch Kunststoffolien 715; Anbauversuche von Saatzwiebeln unter Verwendung schützender Papierstreifen 937; dünne Plastikfilme mit Zusatz von C oder Al769.

Bodenbegiftung s. unter Schädlingsbekämpfung.

Bodenbewegung, Maschinen, Grünes Buch 1962 137; Erdräumgeräte für Meliorationsarbeiten 421; Arbeiten in dem Flurbereinigungsprojekt "Het Koningsdiep" und "Heusden-Vlijmen" 417; Mechanisierung von Erdarbeiten im ländlichen Bauwesen 641; Verwendung von Baumaschinen bei Erdarbeiten im Forstwegebau 989; Verschleiß bei der Arbeit von Kettenschleppern mit Erdbaumaschinen 287; Einsatz des Schleppers "D 49" 116; Beladeschlepper Massey Ferguson "MF 356" 634; Beladegerät für Erdarbeiten Derruppe "812" 634. - Planieren: Einsatz des Schleppers "D 49" 116; Planierraupen zur Flächenabräumung 361; Planierraupen von Allis Chalmers 1153; Universalaggregat Buschmaster für forstwirtsch. Arbeiten 1317; Bulldozer, Anbaugeräte an Schlepper 641; "D-581" 707; Motorplaniergerät mit rotierenden Scheiben 620; Kaelble-Planierraupen 98; Planierschlepper mit hydrostatischem Frontradantrieb 489; Klöckner-Humboldt-Deutz-Planierraupe mit spez. Rodegerät 98; Planierschleppe "RR" 707; Planierschleppe "Planex" 707; Anbau-Planiergerät, Test-Report 1961 des NIAE 282; Schlepper "Belarus" mit dem Planierschild "TPN-4,20" 460. - Erdhobel "D-505" 161; Anhänge-Erdhobel "D-524" für den Kettenschlepper "T-140" 161; dieselelektrischer Erdhobel "D-369" 161. - Selbstfahrendes Schrapper-Aggregat "D-567" 707; Fräsbagger "SFM-3000" 161. - s. auch die einzelnen Maschinen und Geräte.

Bodendämpfung s. Erdsterilisation.
Bodendesinfektion s. Erdsterilisation; s. auch unter Schädlingsbekämpfung.
Bodendichte s. unter Boden.
Bodendruck s. unter Boden.
Bodenentseuchung s. Erdsterilisation.
Bodenfeuchtemessungen s. unter Boden.
Bodenheizung für Frühbeete 205; Wirksamkeit techn. Verfahren der Frühbeetheizung beim Frühgemüseanbau 774. - Freilandbodenheizung mit Industrieabwärme 1286; mit Abwärme im VEB Kraftwerk Zschornewitz 1300; durch Wasser mit niedriger Temp. 608; Dampfeinsatz 774. - Maschendrahtheizung 605; Kunststoffschläuche und -rohre 1293; Eignung von Polyäthylenrohren 770.
Heizung in Gewächshäusern: 944; Automatisierung der elektr. Beheizung 775; elektr. Bodenheizung 1284. - Maschendrahtheizung: 1109; Bedarf an elektr. Energie 934. - Heizung mit Kunststoffrohren 1296, 1298; Kunststoffrohre zur Warmwasserbeheizung 946.
Bodenkartierung in Schweden und Norwegen 284.
Bodenlockerer, "PLD-2" 619; "PLD-2", techn.-ökonomische Bewertung 965; "RL-1,8" 620; "RLD-2", Verwendung in Verbindung mit einer Sävorrichtung 217; "RLN-50" 962; "RN-60" 965; "RT-2" 962.
Bodenmeißel "RN-80" 344.
Bodenmeliorationen, Beregnung s. dort; Bewässerung s. dort; Bodenbewegung s. dort; Dränage s. dort; Flächenabräumung s. dort; Roden s. dort; Untergrundlockerung s. dort.
Probleme der Mechanisierung des landwirtsch. Wasserbaues in der DDR 31; Internationale Vergleichsprüfung von Meliorationsmaschinen 416; Vergleichsvorführung von Sandbodenmeliorationspflügen 303; Maschinen für die Neulandgewinnung 415; Maschinen für die Urbarmachung von Busch- und Grasgelände 1069; Verbesserung flachgründiger Böden 936. - Grondwerken, terreinmeten en waterpassen 301⁺.
Bodenproben s. unter Boden.
Bodenschutz in Niederösterreich 297.
Bodenseilzug s. unter Seilzug.
Bodenstabilisierung, flache Kanäle für Niederschlagwasser, Bodenstabilisierung mit Zement 651. - s. auch unter: Forststraßen, Forstwege, Wegebau.
Bodenstruktur s. unter Boden.
Bodenuntersuchungen s. unter Boden.
Bodenverdichten, Verdichtungsmaschinen "D-471" und "D-390" 421. - Bodenverdichtung durch Raddruck s. unter Boden.
Bodenvermörteler, Fabrikat "Seaman" 1153.
Bodenverwundung s. unter Bodenbearbeitung: Forstwirtschaft.
Bodenvorarbeiten, Technologie der mech. streifenweisen Reinigung von Hiebsflächen 362; Bodenvorbereitung für Waldkulturen auf Hiebsflächen 620;

Gerät zur mech. Säuberung von Hiebsflächen 362; Bulldozer 618; Bulldozer "D-259" 619; Maschinen und Geräte für Forstbaumschulen 216. - s. auch die einzelnen Maschinen und Geräte; s. unter dem Arbeitsvorgang.

Böschungsfräse s. unter Grabenräumung.

Böschungsmäher, Stand der Entwicklungsarbeiten 1230; Hydromotoren zum Antrieb 1066; Kombination von Böschungsmäher und -harke 1347.

Bohlenroststand s. unter Stallfußboden.

Bohnen, Umrüstung der "SKGK-6V" zur Aussaat von Futterbohnen 554; Aussaat von Pferdebohnen mit Hilfe der Zwiebelsämaschine 1114; Vorrichtung zur gemeinsamen Nestaussaat von Bohnen und Mais 887; Jungpflanzenanzucht von Buschbohnen im Jiffy-Topf 768. - Verwendung schwarzer Plastikfolien zur Bodenbedeckung 604; Reihendüngung 167; Mechanisierung der Pflege und Ernte von Futterbohnensaatgut 60; chem. Unkrautbekämpfung in herbicidempfindlichen Kulturen 803. - Erntemaschinen für Trockenbohnen 1259; Mähdruschernte 893; Mechanisierung der Ernte von Buschbohnen 354. - Pflückmaschinen: 776; Erfahrungen 436; "Borga" 903; Maschine von Mather en Platt 903. - Kaltbelüftung von Buschbohnen 572; Lufttrocknungsanlage 270; Gefrierlagerung 597; geeignete Buschbohnen-Sorten für die Gefrierkonservierung 778. - Elektronischer Samenzähler 181.

Bohnergeräte, sinnvoller Einsatz 449; Energieverbrauch 925; Übersicht 82; Kölner Frühjahrsmesse 1962 83; Elektrobohner 454; Einscheiben-Saugbohner "B 5" von Elektrostar 1107.

Bohren, Zuwachsbohrer der Fa. Forestry Seppliers 223; Motorbohrer "D 10" zum Bohren von Brunnenschächten 116; Motorbohrer zur Entnahme von Bodenproben 405.

Bohrhackenpflanzung s. unter Pflanzen: Forstwirtschaft.

Boiler s. unter Warmwasserversorgung.

Borkenkäfer, chem. Holzschutz für das im Walde lagernde Nadel- und Laub-Rundholz 106.

Boxenbeschickungsanlage s. unter Kartoffeln: Lagerhäuser.

Boxenlaufstall s. unter Offenställe.

Brandschutz in der Land- und Forstwirtschaft 1206⁺; Vorbeugung in landwirtsch. Betrieben 810; Wasser als Löschmittel 387⁺; Patrouillendienst, Hubschraubereinsatz 469; Universalaggregat Buschmaster für forstwirtsch. Arbeiten 1317; Feuerwache in Sollebrunn 118.

Brasilien, Geflügelzucht und -haltung 1270.

BRD, Maschinenverwendung in der Landwirtschaft 1037; Mechanisierungszustand verschiedener Arbeitsbereiche der Landwirtschaft 1066; Elektroenergieverbrauch in der Landwirtschaft 143; Schlepperbesatz 1; Wirtschaftlichkeit von Güllebetrieben in Höhengebieten Nordrhein-Westfalens 140⁺; Kühlkonservierung von landwirtsch. Rohprodukten und von aufbereiteten Lebensmitteln 597; amer. Einflüsse auf Entwicklung der Waldarbeit 211; Lärmbekämpfung 5⁺.

Breitblättriger Wegerich, chem. Bekämpfung auf Grünland 237.

Breitstreuer s. unter Düngen.

Bremsen zur Erzeugung von Bremskräften bis 4000 und 30 000 kp 836. - Auflaufbremsen "Espe", DLG-Prüfbericht 546; AL-KO Automatic-Auflaufbremse für Einachsanhänger, DLG-Prüfbericht 546.

Brennstoffzellen, Methoden der direkten Energie-Umwandlung 839.

Brikettieren von Heu s. unter Heupreßlinge.

Broiler, Voraussetzungen für eine erfolgreiche Mast 749; Verbesserung der Mastleistung durch wechselnde Licht- oder Dunkelperioden 515. - Ställe s. unter Hühnerställe.

Brotröster, Überblick über Geräte in England 760.

Brücken, Tragwerkbauweisen forstlicher Straßenbrücken 484; Staueinrichtungen und Wirtschaftswegebrücken aus Betonfertigteilen 870; Forstwegebrücken aus Betonfertigteilen 1159; Bau in Polen 236.

Brunnen, Verfahren der Grundwassersammlung auf Schwarzerde 651; Schachtbrunnenkonstruktionen für die Wasserversorgung 251; Erfahrungen beim Bau von Rohrbrunnen 160; Anwendung des Bohr-Spülverfahrens beim Bohren 84; Motorbohrer "D 10" für Brunnenschächte 116. - Regelung der Wasserentnahme aus artesischen Brunnen 748.

Brutanlagen, Bruthygiene 748; HNL-Brutzentrale in Isikon bei Hittnau ZH 1096; Belegen der Brutapparate 186; automat. Regelung und Betriebszustände im Brutapparat 323; Halbleitergerät für die zentrale Registrierung von Lufttemp. und -feuchtigkeit in Brutapparaten 186. - Trockenkammer für Brutabfälle 584.

Buchen, Arbeitsverfahren des Hauungsbetriebes 1322. - Bucheckern: Aufleser mittels Saugvorrichtung 221; Vorschläge zur Erhöhung der Keimkraft des Saatguts 1137.

Buchweizen, technologischer Prozeß bei Reinigung und Sortierung 182.

Bügeleisen s. unter Bügeln.

Bügeln, körperliche Belastung beim Bügeln, Untersuchungsergebnisse 82; Arbeitsaufwand 77. - Bügelgeräte, Jahresübersicht 1961 456. - Bügeleisen: Vorteile der Rohrheizkörper 78; Bügeleisen und Zubehör für das Bügeln 341.

Bürstmaschinen für Kartoffeln 67.

Bulgarien, Stand der Mechanisierung 843; Hanglagen, Einsatzgrenzen für Mähdrescher 563. - Anwendung von Polyäthylenfolie im Gemüsebau 1118; Stand der Folienverwendung im Gemüsebau 1117; wirtschaftliche Analyse des Gemüsebaues 602. - Viehställe 656; Bau und Nutzung der vollmechanisierten Geflügelgroßfarmen 748.

Bulldozer, Einsatz zur Bodenbewegung 417; Einsatz beim Kompostladen 1289; Einsatz zur Bodenvorbereitung 618; Einsatz im Forstwegebau 989; Bau von Bewässerungskanälen im Sandboden 299. - Internationale Vergleichsprüfung 416; Anbaugeräte an Schlepper 641; Anhänge-Bulldozer zum Schlepper "TDT-60" 215; Universalaggregat Buschmaster für forstwirtsch. Arbeiten 1317; Caterpillar "D 7" mit Schneideschild 217; "D-259" 619; "D-259" am Schlepper "S-80" 786; "D-259", techn.-ökonomische Bewertung 965; "D-271" 1337; Planierschild "D-581" 707.

Bullen, "Zwitter"-Lederhalsband, DLG-Prüfbericht 581.
Bundesbaugesetz s. unter Baurecht.
Bunkerfüllstandsanzeiger mit radioaktiven Isotopen 282.
Bunkerköpfroder s. unter Rüben: Ernte.
Bunkertrockner für Zwiebeln 207.
Buschbohnen s. unter Bohnen.
Buschhackmaschine s. unter Holzaufbereitung.
Buschschneider s. unter Strauchschneider.
Busseolafusca, Bekämpfung an Mais 380.
Butter, Lagertemp. und Luftfeuchtigkeit in Indien 80.
Buyers Guide 1962, Wegweiser für den Käufer 137.

Cercospora, Flugzeugeinsatz zur Schädlingsbekämpfung 1343.
Champignonanbau, Anwendung von Klimaanlagen 204; Klimakammersystem für Versuchszwecke 1117; Spezialhäuser für Versuche 601; verbesserte Stellagen 204; Ventilation von Kulturräumen 772; Pasteurisiergebäude 93; "Culverwell"-Kompostumsetzmaschine zum Umwenden und Wiederaufsetzen von Nährsubstrat 85.
China, Pferdewagen und -geschirr 155.
Chips, Hinweise für die Potato Chips-Industrie in Europa 743.
Chrysanthemen, Jungpflanzenanzucht im Jiffy-Topf 768.
Citruskulturen, Handgeräte zur Bestimmung der Höhe und Breite von Bäumen 1283; Beregnung 347; Fortschritte in der Schädlingsbekämpfung 467; Versuche mit Sprühgeräten in tragfähigen Plantagen 1343. - Ernte durch mech. Verfahren 949; Einmann-Pflückbühne 208; Ernten in Großkisten 207. - Sortieren nach der Farbe 837.
CO_2-Lager s. unter Obstbau: Lagerung.
Coleopteren, Gerät zum Fang an Raps 1345.
Container, Technologie des Stapelns und Beladens von Kurzholz. - s. auch Behälter.
Copolymer Styren Acrylonitril, Eigenschaften 769.
ČSSR, Fortschritte in der Landwirtschaft 830$^+$; Automatisierung der mobilen Prozesse in der Landwirtschaft 1036; neue Technik und Technologie in der Landwirtschaft 521$^+$; Beispielsbetriebe für die Vollmechanisierung der Landwirtschaft 1037; neue Landmaschinen 113. - Stellung des landwirtsch. Transportwesens in der Volkswirtschaft 543; Transportmittel im Maschinensystem 26. - Übersicht über die Mechanisierung der Entwässerung 1067; standardisierte Reihe von Schlepperpflügen 879. - Getreide, Versuchslagerhaus "T-250" des Inst. für Landtechnik ČSAZV in Repy 575; Entwicklung der Geflügelwirtschaft 1024; Stand der Folienverwendung im Gemüsebau 1117. - Waldwirtschaft 94; Forstpflanzenzucht 97. - Stahlbeton-Konstruktionen im ländlichen Bauwesen 640.
Cyclamenkultur, Arbeitsverfahren 345; arbeitswirtsch. Untersuchungen 933; Jungpflanzenanzucht im Jiffy-Topf 768.

Dachbinder s. unter Baukonstruktionen.
Dacheindeckung s. unter Baukonstruktionen.
Dachkonstruktionen s. unter Baukonstruktionen.
Dachrinnen s. unter Baukonstruktionen.
Dämmung, Baustoffe s. dort. - s. auch Wärmeschutz.
Dänemark, Stand der Mechanisierung 843; Mechanisierung des Zuckerrübenanbaues 30; landwirtsch. Betriebsgebäude 510. - Ausstellung s. dort.
Dahlien, Jungpflanzenanzucht im Jiffy-Topf 768.
Dampferzeuger, Flammrohr-Generator für Wasserdampf und Heißwasser "LSG-2" 286.
Dampfkräne zum Umladen des Holzes 472.
DDR, neue Technik und Technologie in der Landwirtschaft 521+; Fortschritte in der Landwirtschaft 830+; Rationalisierung des Landmaschinenprüfwesens 280, 835; Einsatz landwirtsch. Geräte und Schlepper der DDR in Ghana und Guinea 830. - Verzeichnis der an der Hochschule LPG Meißen vorgelegten Diplomarbeiten 2+. - Transportprobleme in der Landwirtschaft 544; Auflade- und Entladetechnik und spezielle Gebläsetechnik 293. - Einsatz von Hopfenpflückmaschinen 58; Heubelüftung im Freien 61; Stand der Pflanzenschutztechn. 107; Stand der Folienverwendung im Gemüsebau 1117. - Historische Siedlungskunde 120; Probleme der Offenstallhaltung in den Gebirgslagen 818; Milchviehoffenstall-Großanlagen 510.
Deckenleisten-Heizung s. unter Heizung von Wohnräumen.
Defektoskopie, Ultraschallaggregat "UZIS-6" 527.
Denissow-Verfahren, Vorzüge des Holzeinschlagverfahrens von Kostroma 1322.
Desinfektionsanlagen "LSD" zur Desinfektion von Ställen und Tieren 238; "DaN-UI" 238; "LSD-2" 446. - Von Milchgeräten s. unter: Milchgerätereinigung; Melken; s. auch Tierpflege, Tierhygiene.
Dichtebestimmungen, Entfernung eingeschlossener Luft bei Dichtigkeitsbestimmungen von Samen 1047. - Boden s. dort.
Dienstleistungskombinat, Typenprojekte 652.
Diesellokomotiven s. unter Holztransport: Schienentransport.
Dieselmotoren, motorische Kennwerte in graphischer Darstellung als Vergleichsgrundlage für Hubkolben-Maschinen 16; Luftaufwand im Teillastbereich eines Zweitakt-Motors 689; Abgasturbo-Aufladung 409. - Verhalten eines Krupp-Zweitakt-Motors beim Betrieb mit verschiedenen Kraftstoffen 16; Arbeitsweise der Einspritzpumpe bei verschiedenen Kraftstoffen 842; Kraftstoffzusatzmittel, Ja oder Nein? 689; "Fram"-Filter für Kraftstoff 1347. - Besonderheiten des Verbrennungsprozesses in Motoren beim Anlassen 695; Anforderungen an das Anlaßsystem von Motoren 410; Untersuchungen von Reibungskupplungen an elektr. Anlassern 15. - Einspritzvorgang, Nachahmung auf einem elektronischen Analogrechner 842; Lit. über Einspritzpumpen 286+; Lit. über Blockpumpen 286+; Verteiler-Kraftstoffpumpe 1209; Lit. über Einspritzdüsen 286+; Bestimmung der Qualität von Kraftstoffeinspritzpumpenelementen 532; Prüfung der Einstellung von Einspritzpumpen

288; Prüfung der Einstellung und des Zustandes der Einspritzdüse bei laufendem Motor 144; Einfluß des Einspritzwinkels auf die Arbeit des Motors "D-75" 407; Einfluß des Spiels zwischen Kolben und Zylinder an Einspritzpumpenelementen auf die hydraulische Dichtheit dieses Bauelementenpaares 14; Betriebstemp. an Einspritzdüsen 1210; Einfluß der baulichen Auslegung von Einspritzventilen auf das Scharrverhalten der Ventilnadel 842. Neue Erkenntnisse in der Verbrennung 1049; Bombenversuche mit schwer zündenden Kraftstoffen bei Selbstzündung 843; Wärmespannungen im Zylinderkopf 841; Temperaturverteilung am Kolben des Motors "SMD-14" 407; Wärmedurchgang im Ölkühler des luftgekühlten "Tatra 924" 532; Wärmezustand des Öls in luftgekühlten Motoren 841; Kühlsystem des "D 37M" 285; Auswahl der Zyklonkenngrößen für Luftreiniger 14. - Verschleißfestigkeit von Kurbelwellen mit radioaktiven Isotopen 15; Technologie für die Konservierung durch Isotopen 16; Verschleißfestigkeit von Teilen des "D-54" mit heraufgesetzter Leistung 696.
Angebot der amer., brit. und deutschen Industrie 1049; Entwicklung von Motoren für Ackerschlepper 857; luftgekühlter Yanmar-Motor "2A6" 1210; "D 37 M" mit Luftkühlung 16; 1,5-l-Vierzylinder-Motor von Mitsubishi Nippon 842. - s. auch unter Schlepper.

Dieselwächter s. unter Beregnung.

Differential-Photorelais "SevNIIP" 1327.

Disteln, chem. Bekämpfung auf Grünland 237.

Dokumentation, Jahresbericht des ILR 1961 402; Recherche, neue Fortschritte 1203; Verarbeitung von Patentschriften 679; Erfahrungen mit Sichtlochkarten 1039.

Dolen s. unter Forstwege.

Doppelscheibenegge s. unter Eggen.

Dorfplanung, historische Siedlungskunde der DDR 120; Ortsbild- und Landschaftspflege 251; Anwendung der Mathematik 119; neue sozial. Siedlungsanlagen in der DDR 120; Bauhandbuch für LPG 114; Planung im westeuropäischen Raum 1177; Umwandlung ländlicher Siedlungen in Orte mit städtischem Charakter 1354; Probleme bei der Neuordnung des ländl. Raumes und der Sanierung von Altdörfern 519; Begriffe "Dorf" und "Gemeinde" in der BRD 390; Bundesbaugesetz 386; Vorschau auf die DLG-Schau 1962 826. - Planung der Moshay 1178; Systematisierung der Dörfer in Rumänien 646; Planung von Siedlungen der Neuland-Staatsgüter 1178; öffentliche Bauten und Handelszentrum des Dorfes Kalinowka 389; Bau von Sportzentren 646.

Dornburger Stallprofil, Anwendung in Offenstalltypen 255.

Douglasien, Erfahrungen mit Nadelstreubeeten 99; Pflanzen von Topfballenpflanzen 968.

Dränage

Gliederung: Allgemeines
Verfahren
Dräniermaschinen

Herstellung von Gräben
Maulwurfdränung
Dränrohre

A l l g e m e i n e s : Stand der Technik 31; Entwicklung der Meliorationstechnik 1066; techn. Probleme der maschinellen Dränung 871, 1230; Mechanisierung in der ČSSR 1067; Grundlagen der Projektierung 301⁺.
V e r f a h r e n : Systematische, kombinierte und gelichtete Dränung 157; Entwässerung bewässerten Landes 415; Be- und Entwässerungsnormen für Niederungsmoore 870; künftige Maschinen zur Entwässerung und Nutzbarmachung von Sumpfgebieten 703; Arbeitsweise des VEB Meliorationsbau Potsdam 1068; Dränage im Obstbau 766, 936. - Erfahrungen beim Bau von Dränungen 703; berechnete und ermittelte Absenkungskurven bei der Tonrohrdränung 32; Dränage aus porösem Beton für schwache Sandfilter 416; Vorrichtung zur Vermeidung von Ablagerungen bei Wassermessungen in Kanälen 1068; Drainage par tuyaux ou fossées 301⁺. - Bedarfsdränung nach Random-England 703; Verfahren von Janert 871; Mecking-Dränverfahren 872; Schlitzdränung 703.
D r ä n i e r m a s c h i n e n : 871; Maschinensysteme für Entwässerungsarbeiten 1229⁺; Internationale Vergleichsprüfung von Meliorationsmaschinen 416; R.A.S.E. Forstmaschinenprüfung 1961 237. - Tiefensteuerung, Versuche mit einem optisch-elektr. Gerät der Fa. Dr. Fahrentholz, Kiel 871; Erdräumgeräte für Meliorationsarbeiten 421; Maschinen mit Grabkette oder Grabrad 417; Maschine von Barth für das Verlegen von Ton- und Plastikrohren 31; "Drainmaster" von V. d. Ende für das Verlegen von Ton- und Plastikrohren 31; Legemaschine für Rohre aus Plastik 489; Dränmaschine "Mara 55", Maschinenprüfbericht Ultuna 1068.
H e r s t e l l u n g v o n G r ä b e n : Kombination von pflugartigen und rotierenden Arbeitsorganen 1066; Wirtschaftlichkeit der Sprengung von Gräben bei der Trockenlegung von Wäldern in Sibirien 963; kombiniertes Grabenreinigungs- und Grabenziehgerät "Multi-Scoop" 32; Grabenziehgerät "TKU-0,9" 873; "UTM-3M" zum Ziehen schmaler Gräben 417; Böschungsgeräte 417.
Grabenbagger: Einsatz 1067; Charakterisierung der Einzelbedingungen für Bagger 31; Eignung für das Anlegen und Räumen von Gräben 417; Einsatz von Seil- und Hydraulikbaggern im landwirtsch. Wasserbau 157. - Grünes Buch 1962 137; leichter Bagger 1230; "Commando" 297; Schleppschaufelbagger "E-352" 1066; Verwendung der Bagger "E-652" und OM-202" auf Moorböden 618; "EDR-1", "EDR-2" und "EDR-3" 421; "Howard" 1230; "Howard Super 66" 109; Eimerketten-Schwimmbagger "Hydra" 1230; Schürfkübelbagger "KM-251" 1231; Eimerkettenbagger "KWG-161" 1231; Universalbagger "Multi-Scoop" 298; Bagger von Orenstein und Koppel 1230; "Priestman"-Bagger 1230; Eimerketten-Schwimmbagger "PWP-301" 1231; Fräsbagger "ZFM-1000" 421; dieselelektr. Fräsbagger "ZFM-3000" 421.
Grabenfräsen: Graben- und Grüppenfräsen 417; Grabenziehgerät, Anbau-

Frässchnecke 873; Fräsmaschine "DMK-2" 1066; "KD-120" 1231; "KFN-1200" 161; Böschungsfräse Boro "Rotor" 704.
Grabenpflüge: 417, 1067; für Torfböden 786. - Veränderung des Anstellwinkels 418. - Einsatz des "B 700" 1232; Grabenpflug "D-267A" für den "S-80" 421; "KM-1200 M" 1066; "Lokomo" 216; Narsmo-Pflug, Finnland 871; "SP-2" 1230.
M a u l w u r f d r ä n u n g : 44+; Eignung der Böden 297; Möglichkeiten in der Praxis 1230; kombinierte Tonrohr-Maulwurfdränung 703; Maulwurfrohrdränverfahren mit Hilfe von PVC-Folie 416, 1231. - Maschinen: 1067, 1230; Dränmaschine zur Verlegung von Plastrohrdränen 1231; Dränmaschine "B 750" 997; "Twin Master" für Dränung mit Plastrohr 1166. - Maulwurfdränpflüge: Vergleich 871; Plastrohrverlegung 871; Gesetzmäßigkeiten der Vibration 551; Messungen der Zugkräfte am "KNU-1" mittels einer elektrotensiometrischen Anordnung 416.
D r ä n r o h r e : Anwendung von Kunststoffen 276, 403, 1041; Verwendung biegsamer, gelochter und geschlitzter Plastrohre 872; Dränung mit Rillen-Rippen-Rohren aus Hart-PVC 704; Anger-, Wavin-, Rehau- und (gewellte) FFKuD-Rohre, Prüfergebnisse 871; Verlegen von Plastik-Rohren 1; Abdeckungsmaterialien für Plastikdräne 31. - Transport von Sand und Schutt in Dränrohren 1068; Reinigung von Dränrohren 872.
Drahtwälzeggen s. unter Eggen.
Drahtwürmer, Bekämpfung in Nadelstreubeeten 99.
Dralldüsen s. unter Spritzen.
Drehmomentmessung s. unter Meßinstrumente und -verfahren 283.
Drehpflüge s. unter Pflügen.
Drehschwingungsmessung, neues Verfahren 285.
Drehstrahlregner s. unter Beregnung.
Dreiphasenernte s. unter Getreide: Ernte.
Dreschen, Prüfdreschstand zur Überprüfung der Funktionsbauteile der schüttlerlosen Dreschmaschine 1084; Verluste von Saatweizen und Saaterbsen in Abhängigkeit vom Feuchtigkeitsgehalt beim Dreschen 727; Ausdruschuntersuchung an Maiskolben durch Oszillogramm mit Zeitlupenaufnahmen 1241; Ährendruschverfahren 312; Weißtannen-Saatgut-Aufbereitung 622.
D r e s c h m a s c h i n e n : Zusammenstellung DLG-anerkannter Maschinen 113; "MA-90", Leistungsbedarfsbilanz 1083; Maschine für den Mohndrusch 1087. - Maschinen für Flachs: 433; "ML-2,8" 29, 728. - Laborgeräte: "Saatmeister Allesdrescher" 83; "Reichersberger Ährendrescher" 83. - Häckseldreschen, Schwaddrusch s. dort.
Drillmaschinen s. unter Säen.
Druckschalenplatten für Dächer 1350.
Druckspeicher s. unter Warmwasserversorgung.
Dschungelroder "Dreadnought" 296.
Düngekalk, Transport mit Vielzweckwagen 293.

Düngen

Gliederung: Ausbringen organischer Düngemittel s. Stallmiststreuer; s. unter Gülle; s. unter Jauche
Ausbringen mineralischer Düngemittel
Flugzeuge
Düngerstreuer
Gerätekombinationen
Tellerstreuer
Schleuderstreuer
Pendelstreuer
Reihenstreuer
Ausbringen flüssiger Düngemittel
Kalkdüngung
Ammoniakdüngung
Transport von Düngemitteln

A u s b r i n g e n m i n e r a l i s c h e r D ü n g e m i t t e l: Bodenanalysen als Grundlage für richtige Düngung 284; Lehrbuch 531. - Mechanisierung der Arbeiten 167+; Bodendruckprobleme 1221; Verringerung der Wurzelbeschädigungen bei der Ausbringung durch Ausrüstung der Verteilergeräte mit Flugzeug-Bereifung 883; sorgfältige Ausbringung trockener und voluminöser Düngemittel 1234; Messung der Ausflußmengen mit Blenden und Düsen 282; Vorschläge zur Untergrunddüngung 713; Düngung im steilen Gelände mit Bodenseilzug, mit Einachsschlepper und Triebachse 715. - Düngung der Obstbäume 767. - Vertikal-Schaufel-Granuliermaschine 304; Sortieren körniger Stoffe, Grundlagen 837; Calibrating and adjusting granular row applicators 1241+. - Anwendung von radioaktiven Düngemitteln zur Erkennung der Pfluggrenze im Boden 34.
F l u g z e u g e : 542, 1060, 1061; Kosten für die Ausbringung von trockenem, losem Dünger 1072; Einsatz der Interflug für die Forstdüngung im StFB Hagenow 620; Düngung vor dem Hauptabtrieb 1324; Spezialdüsen für das Ausbringen 489.
D ü n g e r s t r e u e r : 1241+; Einfluß der Streuregelmäßigkeit auf den Ertrag 553; Streugüte 38; Einfluß des Bodenzustandes und der Bodenart auf den Zugwiderstand 1218; Einsatzgrenzen am Hang 30. - Eignung von Kunststoffen 1041; Düngemittelbehälter aus glasfaserverstärkten Kunststoffen 682. - Maschinen- und Geräteprüfung 1283; Zusammenstellung DLG-anerkannter Maschinen 113; Test-Reports 1961 des NIAE 282; Prüfung von 4 Typen von Düngerstreuern in Schweden 713. - DLG-Ausstellung 1962 in München 996; Royal-Schau 381; Royal-Smithfield-Show 1962 996; Smithfield-Schau 1963 1212; Übersicht über die in Großbritannien gehandelten Geräte 1072; Düngerstreuer für Acker und Grünland 713; forstliche Maschinensysteme 783; Maschinen und Geräte für Forstbaumschulen 216. - Streuer für die Einbringung von Dünger bis zu 35 cm Tiefe 1315; Verteilgerät mit großer Streubreite 110; Anbaustreuer "Even-

Spread" 305; "Refix NM" 885; "Rotina 600" 884; Anbau-Streuer "S 31-1" von IHC 1166; Maschine von Ernest A. Webb Ltd. 294; Zweisorten-Düngerstreuer 884. - Düngerstreuwannen aus Kunststoffen 403.
G e r ä t e k o m b i n a t i o n e n : "GSD-1,4" 296; Aufbau und Einsatz eines Tieflockerungs- und Kalkungsgerätes 708; elektron. Verteilung des Düngers in kombinierte Drillmaschinen-Düngerstreuer 680; kombinierte Düngerstreu-Sämaschine für den "KtV-24" 889+; Vorrichtung an der Maislegemaschine "SKgK-6V" zur Einbringung von Dünger 166; Kartoffellegen mit gleichzeitigem Einbringen von Dünger 41, 167; Kombination von Pflegegerät und Flüssigdüngegerät 39.
T e l l e r s t r e u e r : 243; Anbau-Streuer "D 344" 34; Großflächenstreuer "D 385", Prüfbericht Potsdam-Bornim 714; "MIT-3,6" 29.
S c h l e u d e r s t r e u e r : 883; Vor- und Nachteile 38; Beurteilung des Schleuderstreuers im Vergleich mit anderen Bauarten 1073. - Schleuderstreuer für die gleichzeitige Einbringung von Stalldung und Mineraldünger 713; Stallmiststreuer, der mit einem Schleuderstreuer kombiniert werden kann 883. - "Amazone ZA", NIAE-Test 1235; Streuer von Atkinson 1166; "D 025" 997; "Flowmaster" 305; "RUS-4,0" 884; Streuer von Webb 489; Anbau-Streuer von Whirlock 1166.
P e n d e l s t r e u e r : der Fa. Vicon 109.
R e i h e n s t r e u e r : Lit. 1077+; Versuche 167; Breitstreuer "D 344" mit Reihenstreuvorrichtung 1286; Injektor-Gerät von J.W.Chafer Ltd. 38.
A u s b r i n g e n f l ü s s i g e r D ü n g e m i t t e l : 884; Entwicklung der Flüssigdüngung und Ausbringungsmethoden in England 714; Geräte 38, 1339; Einsatz von Land-Rover-Luftkissenfahrzeugen "Hovertruck" 1056; schwebender Tankwagen "Hovertruck" zum Versprühen 1072; Spritzeinrichtung auf dem Fahrzeug "Go-Anywhere" 153; Anbau-Kopfdüngevorrichtung für Pflanz- und Hackmaschinen 422. - Anlage für die automat. Zuführung der Nährlösung zu den Pflanzen 1300.
K a l k d ü n g u n g : Kalkblaser "S 901" und Kalkvorratswagen "S 841", Prüfbericht Potsdam-Bornim 219.
A m m o n i a k d ü n g u n g : Maschinen für die Ausbringung von festen und flüssigen Ammoniakdüngern 553; Düngung mit Ammoniakaten als flüssige Düngemittel 39; Einbringen von Ammoniakwasser, Universalmaschine GAN-8 "Urożaj" 487.
T r a n s p o r t v o n D ü n g e m i t t e l n : Probleme 412; Analyse der Güterbewegung 1201; Verwendung von unverpacktem Mineraldünger im landwirtsch. Betrieb 1033; Losetransport in Behälterwagen 1072; Misch- und Verladeanlagen 1234; Frontlader "T 150" zum Geräteträger "RS 09", Prüfbericht Potsdam-Bornim 154.
Düngerlager, Bauhandbuch für LPG 114; Anwendung von Silikatbetonplatten 1171.
Düngerlösungen, Verregnung 298.
Dumper, Schlepper mit Anhänge-Dumper, Einsatz zur Bodenbewegung 417; Dieseldumper für Erdtransport in Gewächshäusern 202, 343.

Dung... s. Stallmist...
Dunglager, montagefähige Dungplatte 824; Verwendung von Beton 246; Bauhandbuch für LPG 114.
Dunstabzugshauben über dem Herd 1358.
Durchfahrsilo s. unter Gärfutterbehälter.
Durchforstung, Vorschläge zur vollständigen Mechanisierung 1321; Leistung der Hand- und Motorsägen 368.
Durchlauferhitzer s. unter Warmwasserversorgung.
Durchlauftränken s. unter Tränken: Geflügel.
Duschanlage s. unter Tierhygiene.
Duwock, chem. Bekämpfung auf Grünland 237.

Eggen, Arbeit von Schlepperaggregaten bei erhöhten Geschwindigkeiten 31, 166; Einfluß der Bodenart auf den Zugwiderstand von Zinkeggen, Scheibenegge und Grubber 1218; Bodendruckprobleme 1221; Arbeitsnormen 1233; Entwicklungsstand 1069; Maschinensysteme zur komplexen Mech. 96. - Unkrautbekämpfung: in Getreide 425; in Mais 552; in Rüben 426, 1077.
Notzon-, Rühr- und Drahtwälzeggen 876; Netzeggen mit Federzinken 1069; Ausdünnen von Rüben mit Netzeggen 295; Striegelgerät 708; Ackerbürste "BPN-4" für erhöhte Arbeitsgeschwindigkeiten 243; "ZBZL-1,0" und "2-BSR-3", Erhöhung der Arbeitsgeschwindigkeit 165; Einsatz der Wischegge 1289; "BDN-1,5" ("2,0") 619; "Ferguson" 460; "6GCR-1,7" mit verstellbaren Zinken 29; Plantagen-Egge für Obstkulturen 459. - Eggen, die von der Zapfwelle des Schleppers angetrieben werden 883; Kreiselegge, Einsatz im italien. Obstbau 202; Rotationseggen, selbstrotierend 939. - s. auch Rotierende Bodenbearbeitung.
G e r ä t e k o m b i n a t i o n e n : "GSD-1,4" 296; Bestellkombine "KAS-2,7" mit schwingenden Scharen 715.
S c h e i b e n e g g e n : Internationale Vergleichsprüfung 416; Royal-Schau 381; Einsatzgrenzen am Hang 30; Löffeleggen, Scheibeneggen, Ansprüche der Fruchtarten 34; Stoppelbearbeitung im Mähdruschbetrieb 708. - Vergleichende Untersuchungen mit Scheibenegge, Grubber und Kreiselegge in Obstanlagen 346; Scheibeneggen für die Bearbeitung der Baumstreifen 468; Scheibenegge, Vibrationsegge, Einsatz in Obstanlagen 1288; Einsatz im italien. Obstbau 202. - Breite Scheibeneggen 457; Anbau-Egge 1346; "Amco" 219; "B 355" 34; Anhänge-Doppelscheibenegge "B 335", Prüfbericht Potsdam-Bornim 713; "BDN-1,5" 619; "BDP-2,2" und "BDP-1,3" 344; "BDT-2,5A" 713; "ET" 166+; "GD-36" 1115; "R.C.M."-Räumer 218; "TMR 8-28" 217.
Eicheln, Maschine zum Legen 965; Sämaschine "MLTI" für die Reihen- und Nestersaat 99; Säen mit dem Gerät "3 SLC-1" 967; Ernte, Einsatz des mech. Zwangsseparators 221.
Eichhörnchen, Bekämpfung von Erdeichhörnchen mit einem Gangzieher 234.

Eier, Analyse der Güterbewegung 1201.
Einsammeln: Arbeitsaufwand 441; Arbeitsanleitung für das Einsammeln aus Gemeinschaftsnestern 336; Arbeitsleistung von Sammelbändern 442; Sammelband 443; Transportband 914; Sammelrinne mit Förderband 323; Sammeln nach dem Prinzip Jushni 914. - s. auch unter Hühnerställe: Stalleinrichtungen. - Einsammeln, Sortieren und Verpacken 323; Zeitaufwand zum Einsammeln, Verpacken, Sortieren und Reinigen 186; Verpackungsvorrichtung 336. - Lagertemp. und Luftfeuchtigkeit in Indien 80; Lagerung in praktischen Kühlsafes 336; Begasung mit Formalin 748.
Eierfrüchte, Einfluß der Bodenerwärmung im Freiland 774.
Eierkocher "Oprim" 761.
Eimer aus Kunststoffen 403.
Eimerkettenbagger s. unter Bagger.
Einachsanhänger, Einachshänger oder Zweiachshänger? 27; Konstruktionsprobleme 414; Entwicklung in der BRD 412; Mechanisierung und Automatisierung der Bedienung von Aufsattel-Anhänger 155; für Schlepper 489; für Schlepper bis 30 PS 543; niedrige oder hohe Ankopplung 1225. - Einsatz in Jugoslawien 291; Tiefladeanhänger für den Obstbau 1111; für Anbau an die Dreipunktaufhängung 1348; mit einem Vierraddrehgestell 983; mit verschiebbarer Achse 412; mit Kippvorrichtung 1285; Einachskipper "Heflok" 1347. - Selbstladewagen, Kombination von Fuderlader und Sammelwagen 1064; selbstentladender Wagen der Fa. Kools 489; mit Kratzboden und Pick-up-Vorrichtung 869; "NSH-30", "NVH-30" und "NS-30" 414; "1-PP-12,5" 784; Anhänger für Einachsschlepper "Dalen Nr. 227" und "Dalen Nr. 231", Prüfbericht Vollebekk 156. - Spezialanhänger für den Transport von Schnellkupplungsrohren 299. - AL-KO Automatic-Auflaufbremse, DLG-Prüfbericht 546.
T r i e b a c h s a n h ä n g e r : Verwendung 27; Einsatz 28, 680; Einsatz in der DDR 544; Einsatz zum Stammholzrücken 627; Triebachsanhänger von Dyson Harvesters 295; "NNH 8" für den Einachsschlepper "M 8" 113; "TUP-3PP" und "NAMI-787" 27.
Einachsschlepper, Entwicklungstendenzen 457, 844; Meß- und Bewertungsverfahren für die menschliche Belastung beim Arbeiten 535. - Einsatzmöglichkeiten: 20; im Stall und in der Innenwirtschaft 921; in Hanglagen 294; Erfahrungen in österr. Berggebieten 1213. - Typentafeln der BRD 19; Typenreihe der ČSSR 26; Übersicht über westdeutsche Fabrikate 113; DLG-Ausstellung 1962 in München 996; 32. Landmaschinen-Salon 357. - "Kobold L 7", Darmstadt-Test 147; "Auto-Culto MK IX", NIAE-Test 1213; Agria "1700", Prüfbericht Vollebekk 408; "M 6" 113; "Rapid" 559. - Einachsschlepper-Triebachszug, Erprobung einer Spillwinde 1219.
G a r t e n b a u : Flächenleistung und Kraftanstrengung beim Einsatz 601; franz. Typen von 2,5 - 6 PS 1315. - Einsatz: im Obstbau 468; im italien. Obstbau 202; in norweg. Gartenbau- und Weidebetrieben 1110; Verwendung im Gewächshaus und im Freiland 342; Einsatzbereich in Hanglagen

1292; für Weinbau in Hanglagen 1116; für den Weinbau 211.
F o r s t w i r t s c h a f t : Schulung der Bedienungs-AK vor dem Einsatz 214. - Einsatz: in Großkämpen 97; im Staatswald der Lüneburger Heide 214; Schlepper mit Triebachsanhängern zum Stammholzrücken 627. - "Garret Tree Farmer", Eignung für schwed. Verhältnisse 617; Rückeschlepper "Stålhästen" der AG Sandberg & Borin mit Raupenbändern 626; "Pf 62" bzw. "M 6" 1136; Sattelschlepper 1317.

Einkaufsstätten, Typenprojekte für Mehrzweckbauten 249.

Einkomponenten-Meßgeräte für Anbau-Pflüge 164.

Einkornbetone, Verwendung im landwirtsch. Bauen 246.

Einschienenbahn, Arbeitszeitbedarf für Transportarbeiten in Gewächshauswirtschaften 343.

Einspritzdüsen s. unter Dieselmotoren.

Einspritzpumpen s. unter Dieselmotoren.

Einstellräume, Bauhandbuch für LPG 114; Maschinenschuppen, Wirkung von Windkräften 249. - Geräte- und Maschinenschuppenbedarf für größere Betriebe 825; Unterstellräume für Maschinen und Geräte in den LPG 271, 272; Maschinenhallen, Übersicht in Frankreich 275; Maschinenschuppen mit Werkstatt 271; neuartige, wandelbare Leichtbauhallen 825; allseitig geschlossene Halle 998.

Einstreuen, Arbeitszeitaufwand und -bedarf im Anbindestall 909; Transportbahn für Strohballen 747; Aufwand an Einstreu im fensterlosen Hühnerstall im Vergleich zum "Sonnenstall" 70.

Einzelkornsaat s. unter Säen; Rüben s. dort.

Eisenbahntransport, Kühlwagen in Frankreich 145. - Holztransport s. dort.

Eisenbeton, Konstruktionen für Gewächshäuser aus Fertigteilen 770.

Eisstraßen, Vakuum-Sprengwagen 235; LKW-Transport auf dem Eise 483.

Elastomere, Definition und chem. Charakteristik 835.

Elektrische Ausrüstung von Kraftfutterwerken 325; Planung und Bauausführung von Molkereien 503; elektr. Netze und Beleuchtung der Waldaufbereitungsplätze 1334+.

Elektrische Energie, Elektrizitäts- und Umspannwerke, automat. Steuerung 273; Musteranlage der Electrical Research Association in Shinfield, Berkshire 13; Montagevorrichtung zum Heben von Masten 385.
Elektrifizierung: der Landwirtschaft 143+, 521+; Planung und Ausführung auf dem Lande 1209; The state of rural electrification in Europe 1959 143+; Farmen in Großbritannien und Irland 689; in der SU 530; Forschungsarbeiten des Unions-Forschungsinst. für Elektrifizierung der Landwirtschaft 14+; Gebiet Nowosibirsk der SU 1178; holzaufbereitende Industrie in der SU 961; Landwirtschaft in Asien und im Fernen Osten 689.
Wirtschaftlichkeit der Elektrizitätsanwendung in der Landwirtschaft 1356; Planung elektr. Anlagen in landwirtsch. Betrieben 530, 1179; energiewirtschaftliche Bedarfszahlen für die Innenwirtschaft 143; Energiebedarf des Wirtschaftshofes der LPG Brehna 499; Verwendung von Motoren für

Frequenzen von 200-400 Hz in der Viehzucht 74; Ausrüstung fahrbarer komplizierter landwirtsch. Maschineneinheiten mit Elektroantrieben 839. - Rationelle Stromanwendung im Haushalt 450; Energieverbrauch von elektr. Haushaltsgeräten 758, 925, 1104; jährlicher Stromverbrauch in Haushalten in der BRD 1104; Netzbelastung durch Raumheizung und Klimaanlagen 196. - Elektrizität als Produktionsfaktor im Gartenbau 934, 1109, 1284; Vorteile einer zentralen Energieversorgung der Forstindustriebetriebe 469. - Electrical Engineering Science 531+; Grundlagen der Elektrotechnik 1049+; landwirtsch. Stoff- und Maschinenkunde 2; allgemeine Elektrotechnik 14+.

Elektrische Fußbodenheizung s. unter Heizung von Wohnräumen.

Elektro-Antriebe, Ausrüstung fahrbarer landwirtsch. Maschineneinheiten 839; Motor für Seilwinden 294. - Motoren für Bewässerung s. unter Bewässerung.

Elektrodenheizung s. unter: Heizung von Wohnräumen; Warmwasserversorgung.

Elektro-Handschrapper, Arbeitszeitbedarf für Transportarbeiten in Gewächshauswirtschaften 343.

Elektroheizmatten, Verwendung bei der Ferkelaufzucht 1366.

Elektroherde s. unter Küchenherde.

Elektro-Installation in der Landwirtschaft 13, 1179; arbeitstechn. Gesichtspunkte 450; Planung in der Innenwirtschaft 143; Schwerpunkte in Haus und Hof 1179; Installationen im landwirtsch. Neubau 499; zweckmäßige Haus-Installation 592; zukunftssichere Installation 455, 1105; Arbeitserleichterung im Landhaushalt 77; Sicherheitssteckdose für 25 A 759. - Kosten im Installateurhandwerk 1357.

Elektrokontakthärten von Sägezähnen 227.

Elektromagnetische Baugruppen, Anwendungsmöglichkeit im Getriebe 22.

Elektro-Motorkettensägen s. unter Motorsägen.

Elektronen-Rechenmaschinen s. unter Rechenanlagen.

Elektronik und Landmaschinen 680; Anwendungsmöglichkeiten in der Landwirtschaft 273; elektronische Regelung in der amerikan. Landwirtschaft 275; Trennung von Kartoffeln, Steine und Kluten mit Hilfe ionisierender Strahlen 52.

Elektrostatische Sichtung von Getreide 575.

Elektrozäune, Anlage 322; Aufbau und Betrieb 1100+; Arbeitsaufwand und Kosten des Aufbaues 70; Erhöhung der Betriebssicherheit 1270; Hütesicherheit kombinierter Zäune 185. - Übersicht über westdeutsche Fabrikate 113; Übersicht in Frankreich 275; Zaun für die Laufstallhaltung von Jungrindern 916; Weidezaun mit 2 geladenen Drähten 184. - Zaungeräte: 70; für Batteriebetrieb Utina "Leopard Super 60", DLG-Prüfbericht 581; "EZ III" und "EZ IV" 185. - Zaunpfahl aus Kunststoff 70.

Eloxalschichten, Dicken- und Dichtemessungen mit Hilfe von Radionucleiden 142.

Emaille, Pflugschare und Streichbleche mit Hartemail-Überzug, Versuchsergebnisse 1071.

Energie, Verbrauch und Kosten im Haushalt 1104; Energieversorgung und Haushaltstechnik 1105.

Engerlinge, chem. Bekämpfung auf Grünland 237.
England s. unter Großbritannien.
Entasten s. unter Holzaufbereitung; Motorsägen s. dort.
Entbindungsstation, Typenprojekte 652.
Enteisenung, Wasseraufbereitung 347.
Enten, Farm für 2000 Zuchtenten 1196; einfache Bauten zur wasserlosen Haltung 1369; Zwischennutzung von Jungrinderställen zur Mast 133.
Entfärbung, Wasseraufbereitung 347.
Entfahnung von Mais bei der Hybridsaatguterzeugung 728.
Enthornen von Kälbern und Kühen 74.
Entladen, Technik in der DDR 293; Probleme der Mechanisierung in der UdSSR 546; Abladeeinrichtungen 1093; Abladevorrichtungen für Grün- und Dürrfutter 308; Maschinen zum Auf- und Entladen sowie zum Transport landwirtsch. Lasten 1065+; Entladevorrichtungen für Körner- und Silofutter 751. - Entladen der Fahrzeuge mit Klemmkarren, Hubwagen oder Hubstapelwagen 948; Abladevorrichtungen für landwirtsch. Anhänger 412; fahrbares Entladegerät für LKW 1030. - Entladevorrichtungen für Häckselgut 412, 413, 718; Häckselgebläse "SG 25" 293; Abladegebläse "Transit", DLG-Prüfbericht 574; Abladen von Grünfutter mit Gebläsehäcksler, Arbeitsaufwand 308. - Waggonentlader "WEG 25" mit der Kippvorrichtung "KEG 25": 293; Prüfbericht Potsdam-Bornim (Getreide) 414. - Bunkerförderer "T 245" mit dem Förderband "T 246" 293; Entladeförderer "T 215" 293. - Mech. Schotterentladen 988. - Entladen von Holz s. unter Holzverladen. - s. auch die einzelnen Erntegüter.
Entlüften s. Lüftung.
Entmanganung, Wasseraufbereitung 347.
Entmisten
Gliederung: Allgemeines
Rinderställe
Schweineställe
Hühnerställe
Schwemmentmistung
Schleppschaufel
Schubstangen
Kratzerketten
Schleppereinsatz
Sonstige Anlagen
A l l g e m e i n e s : Tendenzen der techn. Entwicklung 829; bauliche Folgerungen 920; Mechanisierung der Stapeldungkette 752; mech. Entmistungssysteme 1093; hydraulische Systeme 1095. - Arbeitsaufwand 75; Kosten und Arbeitsaufwand verschied. Anlagen und Zusatzgeräte 920; Arbeitszeit- und Kapitalbedarf verschiedener Verfahren 184; Möglichkeiten zur Einsparung von AK 1093; automat. Entmistung als Alternative zum Spaltfußboden 753. - DLG-Ausstellung 1962 in München 752, 996; Bausonderschau in Köln 519. - Verteilungsanlagen für Dungmieten 868.

R i n d e r s t ä l l e : 1099; Mechanisierung 1271; Übersicht über halbmech. und vollmech. Anlagen 920; Planung und Einbau mech. Anlagen 518; Einfluß von Aufstallungsarten und Entmistungssystemen in der Milchviehhaltung auf die Arbeitsproduktivität 1267; Mechanisierungsmöglichkeiten im Warmstall 657. - Anbindeställe: 126; Arbeits- und Kostenaufwand 253, 254; Vergleich der Investitions- und Arbeitskosten von Anlagen 585; Arbeitszeitaufwand und -bedarf 909; Hängebahn, Schleppschaufel, Kratzerkette und Schwemmentmistung 191; Frontlader 921; Kurzstand mit anschliessendem Gitterrost und mech. Ausmistanlage 397. - Offenstall 511; Laufstall 127; Mechanisierung bei der Offenstallhaltung 446; Laufstall mit Bohlenroststand am Futterplatz 512; Zweiraum-Laufstall mit Spaltenboden 1010; Spaltenbodenställe 661, 815; Laufställe, "RS 09" mit Frontlader "T 150" und hydraulischem Schwenkkran "T 157" 191; Hecklinger Boxenstall 1011. - Schleppereinsatz 321.

S c h w e i n e s t ä l l e : 130, 184, 821, 1099; Arbeitsaufwand 911; Entmistungsrinne unter dem Futtergang 129; automat. mit Schraper unter dem Spaltfußboden 805; Schubstangen- oder Kratzerkettenanlagen in Mastbetrieben 1269; Kratzerketten 1266; automat. Schleppschaufel 440; "RS 09" mit Schiebeschild 260, 821.

H ü h n e r s t ä l l e : Dungkratzerkette und Schrägförderer 443; Kotschlitten 745; Einachsschlepper mit zwei Schiebeschildern 442; mit Frontlader 442; mit Bulldozerschaufeln 748.

S c h w e m m e n t m i s t u n g : 75, 191, 245, 319, 508, 518, 580, 666, 677; Rückstau- und Umspülverfahren 1093; Pumpensysteme, Rührwerke, Gitterroste, Spaltböden und Bodenbelag 752; Reinigungsbesen mit Wasserberieselung 1099. - Betriebswirtschaftliche Betrachtung 1099; Erfahrungen 1273; Gesichtspunkte für den Bau von Anlagen 1099; Bau und Planung von Anlagen 252, 518; Anlagekosten 519; Anschlußwerte 530. - Schwemmentmistung im Anbindestall 253.

S c h l e p p s c h a u f e l : 183, 191, 253, 440; im Anbindestall 253; elektr. angetriebene Schleppschaufel 747; Seilzugschieber 868; Verwendung von Kübelschrappern 921; "Neuma-Zug", DLG-Prüfbericht 586.

S c h u b s t a n g e n : 75, 319, 508, 658,745, 868, 1007, 1095, 1269; Entmistung im Anbindestall 253; techn. Daten und Richtpreise 1099; "Original Südstall - H. Dickow", DLG-Prüfbericht 585; ESDA-Test über die Anlage der Fa. Lesiak 922; Anlage "TS-30" 191; druckknopfgesteuerte hydraulische Anlage 1100.

K r a t z e r k e t t e n: 191, 321, 439, 443, 661, 815, 1007, 1266, 1269; Lit. 76+; Anbindeställe 1266; System mit Kratzerförderern 75; Verbesserungen an einer Kratzerförderer-Anlage 191; Anlage "TSNK-2" 184, 191.

S c h l e p p e r - E i n s a t z : 321; Einsatz von Einachsschleppern 921; Entmisten mit Hilfe der Stallarbeitsmaschine 1367; mit dem "RS 09" 255, 260, 398, 399. - Entmisten mit Frontlader 75, 191, 253, 319, 320, 395, 442, 508, 659, 868, 1093. - Entmisten mit Schiebeschild 256, 273,

398, 399, 442, 1266; mit am Schlepper "DT-20" montierten Räumschild 189; Bulldozer-Schaufel 446, 748; Laufstall mit Planierschild 1189; Dungrechen 446.

Sonstige Anlagen: Rundlaufantrieb mit Pleuelstange bei automat. Entmistungsanlagen 1273; Seilzugentmistung 75, 395, 508, 921; Traunecker-Kotbrett 75; Schrapper und fahrbares Kotbrett 412; Mistschieber 75; Mistschlitten 75; Laufbandentmistung 666; auf einem Motor-Dreirad aufgebauter Futterverteiler mit Räumschild zur Entmistung 319; Mistraupe 75. - Hängebahn 191; Dungschwebebahn 75.

Entnehmen von Gärfutter: 327; mech. Siloentleerung 915; Versuchsgerät für die gleichmäßige Entleerung von Gärfutterbehältern 328; Ausrüstungen 44; Fräs- und Ladegerät "Sun-Master" 675; Silage-Motorsäge "RS-200" 750. - Entnehmen aus der Grube mit dem Förderer "TS-7,5" 439; Entnehmen aus Grubensilos mittels eines Portalkranes mit Greifer 1266; selbstfahrende Entladevorrichtung für Grabensilos 187. - Entnehmen aus Flachsilo: Mechanisierung 328; universelles Anbaugerät "TKU-0,9" für Fahrsilos 873; Entnahme aus Fahrsilo mit Frontlader oder am Schlepper angebauter Fräse 327.

Entnehmen aus Hochsilo: 5, 69; aus gasdichten Behältern 63; amer. mech. Systeme zur Entnahme und Verteilung der Silage 73; vollautomat. Vorrichtungen 327; Elektrogreifer, Oben- oder Untenfräse 1270; Oben- und Untenfräsen 675, 745; Obenfräse 1093; Obenfräse "Badgu" 327; Untenfräse "Schleich", "Bossart" und "Arag" 327; Untenentnahmevorrichtung für Kartoffelsilage aus Rundsilos 1097.

Entrinden s. unter Holzaufbereitung.

Entsafter auf der Herbstmesse 1961 in Köln 196.

Entsalzung, Wasseraufbereitung 347.

Enzyklopädie, Dt. Bauenzyklopädie 245+.

Erbsen, Anbau, Mechanisierung der Arbeiten 60+; Grünerbsen, Einsatz der Technik 350; geeignete Sorten für die Gefrierkonservierung 778. - Verwendung schwarzer Plastikfolien zur Bodenbedeckung 604; Maschinenhacke 1114; Reihendüngung 167; Beregnungsmaschine "UBD-3" 313.

Ernte: Mechanisierung 59, 776; Vervollkommnung des Reifemeßgerätes 934; Arbeitsmethoden bei der Ernte für die Konservenindustrie 59; Maschinen-Kette für die Ernte grüner Erbsen 89; Arbeit von Schwadmähern und Mähdreschern 735; Vollerntemaschine der Fa. Mather & Platt Ltd. 1259; Mähen mit einer selbstfahrenden Kombine 1114; Anbau-Schwadmäher "ZBA-3,5" 562; Schwadmähen und Schwaddreschen von grünen Erbsen 175.

Grünerbsendreschmaschinen 776; Verluste von Saaterbsen in Abhängigkeit von Feuchtigkeitsgehalt beim Dreschen 727; Erbsenpaler für Versuchsparzellen 571. - Saatgutaufbereitung, Mechanisierung 59; Reinigungs- und Größensortiermaschine 489; Sortieren nach der Dichte durch Schwerflüssigkeit 837.

Erdaufbereitung, Bedarf an elektr. Energie 934; Aufbereitung über Trommelsiebmaschinen 203. - s. auch Kompost.
Erdbeeren, Pflanzmaschinen 938; Pflanzmaschinen "SUP-4" und "RPU-4" 41; Verwendung schwarzer Plastikfolien zur Bodenbedeckung 604; Rankenschneider "P 930" 766; großflächige Bodendesinfektion zur Bekämpfung der Verticillium-Welke in Kalifornien 995. - Fahrgestell für das Pflücken 777; Messung der Fruchtgröße 1283; geeignete Sorten für die Gefrierkonservierung 778; Gefrierlagerung 597.
Erdbohrer, Berechnung der Windungsflächen 363; "PMB-1" 471; Ferguson-Erdbohrer 94. - s. auch Pflanzlochbohrer.
Erde, Erdsieb "B 904" 997; Förderband "RH-Farmer 40" 156; Laden mit Frontlader 1222. - s. auch Bodenbewegung; Erdtransport in Gewächshauswirtschaften s. unter Gewächshäuser.
Erdeichhörnchen, Bekämpfung mit einem Gangzieher in Forstpflanzgärten und Pflanzungen 234.
Erdhobel von Allis Chalmers 1153; "D-192" mit Förderband 421; "D-275" und "D-290" für den Kettenschlepper "T-140" 421; "D-369" mit Förderband 421. - s. auch unter Bodenbewegung.
Erdnüsse, elektronischer Samenzähler 181.
Erdsterilisation, Bodenentseuchung durch Dämpfen, Verfahren 955; elektr. dämpfen 1284; elektr. beheizte Dämpfer 1311; Sterilo-Elektro-Dämpfer 1109. - Kärchen-Dampferzeuger "DE 25" 1132. - Sterilisierung mit Gamma-Strahlen 1132.
Erica gracilis, Arbeitsgestaltung beim Schneiden von Erikenstecklingen 601.
Eriken, Stutzmaschine 605; Bewässerung im Freiland mit dem Gießwagen 84.
Ernteaufbereitung, Zusammenstellung DLG-anerkannter Maschinen 113. - s. auch die einzelnen Erntegüter.
Erntemaschinen, Zusammenstellung von Neuentwicklungen 113; von Macchine & Motori Agricoli vorgestellte Neuheiten 1348; elektr. Einzelantriebe 1209.
Erosion, Einfluß von Feuchtigkeit und Bearbeitung 300; Erosionsschutz, Untersuchung der "ZINGG Conservation Bench Terrace" 876.
Eternit s. Asbestbeton.
Europa, the state of rural electrification 1959 143+; Mechanisierung der Getreideernte 47; Sitzung der FAO/ECE über die Nutzbarmachung des dünnen Holzes 365.
Exponential-Sprüher s. unter Sprühen.

Fällkeil s. unter Holzfällen: Maschinen, Geräte.
Farbanstrich von Landmaschinen 684.
Fahrerhäuser s. unter Schlepper: Zubehör.
Fahrsilo s. unter Gärfutterbehälter.
Fahrzeuge, DLG-Bericht 1962 545; Ermittlung zweckmäßiger Trägerkonstruktionen 524. - s. auch die einzelnen Fahrzeugarten.

Fanggeräte s. unter Schädlingsbekämpfung.
Farnkraut, Vernichtung 680.
Faserpflanzen s. die einzelnen Pflanzen.
Feder-Rechengerät aus parallel zueinander verschiebbaren Leitern 139.
Federn mit konstanter Federkraft für hohe Leistung bei kurzem Federweg 1042.
Feldbahn, Arbeitszeitbedarf für Transportarbeiten in Gewächshauswirtschaften 343.
Feldbau, Maßnahmen zur Hebung der Mechanisierung 280.
Feldhäcksler
Gliederung: Einsatz
Entwicklung, Konstruktion
Bauarten, Typen
Schlegelernter
Häckseltransport
Einsatz: Einsatzgebiete 308; Einsatz in der BRD 1066; Feldhäcksler als Schlüsselmaschine des Betriebes 273; Flugschrift 718; Einsatzmöglichkeiten verschiedener Bauarten 720; Scheibenradfeldhäcksler, Trommelfeldhäcksler, Schneidgebläsefeldhäcksler und Schlegelernter, Einsatz zur Heuernte 427. - Einsatzgrenzen am Hang 30; Grünfutterernte in Hanglagen 427. - Feldhäckslerkette in der Heu- und Grünfutterernte 558; Arbeitsaufwand in der Heu- und Grünfutterernte 308; Arbeits- und Kostenaufwand bei der Grünfutter- und Heuernte 428; Futterernte 170, 1080; Bergung der Futterpflanzen im Fließverfahren 320; Futterbergung einschl. Strohbergung 889; Futtergräserernte in Norwegen 44. - Samenheubergung 48. - Entwicklung der Verfahren bei der Mechanisierung der Silageaufbereitung 718; Kurzgut- und Reißgutkette für die Silierung 307; Silomaisernte 51; Vorführung bei der Ernte von Grünmais 1243. - Einsatz zur Dreiphasenernte von Getreide 1250; Strohbergung hinter dem Mähdrescher 50. - Höheneinstellung bei Köpfmessern 523.-- Leistungsbedarf: verschiedene Grundtypen 2; Silomaishäcksler "SK-2,6A" und PSK-1,8" 1080; Abhängigkeit vom Durchsatz 1218. - Einfluß des Bodenzustandes und der Bodenart auf den Zugwiderstand 1218.
Entwicklung, Konstruktion: Entwicklungstendenzen 429; Energie- und Kraftverhältnisse der Scheibenhäckselmaschine 1243; selbstfahrende Erntemaschinen auf der Basis eines Maschinenträgers 537.
Bauarten, Typen: 1242; Gegenüberstellung von Schlegelernter, Häcksler mit doppeltem Häckseleffekt und Scheibenradhäcksler 1244; Scheibenrad-, Schlegel- oder Schneidgebläse-Feldhäcksler 309; Schlegelernter oder Scheibenradfeldhäcksler 171; Scheibenradhäcksler, Leistung und Einsatzbereich 62; Rad- und Trommelhäcksler 1227. - Feldhäcksler mit umlaufenden Mähwerken 1; Feldhäcksler für Maschinenträger 151; Feldhäcksler zum Triebsatz "UMA" 152, 244; von Kidd mit Vorrichtung für die Zuführung von Melasse 489; "762" 109; Feldhäcksler von David Brown, neue

Auswurfrutsche 294; "BS-1,2" 244; Silokombine "CST-2" 558. - "E 065": Arbeitsaufwand bei der Zwischenfruchternte 308; Strohbergung 566; "E 065/2" 904⁺. - Gehl "FH 83" mit Maisgebiß 1243; 2reihiger "KSR-2" 721; Seitenanbau-Feldhäcksler "Scampolo-S" und "Piccolo" 109. - "SK-2,6" 558; Vorrichtung für den "SK-2,6" zur Einbringung von Karbamid in das Silogut während der Ernte 559; "SKB-1,8" für die Arbeit mit erhöhten Geschwindigkeiten 171; "SKN-1,8" für Maschinenträger 21, 409; "SKN-2,6" für Maschinenträger 243. - "SRUN-45", Getreideschwadaufnahme 543; Köla "Star" und "New Holland 616" mit Maisgebiß 1243.

S c h l e g e l e r n t e r : Bauarten und Arbeitsweisen 721; Lit. 1088⁺; Entwicklungsstufen, Kopplungsmöglichkeiten und Kennziffern 45. - Einsatz: 559; Silomaisernte 310; Entwicklung der Verfahren bei der Mechanisierung der Silageaufbereitung 718; Vorführung bei der Ernte von Grünmais 1243; Einsatz beim Silieren von getrocknetem Gas 171; Strohbergung durch den "E 068" 1247; Zerkleinern des Maisstrohs 51. - Blattbergung 899, 901; Einsatz zum Rübenköpfen 901. - NIAE-Teste: Reports 1961 982; "Gloster" 889; "J.F." 310; Lundell "605" 310; Lundell "Offset 40" 171. - "Lundell 410" 381; umklappbarer Schlegelernter für seitlichen Anbau an den Ferguson "65" 311; Schlegelernter mit aufgebautem Melassetank 1093; "640" von J.I.Case Co. 310; "E 068", Arbeitsaufwand bei der Zwischenfruchternte 308; Ernterotor-Duplex 1079; "Fl 140" als Buschhäcksler im Obstbau 461; "Greyhound" 294, 309; "KIR-1,2" 45; "KIR-1,5" 45; "KSR-1,2" 45; "Rotoflail" 309; "SI-2" 45; "Sila Masta" mit Zusatzausrüstung für das Schwadlegen 556; Taarup "S 1100" 1243. - Hydraulischer selbstfahrender Parzellen-Futterernter 429. - Zuführeinrichtung für die Maisernte 721.

H ä c k s e l t r a n s p o r t : Häckselwagen und Abladeeinrichtungen 308; Häckselwagen mit Selbstentladevorrichtung 292; Ausrüstung des J.F. Stallmiststreuers als Häckselwagen, NIAE-Test 1081; Kippanhänger "RBT-4" und "Rol-4" 558; Stalldungstreuer als Vielzweckwagen 293. - Häckselaufbauten 292, 1064; Gitteraufsätze für Anhänger 413; Entladung der Anhänger 44. - Häckselkästen als Transportgeräte bei Feld-Hof-Mechanisierungsketten 27.

Feldlader, Strohbergung hinter dem Mähdrescher 50.

Feldmessen, 19. Aufl. 5⁺.

Feldscheune, Umbau an einer Vollbauernstelle 505.

Feldwirtschaft, Lit. über die Automatisierung der Arbeitsgänge 2⁺; Mechanisierungsgruppen in der sowjet. Landwirtschaft 703.

Fenster im Mauerwerk 810; Luftdurchlässigkeit 388; neuartige Isolier-Doppelscheibe aus Glas 116.

Ferienheim, Umbau eines Bauernhofes in eine Jugendherberge und in ein Ferienheim 653.

Ferkelaufzucht, UV-Bestrahlung 119. - Fütterung s. unter Schweinefütterung; Ställe s. unter Schweineställe: Abferkelställe; Zuchtställe.

Fernsteuerung von Schleppern s. unter Schlepper: Lenkung.

Fertigteile für Bauten s. unter Baukonstruktionen.
Feuchtigkeitsbestimmung mit Hilfe von Radionucleiden 142; Geräte im landwirtsch. Betrieb 10; Feuchtigkeitsmesser "VEZ-1" 273; Halbleitergerät für die Kontrolle und Registrierung in Brutapparaten 186; Wassergehaltsbestimmung von Saatgut der Weißtanne 621. - s. auch die einzelnen Erntegüter; Boden s. dort
Fichte, Erfahrungen mit Nadelstreubeeten 99; Bodenlockerer mit Sävorrichtung "PST-2A" 236; Erfahrungen in der Aufarbeitung von Fichten-Windwurf 1139; mech. Aussaat mit dem Pflug 2PKL-70" 1319; Sägerät 621; Unkrautbekämpfung in Baumschulen mit Flammenwerfern 630. - Einband als Schälschutz 987; Säge zum Entfernen des Rindengürtels bei der Harzung 101; Versuche mit der chem. Entrindung in Schweden 376.
Filme, Catalogue of agricultural films 2+.
Finnland, Lit. über Land- und Forstwirtschaft 275+; Arbeitsaufwand in der Forstwirtschaft 213; Rationalisierung der Holznutzung und -bringung 957; Holzbringungsprobleme 1329; rationeller Holztransport 799; Holztransport auf finn. Staatsbahnen 985.
Firstentlüftung s. unter Lüftung.
Fisch, Kühlkonservierung 597; Gefrierlagerung 597.
Flachbauten s. unter Baukonstruktionen.
Flachdächer s. unter Baukonstruktionen.
Flachs, Vollmechanisierung des Anbaues und der Ernte 29; Maschinen für den Anbau 870; Mechanisierung der Arbeit 1229+. - Anbau-Drillmaschine "SLN-48" 41; Gebläse-Spritzgeräte "OKR" und OVT-1" zur Unkrautbekämpfung 379. E r n t e : Versuche mit verschiedenen Maschinenketten 433; Erhöhung der Geschwindigkeit bei Erntemaschinen 433. - Vollerntemaschinen: 29; "LK-5" 433; "LK-4" 433; "LKV-4" 433; Aufsammel-Leindreschmaschine "LMN-1" 433; Mähdrescher "SK-3" 433. - Aufsammel- und Hechelmaschine "LOU-1" 433. - Raufmaschinen: AK-Aufwand 29; "Deporter", "Union" und "Ceres", Arbeit mit erhöhten Geschwindigkeiten 433; "LK-4M" 177; "LTV-4" 433; "LTV-4" und "TV-4", Arbeit mit erhöhten Geschwindigkeiten 433; "TIN 1,5" 433. Dreschmaschinen: "ML-2,8" 433; Erprobung der "ML-2,8" 728. - "MLS-2,5M" 433; "MPL-10" 51; "MS-1100" 433. - Reinigungsmaschine "OSM-3U" oder "VS-2" 433.
Flachssiebsortierer s. unter Kartoffeln: Ernteaufbereitung.
Flachsilospeicher s. unter Getreide: Lagerung.
Flächenabräumen, Methoden zur Verringerung des Arbeitsaufwandes 961; Verfahren zur Urbarmachung von Strauchgelände 162; mech. Räumung von Schlagflächen 786; Maschinen für die Urbarmachung von Busch- und Grasgelände 1069; Vorführung von Maschinen zum Beseitigen von Buschwerk 784; forstliche Maschinensysteme 783. - Dschungelroder "Dreadnought" 296; Rode- und Sammelgerät "KS-100" 97; Räumung mit Hilfe von Planierraupen 361; Caterpillar "D 7" mit Schneideschild 217; auf der Grundlage des "TDT-40" konstruierter Schlagräumer 964; Motorplaniergerät mit rotierenden Schei-

ben 620; Spezialkonstruktion zur Räumung der Schlagflächen von Reisig 786; Maschine "MUK-4" zur Beseitigung vertrockneten Strauchwerkes 415; "R.C.M."-Räumer 218; "Howard Dreadnought" 217; Schlagabraumsammler 98; Ästeräumgerät von Schewgunow, Verbesserung der Konstruktion 1319. - Rotorschneider "RSB 630" zum Dreipunktanbau 875; mit einer Kreissäge versehener Strauchräumer 96. - Aggregat "KBK-2" für den Straßenbau 236. - Bodenlockerer "RL-1,8" 620; Anbau-Bodenfräse "FN-1,0" für Kettenschlepper 712; Scheibenegge "TMR 8-28" 217. - s. auch Strauchschneider; Roden s. dort.

Flammenphotometer "PPF-UNIIZ" und "FP-1" 273.

Flammenwerfer, Unkrautbekämpfung 1076; Unkrautbekämpfung in Forstbaumschulen 630; Universalaggregat Buschmaster für forstwirtsch. Arbeiten 1317; Pflege von Sojabohnen- und Maiskulturen 829.

Flammrohr-Generator für Wasserdampf und Heißwasser "LSG-2" 286.

Flaschengas s. unter Gas.

Fleisch, Kühlkonservierung 597; Gefrierkonservierung 339; Gefrierlagerung 597.

Fliesen im Molkereibau 504.

Fließtrocknung s. unter Getreide: Trocknung.

Flößen von Holz s. unter Wassertransport von Holz.

Flügelradgebläse, Fördern von Wiesenheu 62.

Flügelsondenschergerät, Konstruktion 1206.

Flüssigdüngung s. unter Düngen.

Flüssigmist s. Gülle.

Flugbild s. unter Kartographie.

Flugzeuge

Gliederung: Allgemeines
Entwicklung, Konstruktion
Bauarten, Typen
Einsatz
Säen
Düngen
Schädlingsbekämpfung

A l l g e m e i n e s : Agrarluftfahrt in Israel 865; landwirtsch. Flugwesen in Japan 995; Granulate zur Anwendung von Insektiziden, Dünger und Saatgut 1160.

E n t w i c k l u n g , K o n s t r u k t i o n : zukünftige Möglichkeiten bei der Konstruktion von Landwirtschaftsflugzeugen 1061; feste Schmier-Schutzüberzüge 1043.

B a u a r t e n , T y p e n : "Aermacchi Lockheed 60", einmotoriger Hochdecker 866; "Anson I und XIX" 867; "Durawing", einmotoriger Tiefdekker 866; Funk "F-23", einmotoriger Tiefdecker 1062; Piper-Pawnee-Flugzeuge 1224; neue 235-PS-Piper-Pawnee 700. - Hubschrauber für die Forstwirtschaft 469; Hubschrauber "Piper PA 18a", "Bell-Type G" und "Djinn

SO 1221" 867.
E i n s a t z : in den USA, gesetzliche Regelungen 1225; Möglichkeiten in England 1060, 1061; Neuseeländisches Symposium 542. - Das Luftbild in der Forstwirtschaft 1316. - Verminderung von Schneebruchschäden in Waldbeständen durch Hubschraubereinsatz 221; Holztransport mittels Hubschrauber 1148; Bekämpfung von Waldbränden in den USA 988. - Salbei-Bekämpfung auf Weideland vom Hubschrauber aus 1162. - Versuche, mit Hilfe von Silberjodid, Cumulus-Wolken zum Abregnen zu bringen 865.
S ä e n : Kiefern- und Fichtensaat 220.
D ü n g e n : Kosten für die Ausbringung von trockenem, losem Dünger 1072; Einsatz der Interflug für die Forstdüngung im StFB Hagenow 620; Düngung vor dem Hauptabtrieb 1324; Spezialdüsen für das Ausbringen von Dünge- und Pflanzenschutzmitteln durch Hubschrauber 489.
S c h ä d l i n g s b e k ä m p f u n g : 1343. - Tagung in Forli 866; Pflanzenschutztage von Grignon 1339. - Problem der Mittelprüfung 378; Verminderung der Verdunstung von Spritztropfen 1162. - Ausbringung von Herbiziden in Zuckerrohr 1342; Mehltaubekämpfung im Weinbau mit kleinen Flüssigkeitsmengen 1314; Versuche zur Bekämpfung des Kartoffelkäfers 1342. - Aviochemischer Forstschutz 1335+; Flugzeugeinsatz gegen Maikäfer im StFB Colbitz 986; Bekämpfung der Tsetsefliege in Ostafrika 867.
Auswahl des Flugzeugstyps für Schädlingsbekämpfung 291; Charakteristiken für die bei der Schädlingsbekämpfung eingesetzten Flugzeuge 867; "AN-14" oder "Pčelka" (Bienchen) 542; "Auster I5G" mit Rotationszerstäubern 867; einmotoriger Tiefdecker "CallAir A9" mit Spritz- und Stäubegerät 1224; "Cessna 182" mit Auspuffgenerator 867; "Champion Challenger" mit 340-l-Behälter 1225.
Hubschrauber: Helikopter im Pflanzenschutz 155; Blattlausbekämpfung im Sprühverfahren 487; Versuche zur Austriebspritzung 994; Sprühverfahren im Weinbau 1312; Einsatz bei der Forstschädlingsbekämpfung 986; Anwendung selektiver Herbizide in der Forstwirtschaft 1334; "Hughes 269A", Anbau-Spritzanlage 1062.
Spritzanlage für den "AN-2S" Doppeldecker 993; Spritzrohranlage 866; "Micronair-A100"-Rotationszerstäuber 866; synchronisiertes Windradsystem für Spritzpumpen 868; Sorensen-Spritzanlage 1062; Spritzanlage für den Hubschrauber "Hughes 269A" 867; neue Spritzausrüstung für Bell-Hubschrauber 993; neues Y-Filter für Spritzausrüstungen 700. - Venturi-Deflektoren 1061; "Venturi"-Stäubegerät 866; Stäubeeinrichtung für Hubschrauber 1164.

<u>Flurbereinigung</u>, Arbeiten in dem Projekt "Het Koningsdiep" 417; Arbeiten in dem Projekt "Heusden-Vlijmen" 417; Bewertung hängiger Grundstücke 296+.

<u>Förderbänder</u>, Einsatzbereich 869; Einsatz im Gartenbau 1284; Transporte von Schütt- und Stückgütern 868; Kartoffeltransport 569; Förderbänder für Kartoffellagerplätze 570; Korntransport 545; Futterverteilung in Hühnerställen 443; Arbeitszeitbedarf für Transportarbeiten in Gewächshauswirtschaften 343. - Biegebeanspruchung von Gummifördergurten mit Gewebeein-

lagen 838+; Abwurfverhältnisse bei Kartoffelförderbändern 68. - Typenreihe der DDR 293; "RH-Farmer 40" 156; "TSM-7,5" für Mischfutter 189.

Fördergebläse, pneumatische Förderung bei großen Fördergutkonzentrationen 1226; Transport von Schütt- und Stückgütern 868. - Bauart, Leistungsbedarf, Leistung und Einsatzgebiete 62; Förderung von Grüngut, Elektroenergieverbrauch 143; Anschlußwerte 530. - Verwendung von Kunststoffschläuchen anstelle von Blechrohren 1041; Anwendung kunststoffbeschichteter Gewebe als Gebläseschläuche 1041; Verwendung von Gebläseschläuchen aus Plastikfolie 294; Guttasyn-Gebläseschlauch 1262. - Gebläsetechnik in der DDR 293; Gebläse für den Heu- und Grünfuttertransport 545; Abladen von Grünfutter und Heu, Arbeitsaufwand 308; Abladegebläse "Transit", DLG-Prüfbericht 574; Gebläse "FG 25" 293; Gebläse "TPE-10" 1226; Wurfgebläse zur Förderung von Stroh und Grünfutter 546; Beförderung von Heu mit Allesbläser 546; pneumatische Fördereinrichtung für die mech. Tabakernte 734; Beschicken mit Häckselgut 556. - Körnergebläse: 546, 742; "T 231" 293; kombiniertes Spreu- und Körnergebläse "T 233" 293; Beschickung von Getreidesilos 545.

Fördern, Mechanisierung 319; Anwendung mech. Fördereinrichtungen und -verfahren 274; Einrichtungen zur Entlastung bei landwirtsch. Transporten 702; Verwendung der Schwingungs-, Luftförderer-, Elektroseilzugsverfahren 546. - Pneumatische Förderung bei großen Fördergutkonzentrationen 837; pneumatische Förderung in Mischfutterbetrieben 443; vollautomat. pneumatische Anlage für Futtermittel 585. - Fördergeräte: Jahresübersicht 1961 1; Zusammenstellung DLG-anerkannter Maschinen 113; Aufzugstransportmaschinen in der Landwirtschaft 547+; Lastenaufzugmodelle der Fa. Didsbury 294; Schrägförderer mit und ohne Reinigungseffekt 294; Beschickung und Entladung der Boxen in Kartoffelhäusern 293; selbstgreifende Hängekrananlagen 114; gleislose Flurförderer 114; Schwingförderer 545. - Universalförderer Typ "221/1 bis 224/1", Prüfbericht Potsdam-Bornim 28; "TSM-7,5" 321. - Förderanlagen für Futter s. unter Füttern.

Förderkorb, "AGP-12" zum Pflücken von Zapfen 622.

Förderschnecken s. Schneckenförderer: für Getreide s. unter Getreide: Förderung.

Folien s. unter Kunststoffe.

Folien-Wärmestrom-Messer für die Wärmeableitung von Fußböden 389.

Folienzelte s. unter Gemüsebau.

Foodtainer s. unter Obstbau: Verpacken.

Formgebung von Küchenkleingeräten 338.

Forschung, Repertoire der in 94 Staaten vorhandenen landtechn. Institutionen 521; brit. landtechn. Versuchsinst., Vereinigungen und Ausbildungsinstitutionen 137. - Forschung auf dem Gebiet der Standardisierung 1133. - Landwirtsch. Bibliotheken 1040+; Verzeichnis der an der Hochschule für LPG Meißen vorgelegten Diplomarbeiten 2+; elektronisches Rechnen 522+; Aufgaben des Zentralen Forschungsinst. für Mechanisierung und Elektrifi-

zierung der Landwirtschaft 1040⁺; Forschungsarbeiten des Unions-Forschungsinst. für Mechanisierung der Landwirtschaft 1960 1040⁺; Forschungsarbeiten des Unions-Forschungsinst. für Elektrifizierung der Landwirtschaft 14⁺. - Inst. für landtechn. Grundlagenforschung 831; Inst. für Landmaschinenforschung 831; Bericht über die Tätigkeit der Forschungsanstalt Braunschweig-Völkenrode 831⁺; landwirtsch. Abteilung der Techn. Hochschule München von 1872-1901 680. - Jahresbericht des ILR 1961 402; Jahresbericht des Landwirtschaftstechn. Inst. Schwedens 1203; Jahresbericht 1960/61 des NIAE 138; Arbeiten in der schottischen Außenstelle des NIAE 680; Tätigkeitsbericht der Bundesversuchs- und Prüfanstalt für landwirtsch. Maschinen und Geräte 1961 2; Tätigkeitsbericht der Bundesversuchs- und Prüfanstalt in Wieselburg a. d. Erlauf für 1962 1039; Arbeiten der Nationalen Hochschule für Landtechnik 680; Versuchsstat. Fairfield 601. - Inst. für Schlepperforschung Braunschweig-Völkenrode 1211; Grünes Buch, Hauptausgabe 1963 1037; Massey-Ferguson-Konzern, Entwicklungszentrum in Kassel-Bettenhausen 1039; 55. Jahrestag der Gründung der ASAE 275. - Forschung und Anleitung in der Landwirtschaft für die amer. Länder 1039; Turrialba: Inst. zur Forschung, Ausbildung und Verbreitung von Informationen in Latein-Amerika 1093; Organisation der landwirtsch. Forschungsarbeit in den USA 1202. - Lehr- und Forschungsanstalt für Wein-, Obst- und Gartenbau Geisenheim, Bericht 1960 1283; Jaarverslag 1959, Proefstat. Groentenen Fruitteelt onder Glas 200. - Landwirtsch. Bauforschung in Österr., Deutschl., Belgien, Niederl., Dänemark und Schweden 1170; Inst. für landwirtsch. Bauforschung 1169; Zentrum für baukonstruktive Fragen in Frankreich 1170.

<u>Forstindustriebetriebe,</u> Vorteile einer zentralen Energieversorgung 469.

<u>Forstsamen,</u> Gewinnung: Stand und Perspektiven der Mechanisierung 221; Ausrüstung und Verfahren 222. - Mech. Leiter zum Zapfenpflücken 222; Förderkorb "AGP-12" zum Pflücken von Zapfen 622; Unfallverhütung beim Zapfenpflücken 213. - Automat. Trocknungsanlage System Rietberg 622; Weißtannen-Saatgut-Aufbereitung 622. - Vorschläge zur Erhöhung der Keimkraft des Saatguts 1137.

<u>Forststraßen,</u> Tätigkeit des Waldstraßenkomitees 1960 in Schweden 377; Bau der Holzabfuhrstraßen 801; neue Straßenbauvorschriften in der SU 1337; Verbesserungen im Straßenbau 1337. - Berechnungsbeispiel für Autostraßen 235; Straßen-Berührungslinien, Berechnung 1155; betriebswirtsch. Betrachtungen des Straßenbaues 483; Senkung der Baukosten durch Verringerung der Wegbreite und Höhe der Kiesschüttung 1336; georgische Autostraßen, Baukosten und -maschinen 1336; Arbeitsversuche der Wegebau- und Wegeunterhaltungsbrigaden 1337. - Betondecke 633; Reparatur der schadhaften Eisenbeton-Straßenplatten 989. - Bodenstabilisierung 632; Straßen mit stabilisierter Decke 1338; Stabilisierung der Straßendecke durch Kalk 484.

B a u m a s c h i n e n : Organisation und Einsatz von Großmaschinen

1151; Nivelliergeräte 469; Aggregat "CNIIME-KBK" 801; Aggregat "KBK-2" 236; Anhänge-Bulldozer zum Schlepper "TDT-60" 215; Beladegerät für Erdarbeiten Derruppe "812" 634; Beladeschlepper Massey Ferguson "MF 356" 634; Gredall-Teleskopbagger 990; Grader 469; Rammgerät 801.
Schneestraßen s. dort.

Forsttechnik, Fragen der Terminologie 95. - Geschichtlicher Überblick über die Entwicklung 957; historische Entwicklung 212; Entwicklungstendenzen 211.
Mechanisierung: Voraussetzungen 216; neue Technik und Technologie 615⁺; Neuerungen im Waldbau 216⁺; Konstruktionsarbeit im VEB Bodenbearbeitungsgeräte Leipzig 212; Verzeichnis der forstlichen Werkzeuge und Maschinen 94⁺; Technik in der CSSR 94; Mechanisierung in Schweden 468; Bestrebungen der kanadischen Forstwirtschaft 361; Maschinenführer als Schlüsselkraft 212. - Einsatz von Hubschraubern in der SU 469.
Forsttechn. Arbeitstagung der TZF 615; Aufgaben der Arbeitswissenschaft 615; Ökonomik und Organisation 958; A directory of organizations concerned with forest workers safety 958; Arbeitsproduktivität 95; Steigerung der Arbeitsproduktivität in der BSSR 358. - Standardisierung von Verfahren oder Arbeitsgängen 957; Lehre und Forschung auf dem Gebiet der Standardisierung 1133. - Rationalisierung der Waldarbeit 357; Rationalisierung der Holznutzung und -bringung in Finnland 957; Produktivitätsentwicklung in der schwedischen Forstwirtschaft 101; Methode zur operativen Einsatzplanung von Maschinen und Geräten 1133; amer. Einflüsse auf Entwicklung der westdeutschen Waldarbeit 211. - Entwicklung der Luftbildtechnik 1316. - Bedeutung programmgesteuerter Rechenlocher 1316.

Forstwege
Gliederung: Hinweise
Allgemeines
Planung
Bau, Bauweisen
Bodenstabilisierung
Baumaschinen
Instandhaltung

H i n w e i s e : s. auch: Forststraßen; Wegebau; Schneewege s. dort.
A l l g e m e i n e s : Grenzen der Anforderungen an den Wegezustand 483; Tragfähigkeit von Wald- und Wirtschaftswegen 1155; Zweckmäßigkeit des Längstransportes von Mengen zur Vermeidung von Schäden unterhalb der Trasse 1150.
P l a n u n g : 1155, 1157; Wegenetzplanung und Normung für die Bauelemente von Waldwegen 1153; Planung eines neu anzulegenden Wegenetzes 1336; Stand und Planung des Waldwegenetzes in Jugoslawien 1153; Rentabilitätsberechnung eines Wegnetzes 1156; Untersuchung des Wegenetzes und der max. Wegelänge bei direktem Holztransport zum Flößwasser 373; Wegedichte 377; Berechnung optimaler Wegedichten 1157; Bestimmung der ökono-

mischen Entfernung und Dichte des Wegenetzes 1150; optimale Schlagbreite und Wegedichte in Waldmassiven 633; Gliederung in Abfuhr-, Ausfuhr- und Rückewege 1154.
B a u , B a u w e i s e n : Bedeutung der Standortfaktoren 377; neuzeitlicher Wegebau 1156; richtige Rangordnung der Maßnahmenkomplexe 376; Erfahrungen 989; maschineller Wegebau im Hochgebirge 1149; 10 Jahre Waldwegebau im Bezirk Karl-Marx-Stadt 1153; Wegebau in Moor-, Marsch- und Geestgebieten 1152; Bau in Polen 236; Bau im Gebiet Kalinin 235. Kostensparende Bauweisen 1154; kostensparende Bauweise von Zubringerwegen auf dem Hunsrückplateau 1154; Verfestigung in der ČSSR 1336; Befestigung von Neben- und Rückewegen 1337; Erdwege, stabilisierte Wege und Wege mit leichter Decke, Baukosten 378; Anlage von Erdwegen 1158; Ausführung mit bituminösen Allwetterbindemitteln 1355; Bewährung der Betonspurbahn 378; Abnutzungsgang an sandgeschlämmten Schotterdecken 376. - Dolen im Waldwegebau 1152; neuartige Querrinne aus Stahl zur Wasserableitung auf Waldwegen 1158; Betonrohr als Einfallschacht 1158. - Forstwegebrücken aus Betonfertigteilen 1159.
Bodenstabilisierung: 378; Anwendung 121; Bodenverfestigung im Rahmen von Versuchsprogrammen 1151; Methoden 484; Methoden und Bau-Mischverfahren in Österreich 1156; Maschineneinsatz 1153; Stabilisierung im StFB Hildburghausen 1150; Bodenverfestigung mit Straßenteer 1151.
B a u m a s c h i n e n : 235; Organisation und Einsatz von Großmaschinen 1151; Aufbau von Wegebauzügen 1153; Sprengtechnik 632; Einwalzen von Neuaufschotterungen 1152; Autograder "B-10" 989; Motorgrader "Elch"1152. - Verwendung bei Erdarbeiten 989; Winde "TL-5" mit Draggleine zum Beladen der Autokipper mit Sand und Kies 1330.
I n s t a n d h a l t u n g : 1338⁺; Bau-Reparaturzug "SRP-2" 366; maschinelle Pflege von Fahrbahn-Randstreifen und Seitengräben 376; Anbaugeräte für Radschlepper 1154; Straßenhobel für die Wegerhaltung 1335.
Forstwirtschaft s. Forsttechnik; s. auch die einzelnen Maschinen und Geräte; s. auch unter dem Arbeitsvorgang.
Fräsbagger s. unter Bagger.
Fräsen, Ansprüche der Fruchtarten 34; Bodenbearbeitungsversuche 1071; Verwendung für Hackarbeiten 1076; Versuch mit dem Einsatz bei der Kartoffelpflege 1076; Stoppelbearbeitung im Mähdruschbetrieb 708.
B a u a r t e n , T y p e n : Untersuchungen von Scharfräsen in der Bodenrinne und auf dem Acker 882; Moorfräsen, internationale Vergleichsprüfung 416; Ackerfräsen mit Mehrstufengetriebe 876; elektr. angetriebene Bodenfräsen 304; "FBSŠ-2,8" zum Anbau an Geräteträger 1076; "FLN-0,8" 415; "FN-1,0" für Kettenschlepper 712; "FPN-2,8" 1076; "FPN-4,2" 1076; "FPN-2,8" und "FPN-4,2" zur Bearbeitung der Zwischenreihen 304; Anbaufräse "MPG" 1066; "Rotavator" von Howard 36; "Rotor-Cadet" von Howard 489. - Selbstschärfende Schneideelemente 37.

G a r t e n b a u : Bodenbearbeitung 1288; Einsatz in norweg. Gartenbau- und Weidebetrieben 1110; Einsatz im ital. Obstbau 202. - Entwicklung motorisch angetriebener Kleingeräte 457; Vergleich des Mischungseffektes von Kopf- und Hakenfräsen 936; Einsatz von seitlich ausladenden Hackfräsen zur Bearbeitung des Bodens in den Baumreihen 351. - Anbau-Fräse mit 1,80 m Arbeitsbreite 1114; Hackfräse "Type 333" 1289; Elektrofräse "FS-0,7 A" für die Arbeiten unter Glas 351; "FS-09" 344; Motorfräse "M2", NIAE-Test 347; Baumscheibenfräsgerät "SWO-2" 348.

F o r s t w i r t s c h a f t : Maschinensysteme zur komplexen Mechanisierung 96; Einsatz zur streifenweisen oder flächenweisen Bodenbearbeitung 214; Verwendung von Tretschuhen zur Kulturpflege 969. - Fräse "20" 1136; "Dreadnought" von Howard 217; "Rotavator" von Howard 36; "FLN-0,8" 618, 965, 966; "FLN-3" 360, 618; Krone Super-Anbau-Fräse "REV" 969; Elektrofräse "S 474" 801.

Fräsen für die Gärfutterentnahme s. Entnehmen von Gärfutter.

<u>Frankreich,</u> Stand der Mechanisierung 843; Übersicht über landwirtsch. Maschinen und Geräte 275; Mechanisierung des Zuckerrübenanbaues 30; Anwendung der Maulwurfdränung 297; Ausrüstungen modernisierter Milchviehställe 1095. - Kühlkonservierung von landwirtsch. Rohprodukten und von aufbereiteten Lebensmitteln 597; techn. Einrichtungen der Kältekonservierung 145. - Ausstellungen s. dort.

<u>Freilaufkupplungen</u> s. unter Kupplungen.

<u>Freuquenzspektrometer,</u> Geräuschanalysen 535.

<u>Friktionswerkstoffe,</u> Weiterentwicklung 5⁺.

<u>Fritten</u> in Öl auf automat. Kochplatten 196.

<u>Frontlader</u> s. unter Schlepper: Schlepperlader.

<u>Frontschwader</u> s. unter Heuernte.

<u>Frostresistenz</u> von Pflanzen, transportable Anlage zur Bestimmung 404.

<u>Frostschutz</u>

Gliederung: Allgemeines
Beregnung
Winderzeugung
Nebelerzeugung
Geländebeheizung
Bedecken

A l l g e m e i n e s : Frostschutz im Garten-, Obst-, Gemüse- und Weinbau 1315; Obstbau, Verfahren der direkten Spätfrostbekämpfung 1131; Obstbau, Erfahrungen mit Frostberegnungen, Bewindung und Heizung bei Frühjahrs-Spätfrösten in Südtirol 1131. - Frostwarngeräte 614; Möglichkeiten der Frostwarnung in Obstanlagen 1130. - Gerät "PVR-58-AzII" zum Bestimmen von Frostschäden an Wintergetreide 273.

B e r e g n u n g : 298, 419; Schutzwirkung 1315; Einfluß der Dicke der Eisschicht 488; Beregnung im Garten-, Obst- und Weinbau 1288. - Obstan-

lagen: 92; Beregnung im Etschtal in Südtirol 782; Überkronenberegnung mit Langsamregnern 92; Birnenanlage 955. - Frostschadenverhütung in nicht heizbaren Frühbeeten durch Beregnung der äußeren Glasflächen 1131.
W i n d e r z e u g u n g : 1131; Frostbekämpfung durch künstliche Ventilation 488+; Ventilatoren 92.
N e b e l e r z e u g u n g : Nebelgeräte 92.
G e l ä n d e b e h e i z u n g : 92, 1131; Einzelöfen 1315; neue Ofentypen zur Spätfrostbekämpfung 782; Warmluftgebläse kombiniert mit einer Ölfeuerungsanlage 110; Ölöfen 92, 378; Strahlungswirkung von Ölöfen auf Meßinstrumente und Pflanzengewebe 614; Ölofen "Calor 15-6", Prüfungsergebnisse 992.
B e d e c k e n : Einfluß kurzzeitiger Überdeckung mit Folienzelten auf die Ertragsleistung einiger Gemüsearten 955; Anwendung von Folienzelten im Kürbisanbau 210. - s. auch Gemüsebau.
Frostwarngeräte s. unter Frostschutz: Allgemeines.
Frühbeete, Potter-Frühbeetfenster, NIAE-Test 1294; Verwendung von Platten aus "Palatan" 462. - Anwendung von Plastfolien: im Gemüsebau sozial. Länder Europas 1117; in Rumänien 205; finnische Erfahrungen mit Polyäthylenfolien 605. - Mechanisierte Frühbeetkästen 1119; Mechanisierung der Arbeiten 1294; Bagger für die Beschickung 1294. - Frostschutzberegnung 1131. - Reinigungsbürste "SchtschG-0,45" zur Reinigung stark verschmutzter Glasflächen 351. - Anwendbarkeit und Kosten verschiedener Heizungsverfahren 205; Konstruktion für die elektr. Beheizung 353; baumschulische Unterlagenerzeugung mit elektr. Wärme 1299. - Bodenheizung s. dort; Folienzelte s. unter Gemüsebau.
Frühjahrsbestellung s. unter Bestellung.
Fuderlader, Futterbergung, Strohbergung 889; Arbeits- und Kostenaufwand bei der Grünfutter- und Heuernte 428; Grünfutterernte in Hanglagen 427; Langgutkette in der Grünfutterernte 173; Samenheubergung 48; Wurfband als Zusatzausrüstung 556.
Füllstandsmessungen mit Hilfe von Radionucleiden 142; Füllstandswächter für fließfähiges Schweinefutter 1206.
Füttern
Gliederung: Hinweise
Allgemeines
Futtertransport, -verteilung
Automatische Anlagen
H i n w e i s e : Hühnerfütterung, Rinderfütterung, Schweinefütterung s. dort; Geflügelfütterung s. dort.
A l l g e m e i n e s : Möglichkeiten zur Einsparung von AK 1093; wirtschaftlicher Betrieb von automat. und anderen Systemen 583. - Mehrsprachenbildwörterbuch Tierfütterung und Tierhaltung 183+. - Futterkrippen, Betonverwendung in Österreich 246.

F u t t e r t r a n s p o r t , - v e r t e i l u n g : Übersicht über die in den USA gebräuchlichsten Fördermittel 751; Vor- und Nachteile des Futtertransportes mit festeingebauten Förderanlagen und selbstentladenden Futterwagen 745; Anlieferung und Verteilung des Futters mit Hilfe von Behältern 324; Futterwagen, Einsatz in der DDR 544; Futterwagen für Trockenfutter 73; Lastenroller, Zweiradfutterkarre 183; Futterkarren 916. - Transport mit dem "RS 09" 255; Einsatz des Frontladers 319, 1079. - Pneumat. Förderung von brikettiertem Futter 829; Futterband mit Seilwindenantrieb 868.

Futterverteiler: Übersicht in Frankreich 275; Förderschnecken 868; Schubstangenverteilung 868; Kettenförderer 868; Futterverteilungswagen "RM-5" 918; schienengebundener kombinierter Futtermischer und Futterverteiler 319; auf einem Motor-Dreirad aufgebauter Futterverteiler mit Räumschild zur Entmistung 319.

A u t o m a t i s c h e A n l a g e n : 750; Betriebs- und Arbeitswirtschaft 1097; programmgesteuerte Fütterung 273; selbsttätige Fütterung 332+. - Futterautomaten: 586; Übersicht in Frankreich 275; vollautomat. pneumatische Förderanlage für Futtermittel 585; automat. Einrichtung der Fa. New Holland für Großvieh 445; Konzeption für die automat. Steuerung von Fütterungssystemen 918; Vorrichtung zur Messung der Futtermenge und Kontrolle der Futterverteilung 751; Streugerät für eine automat. Futterdosierwaage 1206; voreinstellbares Zählwerk zur Dosierung verschiedener Futterarten 1206.

Furchenbewässerung s. unter Bewässerung.

Furchenprofilschreiber 164.

Furchenzieher "LUG-3,2" 460.

Fußböden im ländlichen Wohnhaus 814; Konstruktionen für Wohnräume 814; Messung der Wärmeableitungen von Wohnungsfußböden 497; Holzfußböden 1173; Versiegeln der Holzfußböden 337; Verlegen von PVC-Belägen 337. - Untersuchungen mit verschiedenen Materialien im Bergeraum 823; Ausbildung im Melkstand 1014; Verwendung von Beton 246. - Pflege s. unter Raumpflege; Stallfußböden s. dort.

Fußbodenheizung s. unter Heizung von Wohnräumen.

Futteraufbereitung s. Futterzubereitung.

Futterautomaten s. unter Füttern.

Futterband s. unter Füttern.

Futterbau, Fragen der Mechanisierung, überbetriebliche Maschinennutzung 51+; Mechanisierung in den Niederlanden 307; wirtschaftliche Futtererzeugung und -werbung 718; Einfluß auf die Arbeitswirtschaft 278; Futterbau in Hangbetrieben, Einfluß auf das Wirtschaftsergebnis 1205; Anbaugrenzen am Hang 30. - Betriebseigene Trocknung von Sämereien 578. - Futterernte: 703; moderne Arbeitsverfahren 1242; Arbeitsaufwand 579; Maschinen auf der DLG-Ausstellung 718; Maschinen 889. - s. auch Grünfutter; Heu; die einzelnen Futterpflanzen.

Futterbehälter aus Kunststoffen 403.
Futterkonservierung, Lit.-Übersicht 637. - Silieren s. dort.
Futterkrippen s. unter Füttern.
Futterküche s. unter Futterzubereitung.
Futterlader mit 3reihigem Rübenköpfer 110. - s. auch unter: Grünfutter; Heu.
Futterlagerung auf dem Hof 1028.
Futtermittel, Probleme des Komponenten-Silos 1370; Pasture, hay, and silage for dairy cattle, beef cattle, sheep and hogs 733+. - s. auch die einzelnen Erntegüter.
Futterrüben s. unter Rüben.
Futtertransport s. unter Füttern.
Futterverteilung s. unter Füttern.
Futterwagen s. unter Füttern.
Futterzubereitung
Gliederung: Allgemeines
Kombinierte Anlagen
Zerkleinern
Mischen
Dämpfen
Pressen
A l l g e m e i n e s : Stand der Technik 1097; Mechanisierung 319, 441; Automatisierung der Fertigungsprozesse 71, 325; Bauten, Baunormen 1351. - Futteraufbereitung für Rind und Schwein 1096; Mech. der Arbeitskette in der Schweinehaltung 71, 72; Futteraufbereitung für Schweinemastanlage 260; mech. Verarbeitung von Küchenabfällen 324. - Zusammenstellung DLG-anerkannter Maschinen 113; Futteraufbereitung mit elektr. Maschinen 1209; Futteraufbereiter "UKPA-1" 661; Strohvergärung nach Melassezusatz 747; Erzeugung flüssiger Hefefuttermittel 325; Trockenkammer für Brutabfälle 584.
K o m b i n i e r t e A n l a g e n : Fahrbare Futtermittelfabrik 1097; Installation, Betrieb von Mahl- und Mischeinrichtungen 274; elektr. Ausrüstung von Kraftfutterwerken 325; kombinierte Kraftfuttermisch- und Getreidetrocknungsanlage 1097; Erzeugung kombinierter Kraftfuttermittel 673; Mühlen- und Mischanlage, in der Spurenelemente eingewogen werden können 110; Futtermühlen und -mischer, Übersicht in Frankreich 275; hofeigene Schrot- und Mischanlagen 326; amer. Getreidemühle mit Mischapparatur 916; Reißer "R 70P" zum Zerkleinern und Vermischen, Prüfbericht Potsdam-Bornim 326; Futtermischer und -verteiler 71, 187; schienengebundener kombinierter Futtermischer und Futterverteiler 319; Aggregat "AMK-2,0" zur Mischfutterbereitung 187; kombinierte Maschine "SKF-25" 748. - Futterzubereitung für Schweinemastanlage 1095, 1193. - Futterhaus: für Schweine 1367; für Schweinemastanlage 259; mit Kraftfutterlager 666; für fließfähiges Futter 260; mit pneumatischer Futterförderung 916; Futterküche für Schweine 1019, 1021, 1367. - Kombination "Schrotmühle-Futter-

mischer" für die Getreidemast 72; Druckluftkessel mit Rührwerk und Rohrleitungen für Futtertransport 916.
Z e r k l e i n e r n : Getreideverarbeitung 516. - Futterzerkleinerer: "Belaruś-IKB-1" 750; "DKU-M" mit Elevator und Bunker 916; "UDK-T" 916. - Hammermühlen: 326, 745; Leistungsgrößen 1097; Hammermühle mit Vorschneidemessern 110; Universalhammermühle "MCU-1,2" 558. - Schrotautomat, Anschlußwerte 530; Mühle 'RotoJet" mit sternförmigem Schlagmesser 110; Doppelkamm-Futtermühle 'Pionier" 914. - Schlagmühle "Skjold SM 2", Maschinenprüfbericht Ultuna 914; Kreuzschlagmühle "SU-3" 575. - Futterreißer "UDK-T" 189; Silageschneider "RSB-3,5" 916; Rübenmühle, Anschlußwerte 530; Bavaria-Rübenschneider Nr. 520, DLG-Prüfbericht 915. - Futtermuser 916; Anschlußwerte 530; Landruf-Universal-Allesmuser, DLG-Prüfbericht 1097; "PZG-2" 915; "TF" 443.
M i s c h e n : Homogenität und Losetransport, maschinentechn. Probleme der Mischfutterherstellung in der Schweiz 72; Entmischung von Trockenmischfutter während des Transportes vom Futtermischwerk zum Verbraucher 72; Organisation und Auslastung von Gemeinschaftseinrichtungen zur Herstellung von Futtergemischen 749; Anlage zur Herstellung von Mischfutter 575; Erzeugung kombinierter Kraftfuttermittel 673; pneumatische Förderung in Mischfutterbetrieben 443; Mischen von Futtermitteln, Vielzweckwagen 293. - Mech. Mischen des Futterbreies für Schweine 184; mit einer Zahnradpumpe verbundene Futtermischwanne 445; mech. Beimischung des Ammoniaks zu Zuckerschnitzeln und Silomasse 749. - Futtermischer: 745, 916, 1097; Vertikalmischer 326; elektroautomat. Mischfutteraggregat "AMK-2" 325; Futtermischer und -verteiler "KRS" 914; "KUT-3,0" 749; "SKS-5,0" 443.
D ä m p f e n : Elektroenergieverbrauch 143; Dämpfer, Anschlußwerte 530.
P r e s s e n : Lit. über Vermahlen und Pressen von getrocknetem Grüngut 73+; Futtermittel-Preßanlagen 584; Pressen von Mischfutter 444; Wirkungsunterschiede zwischen Ring- und Scheibenwalzenpressen 328. - Herstellung von Heupreßlingen s. unter Heupreßlinge.

Gabelheuwender s. unter Heuernte: Schwaden, Wenden.
Gabelhubstapler s. unter Gabelstapler.
Gabelhubwagen für den Transport von Paletten 1122; Einsatz beim Obsttransport 1308.
Gabelstapler, Konstruktion und Funktionsweise 869; für den Transport von Kisten 1092; Anbaugeräte für den Obstkistentransport 468; Gabelhubstapler, Einsatz beim Obsttransport 1308; Gabelstapler "TC" 231.
Gänse, Farm für 1000 Zuchtgänse 1196.
Gärfutter, Analyse der Güterbewegung 1201; Förderung 274; Laden mit Frontlader 1222; Doppelkamm-Futtermühle 'Pionier" 914.

Gärfutterbehälter
Gliederung: Allgemeines
Hochsilo
Flachsilo
Fahrsilo
Grabensilo
A l l g e m e i n e s : 517+; Gebäude- und Arbeitskosten der Silage- und Heubereitung 135; Untersuchung über die Maissilierung in LPG des MTS-Bereiches Taubenheim 740. - Verschiedene Formen 267; zweckmäßige Bauformen 111; Silos auf der Bausonderschau im Köln 519; Gärfutterbehälter in den Niederlanden 307; Übersicht in Frankreich 375; vollautomat. Anlagen 1270; Rundsilos 267; Behälter mit nachgiebigen Wänden 268; Siloanlage in Gurk, Kärnten 675. - Bauforschung 1170; Verwendung von Beton 246; Richtlinien für die Herstellung von Beton für Gärfuttersilos 1372; Bau eines Betonsilos mit automat. Futtertransport 1268; aus Betonelementen und mit automat. Entnahme- und Fütterungsvorrichtungen 1007. - Neue Schutzanstriche 268; Unfallgefahren beim Einstieg oder beim Anbringen von Schutzanstrichen 526. - Druckuntersuchungen 1; Plastic-Siloverschluß Patent Seeger, DLG-Prüfbericht 740+; Temperatur-Fernmesser "ETS-25" 273.
H o c h s i l o : 718, 1268; Beschicken und Entleeren 319; Silos mit verschiedenen Füll- und Entnahmesystemen 1227; Silos in Verbindung mit automat. Fütterung der Rinder in den USA 1272; Silos mit vollmech. Entnahme und Fütterung 1363; Turmsilos mit mech. Futterentnahme 657; Turmsilos mit mech. Förderung des Futters auf Transportbänder 911; Silos zur Obenentnahme 63. - Silobatterie von 12 Hochsilos 69; Silos in Weihenstephan 517; "Vorschlag Weihenstephan", runder Hochbehälter aus Formsteinen 269. - Betonhochsilos mit Untenentnahmefräse 1171, 1312; gasdichte Silos zur Untenentnahme 63. - Vollmechanisierter Silo mit breitem Dmr. 268; Holzhochsilo 320; Tauchdeckelverfahren zur Abdichtung 1033.
Harvestoreverfahren: 73, 326, 1007; Arbeitsaufwand 1199; Chancen 824; Entwicklung in Europa 136; glasemailierte Stahlhochsilo 1032; Harvestore-Betrieb Nantesbuch in Oberbayern 1199.
F l a c h s i l o: Weiterentwicklung in Plattenbauweise 824; große Silos 1363; Flachsilos unter Dach 662; Kammersilo 659; Silos mit Folienabdeckung für geschroteten Kolbenmais 63; Beschickung 170.
F a h r s i l o: 267, 318; in den USA 675; für Maissilage 51; mit Selbstfütterung 718, 1363. - Seitendruckmessungen 516. - Durchfahrsilo innerhalb des Stalles 127; Fahrsilo aus Betonfertigteilen 1171; Durchfahrsilos aus Stahlbetonfertigteilen 115. - Beschicken und Entleeren, Frontladereinsatz 319. - Schneeeinwirkungen 248.
G r a b e n s i l o : Graben- und Haufensilos 718; Silogrubenbau 245; verkleidete Silogruben 666; Grassilage-Gewinnung im Eiderstädter Erdfoliensilo 316.
Gärtnerische Produktionsgenossenschaften, Zusammenarbeit der MTS mit den GPG im Produktionsgebiet Erfurt 1108.

Gammastrahlen und Neutronen in Feld-Boden-Meliorationsuntersuchungen 1077+; Gerät zum Messen der Bodendichte 406. - Erdsterilisierung 1132.

Garagen, Größe für Schlepper und LKW 825; Heizungsprobleme 1033. - s. auch Einstellräume.

Gartenbautechnik der sozial. Länder 457; 9. Jahresübersicht 1961/62 933; Mechanisierungs- und Rationalisierungsmöglichkeiten 342; arbeitswirtsch. Untersuchungen 2. - Prüfung von Maschinen und Geräten 456; Zusammenstellung DLG-anerkannter Maschinen 113. - Richtwerte, Bedarf an elektr. Energie 934. - Lehrbuch für landtechn. Schulen 933+; Horticultural dictionary in eight languages 200+; Poradnik ogrodniczy, Ratgeber 1292+; Gartenarbeit Teil 1 u. 2 201.

Gas, Ferngas, Energiebedarf des Wirtschaftshofes der LPG Brehna 499; Verwendung von Infrarot-Gasbrennern zur Heizung von Ställen 913; Flaschengas, Anwendungsgebiete 1179; Gas als Energiequelle für den Landhaushalt 759; Energieverbrauch und -kosten im Haushalt 1104; Kochen und Heizen mit Gas 925; Gas-Feuerung, Anwendung in der Küche und für die Wohnraumheizung 926.

Gasdurchlauferhitzer s. unter Warmwasserversorgung.

Gasturbinen, Verdienste von Stolze 1210; Ford-Fahrzeug-Gasturbine "704" 689; Gasturbine der Fa. Austin Motor Co. Ltd. 144; Versuchsschlepper mit hydrostatischem Radantrieb 1.

Gebäude, Entwürfe für öffentliche Gebäude 123; Rolle im landwirtsch. Produktionsprozeß 382; Anpassung an die Entwicklung der Landwirtschaft 244; Arbeitsachsen in Wirtschaftsgebäuden 114; bauliche Voraussetzungen für die Mechanisierung der Innenarbeiten 244; Betriebsgebäude eines norwegischen Bauerngutes 125. - Wirtschaftsgebäude: in der Landwirtschaft als Betriebsmittel 1170+; Standardobjekt für Obstbaubetriebe 467. - Mehrzweckbauten s. dort; s. auch die einzelnen Gebäudearten.

Gebietsplanung s. unter Landesplanung.

Gebläse, Untersuchungen der Radialgebläse von Landmaschinen 1226. - Fördergebläse s. dort; Belüftungsgebläse s. unter: Heubelüftung; Getreide.

Gebläse-Häcksler, Leistung und Einsatzbereich 62; Wurfgebläsehäcksler "E 066" 997; Häcksler " Solo Nr. 1" 905.

Geestgebiete, Baugrundsätze für den Wirtschaftswegebau 1152.

Geflügelfütterung, Futterverteiler "Ukraina" 190.

Geflügelhaltung, Arbeitsverfahren und Gebäude 6; Stand der Geflügelindustrie 441; Zucht und Haltung in Brasilien 1270; Mechanization of poultry keeping 753+; Anlage zur UV-Bestrahlung 75; mech. Anlage für das Schlachten 324. - s. auch die einzelnen Arten.

Geflügelställe 394; Baunormen und -regeln (SNiP) 1361; Normen und Gütevorschriften für die Projektierung von Farmen 513; Buildings for poultry. 1st supplement 1958-1961 1349+; Stallbau und Innenmechanisierung in der Intensivgeflügelzucht 185; Entwürfe für komplexe Wassergeflügelfarmen 1196; neuer "Norm-Stall" für bäuerliche Geflügelhaltungen 1027. - Isoliermaterial aus "Flumser"-Steinwolle 264. - Verwendung von Infrarot-Gasbrennern zur Heizung 913.

Gefrier- und Kühlkonservierung von Lebensmitteln

Gliederung: Allgemeines
Übersichten
Technik
Kühlschränke
Tiefkühlanlagen
Kombinierte Geräte
Sonstige Geräte

A l l g e m e i n e s : International dictionary of refrigeneration 931+.

Ü b e r s i c h t e n : Kälteindustrie, Ausstellung der DLG 1962 in München 1278; Kölner Herbstmesse 1962 764; techn. Einrichtungen der Kältekonservierung in Frankreich 145; Kühltechnik in den USA bei Obst und Gemüse 356; Markthalle der nat. Interessengemeinschaft in Agen 1370; Gesichtspunkte für den Bau von Kühleinrichtungen in Indien 80. - Elektr. Geräte, Jahresübersicht 1961 456; Energie- und Leistungsbedarf von Elektrogeräten 758; Vergleich von Truhe, Schrank und Tonne 339.

T e c h n i k : Grundlagen des Gefrierens und der Gefrierlagerung von Lebensmitteln 597; Gefrierkonservierung von Fleisch 930; Einfluß postmortaler Veränderungen auf die Qualität von Gefrierfleisch 1106; zweistufige Geflügel-Gefrierverfahren 80; Kühlen oder Gefrieren in Flüssigkeiten 199; Gefrieren von Fleisch, Gemüse und Obst 339; Auswahl geeigneter Sorten bei Gemüse und Obst 778; Gefrieren von Gemüsegerichten 597. - Neue techn. Entwicklungen bei der Kältekonservierung von Lebensmitteln 452; moderne Kühl- und Gefrierraumabschlüsse 356; Zustandsänderung der Luft in Kühl- und Lagerräumen, Darstellung im i-x-Diagramm 284.

K ü h l s c h r ä n k e : Arbeitserleichterung im Landhaushalt 78; Konstruktion und Benutzung 198; Vergleich dt. und franz. Normvorschriften 337; Magnetbandverschluß und Abtauautomatik 1280; Benutzung von Kühlschränken und Kühlkost 198; Anschlußwerte 530; Energieverbrauch 925. - Frühjahrsmesse 1962 in Köln 453, 455, 600; Übersicht in England 763; Kühlmöbel auf der brit. Verkaufs-Konferenz in Harrogate 341; Kühlschränke in den USA 338.

Gemeinschaftskühlschrank mit 8 verschließbaren Fächern 764; "Foodarama" 763; 85 l-Wandgefrierschrank 599; Wandkühlschrank von Bosch 764; Frigidaire "Sheerlook" 763; Schrank von Hakanssons Ind. 765; "K 50 M", "K 761 N" 763; Absorber-Schränke, mit Flaschengas betrieben 764; Absorptionsschrank "L-2-40" 1107; "Perfect Host" von Morphy-Richards 763; Schrank "Slimline Junior" 765. - Konstruktion und Betrieb eines thermoelektr. Kühlschranks 198, 598.

T i e f k ü h l a n l a g e n : Entwicklung der Gefriereinrichtungen im Weltmaßstab 597; Technik des Tiefkühlens 199; Gefriergeschwindigkeit 1280; Anschlußwerte 530. - Tiefgefrieren von Gemüse 90; Tiefkühlung von Gartenbauerzeugnissen in Holland 356+; Arbeitsentlastung 930; Kühltruhe, Arbeitserleichterung im Landhaushalt 78. - Tiefkühlkost, Sonderschau in

der'Neuen Hauswirtschaft" 1106; steckerfertige geschlossene Gefriergeräte für die Landwirtschaft 81+; Gefriertruhen auf der Frühjahrsmesse 1962 in Köln 453, 455; Gefrierschränke in den USA 338; Tiefkühl-Gemeinschafts-Gefrieranlagen 245. - Tiefkühlgerät 925; Truhe mit 470 l Nutzinhalt 600; Tiefkühlmöbel mit 253-610 l Inhalt der Fa. Elektrohelios 600; Tiefgefrierschrank "T 70" von Elektrolux 1281; Gefriertruhe "170 l" von Bauknecht 455.

K o m b i n i e r t e G e r ä t e : Kombination eines 160 l-Kühlschrankes mit einem 140 l-Tiefkühlschrank von Elektrolux 1107; "Fridgemaster Duofreeze" 81, 763; "GKN-250" 1107; "Kenwood f 402 + 502", Kombination von Kühl- und Tiefkühlschrank 763; Kühl- und Gefrierkombination "MKS" 455; kombinierter Kühl- und Gefrierschrank von Philip 764. - Kombination von Kühlschrank und Elektroherd 82 ; "Duet" 761.

S o n s t i g e G e r ä t e : Vakuum-Kühler für den Erzeuger-Betrieb 407; Kleinkühlgeräte und Kleinwärmeausstrahler für die Obstverwertungsgewerbe 779; Lagerung der Eier in praktischen Kühlsafes 336. - "Thermo-Magio Zero"-Kühlkiste 598; "Thermo-Magio"-Kühlkiste mit Traggriff 598; Kühltasche "Eski" von Bauknecht 1281.

Gefriertonne s. unter Gefrier- und Kühlkonservierung.

Gefriertrocknung, techn. Aspekte 597; Tagung 1962 in Köln 199; Symposium 453; Freeze-dried food 1092+; Anwendung der dielektr. Erwärmung 340; Gefriertrocknung poriger Güter 339.

Gehöftplanung, Bautradition und neuzeitliche Planung 1360; Raumbedarf für einzelne Raumgruppen 1169; dynamischer Lageplan 124; wirtschaftliche Projekte landwirtsch. Produktionsgebäude 1183; Bewertung der Gebrauchsfähigkeit von Wirtschaftsgebäuden 1360; Hofanlagen und Baukörper arbeitswirtsch. gesehen 1359.

Bemessung von Gebäuden der Rindviehhaltung in bäuerlichen Betrieben 252; betriebsnotwendiges Bauvolumen der Wirtschaftsgebäude bäuerlicher Familienbetriebe 1183; Entwürfe für Kleinsiedlungen und Nebenerwerbssiedlungen 505. - Aussiedlungsgehöfte: 505; Aussiedlungen in Trendelburg (Nordhessen) 1006; Aussiedlungshöfe, Nebenerwerbsstellen, Baugestaltung 1006; Aussiedlungshof in Heistardburg/Eifel 252; Aussiedlungshof am Nordhang 505. - Vollmontagehof 1182; schlüsselfertiger Vollmontagehof aus Betonfertigteilen 505; Frontladerhof mit T-förmiger Anordnung der Gebäude 319; Umbau einer Feldscheune zu einer Vollbauernstelle 505; neuartiges Betriebsgebäude in Norwegen 654; Betriebsgebäude eines norwegischen Bauerngutes 125. - Umbau eines Feldhäckselbetriebes 394.

Planung der Sowchosen 654; Experimentalbau im Sowchos "Pobeda" 1360; Gehöftplanung in Kolchosen, Berücksichtigung der Großproduktionstechnologie 1183; Betrieb Birkeneck 252, 394.

Geländebeheizung s. unter Frostschutz.

Geländeplanieren s. unter Bodenbewegung.

Geländewagen, Steyr-Puch "Haflinger" 1135.

Gelenkwellen, Untersuchungen 276.
Gemeinschaftseinrichtungen, überbetriebliche Maschinenverwendung in der Landwirtschaft: 8+; Formen und Wirtschaftlichkeit 403; Kalkulation der Kosten 9. - Gülleanlage für 22 Höfe im Allgäu 919; Anlage und Einrichtung einer Milchsammelstelle 512; Gemeinschaftsstall von Montereau 59. - Dorfgemeinschaftsbauten, Begriffsbestimmung, Standardeinrichtungen 654; Bauhandbuch für LPG 114; Gemeindehaus in Kosta 122; Gemeinschaftsküche für Kollektivwirtschaften 124; Gemeinschaftskühlanlagen in Frankreich 145; Tiefkühl-Gefrieranlagen 245; Gemeinschaftskühlschrank mit 8 verschließbaren Fächern 764.
Gemüsebau
Gliederung: Hinweise
Allgemeines
Säen
Pflanzen
Anwendung von Plastfolien
Pflege
Ernte
Ernteaufbereitung
Transport
Verpackung
Lagerung
H i n w e i s e : Treibgemüsebau s. unter Gewächshäuser; s. auch die einzelnen Gemüsearten; Frostschutz s. dort; Jungpflanzenanzucht s. dort; s. auch die einzelnen Maschinen und Geräte; s. unter dem Arbeitsvorgang.
A l l g e m e i n e s : 457+; Technologie 202+; Mechanisierung 202; Bedarf an Maschinen zur Mechanisierung des Gemüseanbaues 1109; rationeller Einsatz großer Maschinen und Geräte 602; Maschinensysteme 344; Zusammenarbeit der MTS mit den GPG im Produktionsgebiet Erfurt 1108; Einsatz von Einachsschleppern 20. - Mech. Kohlanbau auf großen Flächen 350; Vorführung von Maschinen für die Zwiebelkultur 207; Anbau von Grünerbsen, Einsatz der Technik 350. - Gemüsebau im Landwirtschaftsbetrieb 157+; wirtschaftliche Analyse in Bulgarien 602; tschechoslowakische Lit. im Jahre 1961 84+. - Freilandbodenheizung mit Abwärme im VEB Kraftwerk Zschornewitz 1300; Saatguterzeugung 769+. - Lexicon of terminology used in the fruit and vegetable trade 200+.
S ä e n : 938; Mechanisierung 1114; direkte Aussaat von Weißkohl auf dem Feld 345; Nest-Streifenverfahren bei der Aussaat 349; Bandnestverfahren für den Tomatenanbau 345; Gemüse, Säschare für die Aussaat in 8 cm breiten Streifen 938; Einzelkornsaat, Düngung und Unkrautbekämpfung 1283. - Drillmaschinen: Einsatz 348; "A 187" 602; Anbau-Drillmaschine "A 188" zum Geräteträger "RS 09" 602; Anbau-Drillmaschine "SKGN-6A" für Quadratnestsaat 1238; Drillmaschine "SOSŠ-2,8" 202. - Sämaschine mit Haken- oder Scheiben-Säscharen 296; automat. Zwiebellegemaschine 489.

P f l a n z e n : Hydro-Pflanzlochgeräte 1291; Handhydrobohrer für Pflanzlöcher 349. - Pflanzmaschinen: 938, 1346; "A 811" und "A 821" 349; "A 821" und "Pfl 5" 602; "SKNB-4" 42; "SUP-4" und "RPU-4" 41; selbstfahrende Hack- und Pflanzmaschine "Russolia" 93.

A n w e n d u n g v o n P l a s t f o l i e n : Verfahren 462; mech. Plastfolienmulchen 204; Bodenbedeckung mit schwarzer Polyäthylenfolie 604; Anwendung im Gemüsebau der sozial. Länder Europas 1117; Anwendung in Bulgarien 1118; Anwendung in Rumänien 205.

Folienzelte: Anwendung im Gemüsebau sozial. Länder Europas 1117; Zelte zur Ernteverfrühung bei Kürbis, Gurken und Tomaten 210; Einfluß kurzzeitiger Überdeckung mit Folienzelten auf die Ertragsleistung einiger Gemüsearten 955; Einsatz von Zelten aus Polyäthylen 1286; Eignung unterschiedlich gealterter Polyäthylenfolie für den Anbau von Frühgemüse 944; Mikroklima unter Folienzelten 1293.

P f l e g e : Vollmechanisierung der Paprika- und Kohlpflege 460; Kultivator "KRSŠ-2,8" 202; Spargelpflug 85; Drahtrahmenunterstützung im Tomatenanbau 1112. - Kosten der Beregnung unter Glas 206. - Pflanzenschutz, Symposium 1128. - Unkrautbekämpfung: mit Ackerbürste und Unkrautstriegel 555; mech. Unkrautbekämpfung bei Erdtopfpflanzung 604; Unkrautbekämpfung mit Flammenwerfern 1076; chem. Unkrautbekämpfung 1311.

E r n t e : Stand der Mechanisierung 776; Mechanisierung, Forschungsergebnisse und Konstruktionsarbeiten 1301; Veränderung der Agrotechnik unter dem Einfluß der Mechanisierung 344; Einsatz von Erntemaschinen 776; arbeitswirtsch. vorteilhafteste Reihenlänge bei der manuellen Ernte 1301; Züchtung von Sorten, die eine Mechanisierung der Ernte begünstigen 1121.

Erntewagen: als Anhänge- oder Sattelgerät zum "RS 09" 350; "Heeren" und "Esperstedt" 1124; "Heeren" als Sattelgerät zum "RS 09" 89; "T 010" 776; Erntekarren "NPSŠ-12" als Anbaugeräte 1302; Anbau-Plattformwagen 349; Plattform "PNŠ-12" zum Sammeln 202.

Mechanisierung der Ernte von Spätmöhren , Sellerie, Zwiebeln und Buschbohnen 354; Erntemaschine für Möhren, Kartoffeln und Zwiebeln 1251; Umrüstung von Kartoffelrodern für die Wurzelgemüseernte 1123; Einsatz des Kartoffelsammelroders "E 675" zur Ernte von Spätmöhren1303. - Möhren: Mechanisierung der Ernte 355⁺, 464; zapfwellengetriebene Möhrenernter 1303; Einsatz von Vollerntemaschinen 776. - Sellerieernte, Einsatz von Rübenvollerntemaschinen oder Kartoffelroder 776. - Mechanisierung der Ernte von Zwiebeln, Möhren und Rettich 1301; Zwiebelernte in Holland 1087; Zwiebelerntemaschinen 1301; Zwiebelroder 489; Zwiebelrodegerät "Gläser", Prüfbericht Potsdam-Bornim 465. - Mech. Arbeitsverfahren bei der Ernte von Blumenkohl, Kopfkohl, Kohlrabi, Rosenkohl und Sellerie 89; Kohlerntemaschinen 1301; Förder- und Ladegerät für die Ernte von Weißkohl 1302; Kohlernte-Förderband 776; mech. Sprossenkohlpflücker zur Erleichterung der Rosenkohlernte 1302; Blumenkohlernte,

Transportwagen und Transportbänder 776. - Vollmechanisierte Spinaternte mit dem Mähläder "E 0/62" 465; Spinatvollerntemaschine 776. - Mechanisierung der Gurkenernte 354, 1124.
E r n t e a u f b e r e i t u n g : Bauten zur Verarbeitung, Baunormen 1351. - Sortierung, Kalibrierung und Verpackung, Normung 355; Reinigung und Sortierung der Steckzwiebeln in der Maschine "OSM-3U" 1309; "Cooch"-Zwiebelputzmaschine, NIAE-Test 1124; Vorrichtung zum Trocknen von Zwiebeln 674.
T r a n s p o r t : Transportkosten beim Versandgemüse 935.
V e r p a c k u n g : 355; Materialien 81; Holzverpackungen 1309; Verpacken in sog. Kochbeutel 597.
L a g e r u n g : Anforderungen an ein Lager für Frischgemüse 1198; Bauforschung 1170; Bau und Einrichtung von Normallagerhäusern 1371; Lagerraum aus Stahlbeton-Montageteilen 266; universelle Lagerhalle 1030; Ausnutzung von Altbauten 1128; Kühltechnik in Lagerhäusern 1311; Lagerung in festen Lagerräumen mit Kühlanlage 674; maschinengekühlte Lagerhäuser für Frischgemüse 1198; Klimaturm 1278; Raumklima in Lagerräumen 825; Lagerung von Winterkohl in Norwegen 778. - Mieten mit künstlicher Belüftung 674. - Kühllagerung 597, 951; Kühlprobleme 1031; Kühltechnik in den USA 356; Gefrierkonservierung 339, 597; Tiefgefrieren 90; Gefrieren von Gemüsegerichten 597; Raumbedarf von gefriergetrockneten und luftgetrockneten Gemüsen 199. - Haltbarmachung durch ionisierende Strahlen 318.

Generatoren, Methoden der direkten Energie-Umwandlung 839; Verwendung des Vakuumpumpen-Asynchrommotors von Melkanlagen als Notstromgenerator mit Antrieb durch Verbrennungsmotor 335.

Gerätekombinationen, Kombinations- bzw. Koppelungsgeräte 876. - Vielfachgeräte: "P 316" 880; Anbaugerät "P 320" zum "RS 09" 350. - Kombigerät für die schichtweise Bodenbearbeitung 37; Kombination von Häufler bzw. Hack-Gruppe mit Netzegge zur Kartoffelpflege 306; Kombination "GSD-1,4" 296; Bestellkombine "KAS-2,7" mit schwingenden Scharen 715; Anbau-Einzelkorn-Drillmaschine mit Düngerausbringung, Vorrichtung zur Bodenlockerung und zum maschinellen Auslichten der Pflanzen 40; Kombine zur Bestellung mit Abdeckung des Saatbettes durch Kunststoffolien 715; Bestellung von Stoppelfrüchten in einem Arbeitsgang 30; Kombination von Pflegegerät und Flüssigdüngegerät 39; "Halb-Anbau-Rahmen" für die Kettenschlepper "KD 35" und "DT 54" 460. - s. auch: unter dem Arbeitsvorgang; Maschinensysteme.

Gerätekopplung zum Anbau am Schlepper "DT-54" für Bodenbearbeitung im Obstbau 1115.

Geräterahmen, "SKR-18M" und "SKRN-12V" 296.

Geräteschuppen s. unter Einstellräume.

Geräteträger

Gliederung: Allgemeines
Einsatz
Bauarten, Typen

A l l g e m e i n e s : 21+; Entwicklungstendenzen 401; Zukunftsaussichten 855; Wirtschaftlichkeit 152.
E i n s a t z : Geräteträger und Mehrzweckgeräte im praktischen Einsatz 1056; Verwendung zur Kartoffelpflege 306; Einsatz mit Wechselpritsche beim Weidemelken 193; Geräteträger in der Beetkultur 1288; Möglichkeiten des Erdtransportes im Mehrzweckgewächshaus 1111; Plattform "PNSch-10" zur Gemüseernte 460.
B a u a r t e n , T y p e n : DLG-Ausstellung 1962 in München 845. - "DVSŠ-16": Gerätekombination zum Anbau 296; Einsatz mit Anbaugeräten im Gemüsebau 202. - "DDS-14", Einsatz in der Tabakernte 180; "Eicher" 1110; Fendt 1110; Fendt " 11 000" 856; "GT 124" 690; "Gärtnerfreund" 1110; "SS-8G" für hängige Teeplantagen 152; Geräteträger mit Selbstaufzug "Spinnen", Einsatz in Hanglagen 294; Schnellgeräteträger "T-16" 18; "Tamm" 1110. "RS 09": 34, 1111; Behandlung, Instandhaltung und Betrieb 1223+. - Frontlader "T 150": Prüfbericht Potsdam-Bornim 154, 1286; Anbau-Drillgerät "A 188" 204. - Rohrtragegerüst 706; Kostenberechnung einer Großberegnungsanlage bei Verwendung des "RS 09" mit Rohrtragegerüst 550. - Anbaugeräte für die Gemüseernte 776; "RS 09" mit Dreiseitenkipper oder Frontlader, Arbeitszeitbedarf für Transportarbeiten in Gewächshauswirtschaften 343. - Einsatz für Arbeiten im Großkamp 96, 97; Einsatz für Verschulungs- und Pflegearbeiten 220. - Futtertransport und Entmistung 255.
Geräusche, Ergebnisse der medizinischen Lärmforschung 5+; Lärm und Leistung 7; Lärm und Vibration 95; Lärmbekämpfung in der BRD 5+. - Geräuschuntersuchungen an Einachsschleppern, Meßverfahren 535; Einfluß des Motorenlärms auf den Schlepperfahrer 847; Lärmabwehr bei Schleppermotoren und bei Gebläsen für die Trocknung 1. - Heubelüftungsanlagen: Geräuschmessungen 1260; Lärmverminderung 269, 572, 738, 905; Entwicklung von schalldämmenden Einrichtungen 573; Schalldämpfer 737, 905; Anti-Schall 905; Lärmschluck 905. - Lärmzeitstudien in der Forstwirtschaft 615; Lärmniveau einiger Motorkettensägen 975.
Gerste, Reinigungsanlage "Monitor", Typ "2", Maschinenprüfbericht Ultuna 64; Trocknungstemp. 823; Saatgutbereitung mit hoher Wechselspannung 1262; neue Verfahren zur Bekämpfung der Flugbrandarten von Gerste und Weizen 1344; Erträge bei Wintergerste bei erhöhter Pfluggeschwindigkeit 301.
Geschichte der deutschen Landwirtschaft 138+; Landbouwtechnik en rationalisatie in het midden van de 19e eeuw 402+; historische Entwicklung der Forsttechnik 212.
Geschirrspülen von Hand, Arbeitsmethoden 80; Arbeitsaufwand 596.
M a s c h i n e n : 929; sinnvoller Einsatz 449; Einsatzbericht 198; Arbeitserleichterung im Landhaushalt 78. - Energieverbrauch 1104; Energie- und Leistungsbedarf von Elektrogeräten 143, 758; Kosten für das Abwaschen 80. - Bauarten 1280; neuere Entwicklung 762; Jahresübersicht 1961 456; Übersicht über Fabrikate in der BRD 339; auf der Herbstmesse 1962 in Köln 600; Spüler "Selfmaid" 599; Spülmaschine von Philips 599; Spülmaschine

von der Modern Equipment Co 82; Kombination von Waschmaschine und Küchen-Spülbecken 340. - Automat. Enthärtungsanlage 596.
Automaten: Chem. Vorgänge bei der automat. Geschirr-Reinigung 1105; Konstruktion und Arbeitsweise 197; Vergleich dt. und franz. Normvorschriften 337; Arbeitsaufwand 337. - Automat von Ahlmann 1107; Automat von Bauknecht 1281; Automat von Miele 79; Philips "HA 2800" 79; Roeder "S 20" 79.

Gesellschaftsbauten, Komplexserie ländlicher Wohn- und Kulturbauten für Neulandgebiete 392; Typenprojekte 652.

Gesundheits- und Sozialbauten, Typenprojekte für die Erweiterung von Landkrankenhäusern 393.

Getreide

Gliederung: Hinweise
Allgemeines
Bestellung, Pflege
Ernte
Reinigen, Sortieren
Trocknung
Lagerung
Transport

H i n w e i s e : Beizen, Dreschen, Futterzubereitung, Mähbinder, Mähdrescher, Mähen, Säen, Schwadmähen s. dort. - s. auch: Körnerfrüchte; die einzelnen Arten.

A l l g e m e i n e s : Feststellung der aerodynamischen Charakteristik des Kornes 1047; Luftwiderstand 11; Entfernung eingeschlossener Luft bei Dichtigkeitsbestimmungen von Samen 1047. - Arbeitswirtschaft im getreidebaustarken Betrieb 892; Faktoren zur Erzielung guter Qualität 1247; Anbaugrenzen am Hang 30, 112; Gerät "PVR-58-AzII" zum Bestimmen von Frostschäden an Wintergetreide 273.

B e s t e l l u n g , P f l e g e : Bodenbearbeitung in Australien 1232; Erträge bei Wintergerste bei erhöhter Pfluggeschwindigkeit 301; Bestellkombine "KAS-2,7" mit schwingenden Scharen 715; Untersuchung der Säapparate von Drillmaschinen 554; Drillmaschine für hohe Geschwindigkeiten 1236. - Lit. über Tiefpflanzverfahren 306⁺. - Beregnung in Oklahoma 33. - Chem. Schädlings- und Unkrautbekämpfung, Mittelübersicht 485; mech. Unkrautbekämpfung 425.

E r n t e : 703; Lehrbuch 531; rationelle Mechanisierung 311; Mechanisierung in Europa 47; Stand der Mechanisierung in der BRD 1066; Fragen der Mechanisierung, überbetriebliche Maschinennutzung 51⁺; Mechanisierung auf Rieselland 1247. - Technologie in der Großproduktion 176⁺; Methode für die allg. Berechnung der Anzahl von Maschinen und Leistung in neuen Technologien 1036; Ermittlung des Nutzeffektes einer vollmechanisierten Ernte 548; Arbeitsaufwand und Kosten 312; Erfahrungen mit erhöhten Ge-

schwindigkeiten 430; Anwendung großer Arbeitsbreiten 723. - Häckselverfahren: Vorteile 1370; Erfahrungsaustausch 1083. - Sichel als Schnittgerät in Oberösterreich 1082.
Erntemaschinen: Zusammenstellung DLG-anerkannter Maschinen 113; 47. Wanderausstellung der DLG 1347; DLG-Ausstellung 1962 in München 562, 996; Übersicht über westdeutsche Fabrikate 113; Vollerntemaschine "RSM-8" mit Elektroantrieb 839.
Zweiphasenernte: 175; Vergleichswerte für den Schwaddrusch und den Schwadhäckseldrusch 1082; Begründung der Typenabmessungen von Mähmaschinen 1082; Zweiphasenernte mit dem umgerüsteten Mähdrescher 566.
Dreiphasenernte: Erfahrungen in der ČSSR 1250.
R e i n i g e n , S o r t i e r e n : Reinigung und Saatgutaufbereitung, Lit. 318⁺; Sortieren körniger Stoffe, Grundlagen 837. - Bauten zur Verarbeitung, Baunormen 1351; Ausbau und Einrichtung von Saatreinigungs- und Beizstellen 1263; Reinigung im Großbetrieb 1265⁺. - Sichtung im Hochspannungsfeld 575; Saatgutbereitung mit hoher Wechselspannung 1262.
Reinigungsaggregate: Konstruktionen, Berechnung, Projektierung und Einsatz 66⁺; neue Maschinen 548; Maschinen zur Reinigung mit einem Luftstrom 578; Luftreinigungsvorrichtung 437; Anwendung des pneumatischen Reinigungsgerätes "SSP-1,5" 182; Saatgut-Saugsichter 1090; Arbeitsweise von Siebreinigungsvorrichtungen 64; elektromagnetischer Vibrationsreiniger 905. - Vorreinigungsmaschine "Vibrant K 521" von VEB Petkus: 823; Prüfbericht Potsdam-Bornim 437. - Reinigungsanlage "Monitor", Typ "2", Maschinenprüfbericht Ultuna 64; Prüfung des Trieurs "TU-400" 906; Spezialreiniger für Mähdruschgetreide 740; Förderschnecke "Ideal Rothery" zur Reinigung und Sichtung 294; Reiniger "OS-4,5" 63; Reiniger "OV-10" und "OSV-10" 63. - Saatgutbereiter der Fa. Röber 1263.
T r o c k n u n g : 1090; Auswirkungen der Temp. auf den Trocknungskoeffizienten 741; Anwendung des Mollier-i-x-Diagramms in der Trocknungstechnik 742; theoretisch mathematische Ableitung der Trocknungskurve 1263; Trocknungskurven von Weizen in einer 2 ft. starken Schicht 741; Temp.-Faktor in dünnen Schichten 741; Parameter der Warmlufttrocknung 318; Auswirkung der Luftmenge auf den Trocknungsindex 741; Möglichkeiten der Schnelltrocknung mit hohen Temp. 829. - Mechanisierung 319; Trocknung auf dem Hof 317; Trocknung durch Luftzirkulation 1090; Ausnutzung der Sonnenenergie 829; direkte Trocknung von Weizen mit Rauchgasen 1091; Trocknung mit Hilfe von Silikagel 742. - Trocknungsrate bei Hafer im Schwad 48. - Feuchtigkeitsbestimmung: 904; Meßgenauigkeit 1047; elektr. Feuchtigkeitsmesser 907; Feuchtigkeitsmesser "AFI-1" 578. - Temp.-Fernmesser "ETS-25" 273. - Buildings for drying and storage of grain 271⁺.
Anlagen: 64, 516; Bauforschung 1170; Bau und Ausrüstung 517; Bauweisen und Kosten 1169; Kostenbilanz eines Trocknersystems 906; Leistungsmessung 906; automat. Kontrollsystem für Trockner 489. - Großanlagen zur

Nachbehandlung 1263; Anlagen für die Trocknung von hochwertigem Saatgut 575; elektr. Anlagen 1209; Trocknung und Belüftung mit Ventilatoren 904; Trocknung und Lagerung in überdachten Rundsilos 64; Trocknung in Flachbodendarren und Zentralrohrsilos 1203; Trockensilos mit einem Zentralrohr 575; Durchlauftrockner und Belüftungsbehälter 266; neue Maschinen für Trocknung 548; Prüfung von Körnertrocknern 1090; Wirtschaftlichkeit einer hofeigenen Anlage 906. - Trocknungsanlagen, 2. DLG-Berichtsheft 1347; Trockner- und Speicheranlagen auf der Smithfield-Schau 1963 1264; Schachttrockner 823; Kasdadentrockner 823; Lufttrocknungsanlage 270; Trommeltrockner für Konsumgetreide 823; kombinierte Kraftfuttermisch- und Trocknungsanlage 1097; Mähdrescheraufsatztrockner 65; Anlage in einem Altbau 1197; Trockner aus Al 134; Fließtrocknungsanlage "SFS-6" 577; Trockensilo "SSZ-30" mit kreisförmiger Luftverteilung 575; "Tornado"-Trocknungsanlage mit Vorwählautomatik 65; Trocknungsanlage "ZPM-1,5" 437; fahrbare Trocknungsanlage "ZSPŽ-8" 1264. - Luftanwärmung: 741; Ölfeuerung 251. - DLG-Prüfberichte: vollelektr. FIMA-Föhn, Gebläseheizaggregate 907; "HZ 412", "HZ 512" und "HZ 518", 907; der Siemens-Schukkertwerke 907, 908; WESTFALIA "T 450 G/9" 908.
Getreidebelüftung: 273, 437, 1089; Konservierung nach den Methoden der aktiven Belüftung 266; Kaltlufttrocknung 823; kombinierte Belüftung 1264; Vorbestimmung des erforderlichen Belüftungsgrades 829; Bemessung und Anordnung von Belüftungstrocknungs- und Lageranlagen 516; Grundlagen für Bau und Bemessung hofeigener Behälteranlagen zur Belüftungstrocknung und Lagerung 518; Untersuchung der Luftführung einer Belüftungsanlage 738. - Kaltbelüftung im Südwesten der Niederlande 64; Belüftung in Zentralsilos 64; Saatguttrocknung durch Belüftung mit automat. erwärmter Luft 577. - Belüftungsgebläse 62; Schalldämpfung bei Kaltluftanlagen 269.
L a g e r u n g : Abtransport und Lagerung nach der Mähdruschernte 48; Kühllagerung 1029; luftdichte Lagerung feuchten Getreides 1203; Mechanisierung der Aufbereitung und Lagerung von Saatgut 1092+; Technologie für die Belüftung und Lagerung 437; transportable Ausrüstung zur Probenentnahme und Temperaturmessung in Lagern 908. - Vorratsschutz mit Malathion 1343; Entwesung durch Strahlung 13. - Lagerungseinrichtungen 64; Speicher als Typenbauten mit komplett mitgelieferter Mechanisierung 1169; Lagerhallen aus industriell gefertigten Stahlbetonteilen 674; Speicher, zusammensetzbare Stahlbetonkonstruktionen 115; Speicher, Anwendung von Silikatbetonplatten 1171; Versuchslagerhaus "T-250" des Inst. für Landtechnik ČSAZV in Řepy 575; Speicher, mit Fördereinrichtungen, Reinigungsanlagen und Mühlen 13; Speicheranlage "T 1700" 1262; Lagerhalle mit Kastenbehältern 134; Speicher, mech. 259; Speicher für Schweinemastfarm 1367. - Silos: Berechnung, Bemessung und Ausführungsarten 1197; Zustand von Freiluft-Lagersilos nach zehnjähriger Betriebszeit 1261; Grundlagen

und Erfahrungen über den Einsatz von Zentralrohrsilos 576; Zentralrohrsilo-Speicher für Groß-LPG 516; Bau und Mechanisierung von Flachsilospeichern 265; Silos aus AL 134; Lagersilo und Getreidetrockner vom Sacktyp, Maschinenprüfbericht Ultuna 1264; Silo von Braskereidsfoss 674; Beschickung durch Fördergebläse 545.
T r a n s p o r t : 274; Analyse der Güterbewegung 1201; Messung der Ausflußmengen mit Blenden und Düsen 282; Transportprobleme bei der Ernte 412; Laden von Garben mit Frontlader 1222; Laden von Hocken mit Ladegabel ohne Packer 176; Kosten bei verschiedenen Transportmitteln 26. - Mech. oder pneumatische Fördergeräte 1089; Aufbereitungs- und -transportmaschinen auf der Royal-Schau 381; neue Maschinen 548. - Wagen für den Transport von losem Getreide 48; Transporter für loses Getreide 155; Vielzweckwagen für den Transport 293; Einrichtung für den J.F. Stallmiststreuer, NIAE-Test 1087; Zusatzprüfung des kombinierten Ackerwagen-Düngerstreuers "AV 3", Maschinenprüfbericht Ultuna 1225. - Großbehälter für den Korntransport bei Mähdruschernte 412. - Körnerlader, Vergleichsprüfung 65; Ladegerät "ZP-40" 189. - Waggonentlader "WEG 25" mit der Kippvorrichtung "KEG 25": 293; Prüfbericht Potsdam-Bornim 414. - Horizontale Förderung durch leichte Förderbänder 545; Förderband "RH-Farmer 40" 156. - Förderung, Kettenförderer 742. - Becherwerke für den vertikalen Transport 545, 742. - Schüttelrinnen als Waagerechtförderer 742; Schwingrinnen 412. - Körnergebläse: 546, 742; Anschlußwerte 530; mit Injektorschleusen 62; Taul-Körnergebläse "TK 75" KM, DLG-Prüfberichte 908; Körnergebläse "T 231" 293; kombiniertes Spreu- und Körnergebläse "T 233" 293. - Schneckenförderer: 319, 543, 546, 742; Verwendung von Radio-Isotopen für die Bestimmung einer ringförmigen Schicht von Korn in einem senkrechten Schnekkenförderer 743; Leistung von Versuchsschneckenförderern 743; Test-Reports 1961 des NIAE 282; "Spirella"-Förderschnecke 562.

<u>Getriebe</u>, Untersuchung der von Getriebeelementen übertragenen Kräfte 859. - Zahnräder und Zahnradgetriebe, Jahresliteraturübersicht 832; Selbstausrücken von Zahnradkupplungen in Getrieben 860; Schneckengetriebe, Jahresliteratur-Übersicht 833; ungleichförmig übersetzende Getriebe, Jahresliteraturübersicht 833; Aufstellung eines Vierwinkel-Getriebeatlas 831; Atlas über Vierwinkelfunktionen von Gelenkvierecken 523. - Stufenloses Getriebe 831; Atlanten für den Entwurf ungleichförmig übersetzender Getriebe 524; stufenlos verstellbare mech. Getriebe 23⁺. - Kurvengetriebe 831. - Winkelantriebe für die Schlepperkraftübertragung 696; theoretische Zugkraftcharakteristik eines Schleppers mit hydraulischem Getriebe 858; hydrostatische Getriebe "Lucas 100" 858; Untersuchung der Starrheit eines Versuchsgetriebes für Schlepper der 6-Mp-Klasse 858; Schaltungen bei Schleppern 857. - s. auch unter Schlepper.

Gewächshäuser

Gliederung: Bauweisen, Bau
Betrieb
Belüftung
Kühlung
Belichtung
Beheizung
Bewässerung

B a u w e i s e n , B a u : Bauforschung 1170; Konstruktion, Aufstellungsrichtung und Form 462; bautechn., ökonomische und anbautechn. Forderungen 351; Wege für den kostensparenden Bau 1117. - Großräumige Anlagen in Montagebauweise 1119; Versuchsbau einer Anlage in Montagebauweise 352; 12 m-Haus in Montagebauweise 463; Einführung der Mastenbauweise und des Stahlleichtbaues 352; Mastenbauweise in der LPG Berlin-Wartenberg 463; Großserienproduktion von genormten Typenhäusern 1296; Typenprojekte für Gewächshauswirtschaften 771; Gewächshauswirtschaften mit Gewächshausanlagen von 1,2 ha bebauter Grundfläche 352; Konstruktionen aus Eisenbetonfertigteilen 770; Hydrogewächshäuser aus Eisenbetonfertigteilen 770; Binderabstand bei einschiffigen Gewächshäusern in Stahlkonstruktion 461; bewegliche Typen 88. - Zusammenstellung von Neuentwicklungen 113; Typen auf der Floriade 88; gekühlte Glas- und Plastikhäuser für den Zierpflanzenbau in Südafrika 945; "Lips-Gewächshaus", Kombination von Stahl und Al 1295; neuer Typ im Gebiet Astrachan 463. - Warmhaus für Forschungszwecke 943; Klimakammersystem für Versuchszwecke mit Champignons 1117. - Wärmedurchgangszahlen für einfach und doppelt verglaste Gewächshäuser 942; Verwendung von glasfaserverstärkten Polyesterharzen 462; Bau aus dem unzerbrechlichen Werkstoff "Palatal", einem ungesättigten Polyesterharz 1118.

Anwendung von Plastfolien: 769, 1118; im Gemüsebau sozial. Länder Europas 1117; im Gemüsebau in Rumänien 205; Foliengewächshäuser, Entwicklungsrichtungen 1293; finnische Erfahrungen mit Polyäthylenfolien 605; Plastikfolien mit Trägermaterial als Glasersatz 1108; Verwendung von Plastikfolien für die Bedeckung in Amerika und Kanada 87; Innenverkleidung mit Plastfolien 1118.

B e t r i e b : Orientierung über Automation 942; Mechanisierung und Automatisierung der Arbeiten 351; Ausnutzung von Rollhäusern durch Gemüsekulturen 1120; Arbeitskennzahlen für den Gemüsebau 200. - Anwendung von Elektrizität 1109. - Anlage für die automat. Zuführung der Nährlösung zu den Pflanzen 1300; Anlage für die erdelose Kultur von Gemüse unter Glas 86; erdelose Kulturen, 600 m^2-Anlage "ABT-4" 351; australisches Phytotron von CERES 943. - CO_2-Begasung in Nelkenhäusern 1298. - Mechanisierung innerbetrieblicher Transporte 343; Verwendung von Handgeräten, Motorhacken und Einachsschleppern 342; Möglichkeiten des Erdtransportes im Mehrzweckgewächshaus 1111; Probleme des Erdtransportes beim Gurkenanbau

202; Erdtransport mit Dieseldumper, Elektrohandschrapper und Förderband 343. - Pflanzenhygiene 1128; Rückensprühgerät "Supra", Prüfbericht Vollebekk 803. - Reinigungsbürste "SchtschG-0,45" zur Reinigung stark verschmutzter Glasflächen 351; hydraulische Bürste für die Reinigung der Dächer 771.

B e l ü f t u n g : Luftzirkulation 945; Luftbewegungs-, Temperatur- und Lichtmessungen 772; Einfluß der Luftzirkulation auf Klima und Tomatenwachstum in einem Plastikgewächshaus 352. - Wirkungsweise verschiedener Lüftungssysteme 607; Lit. über Belüftungsvorrichtungen 464+; automat. Lüftung 944; pneumatische Lüftung 607; Ventilation von Kulturräumen 772; Belüftung von Foliengewächshäusern 1295. - Luftumwälzung, Bedarf an elektr. Energie 934; Zwangslüftung und Gewächshauskühlung, Bedarf an elektr. Energie 924. - Auswahl von Ventilatoren 607; Einbau von Ventilatoren in einer Giebel- oder Seitenstehwand 606; Ventilationssystem der Klimagewächshäuser im Phytotron des Inst. Wageningen 769+. - Regelsysteme für die automat. Lüftung 205; Regelung durch Spezialgerät "Thermophor" 944.

K ü h l u n g : 934; einfache Kühlverfahren 607; Verdunstungskühlung 608, 773; Thermodynamik von Kühlwänden 1295.

B e l i c h t u n g : Licht- und Wärmebilanz 462; Berechnung der natürlichen Einstrahlung in glasgedeckten Kulturräumen 1120; Gerät zum Messen der wirksamen Bestrahlung von Pflanzen 933. - Zusatzbelichtung: 945, 1284; Bedarf an elektr. Energie 934. - Jungpflanzenanzucht 773, 1296; Versuche zur Beleuchtung von Setzlingen mit verschiedenen Beleuchtungsarten 463; elektr. Beleuchtung von Pflanzen mit Wanderlicht 948+; Salatpflanzen 464; Treibkultur der Tomate 1120. - Lichttechn. und phytolichttechn. Daten mehrerer Lampentypen 772; Glühlampen, Leuchtstofflampen 13.

B e h e i z u n g : Bodenheizung s. dort. - 206+, 1296; Wärmebedarf 206; Wärmebedarfsberechnungen 1296; Temp.- und Wärmebilanz eines leeren, ungelüfteten Gewächshauses 943; Plastik-Gewächshäuser 774; Beheizung für die Weintreiberei 352. - Verfahren 13; Beheizung durch Abwärme 353, 775; Ausnutzung der Industrieab- und Nutzwärme für die Beheizung von Glasflächen in der DDR 947. - Kombinierte Heizung 1297. - Warmwasserheizung mit Ölfeuerung 88; Verwendung von Schweröl 206; Maßnahmen gegen Luftverunreinigung bei Ölheizungsanlagen 88; wirtschaftliche Rohrdimensionen 775; Heizungsumwälzpumpe, Bedarf an elektr. Energie 934. - Automatisierung der Elektrobeheizung 775; Erfahrungen mit der Umluftheizung 1297; Umluftheizung "System Kulkwitz" 353; Wandlufterhitzer 1297; Decken-Lufterhitzer, Bedarf an elektr. Energie 934.

Regelung: Temperatur-Fernmesser "ETS-25" 273; Steuerung des Klimas 1299; Temp., Luftfeuchtigkeit und Kohlensäuregehalt, automat. Regelung 942; Anlage zur automat. Regelung der Temp. und Feuchtigkeit 946; Regelung von modernen Ölheizungsanlagen 608; Vermehrungshaus mit vollautomat. Regelung 88; zerlegbares Vermehrungsbeet mit automat. Regelung der Heizung und Bewässerung 606.

B e w ä s s e r u n g : Methoden 775; Kosten der Beregnung 206; Entwicklung einer automat. gesteuerten Beregnung 354; automat. Beregnungsanlage 944; Möglichkeiten der Automatisierung der Wasserversorgung 206; halbautomat. Bewässerung von Aussaaten 1121; entsalztes Meerwasser für Bewässerung 1300; Anlage zur automat. Bewässerung von Topfpflanzen auf Stellagen 609; "Gruitener System", Bewässerung und Pflanzentransport mit einer Anlage 609. - Hydroponikanlage mit Staubewässerung eines einzigen Beckens mit zentraler Versorgung 89. - Berieselungsanlagen aus PVC 1108; Ergänzung der Bodenfeuchte durch Tropfenbewässerung 1121. - Stecklinge unter automat. Sprühnebelgeräten 1108; Steuergeräte für die Sprühnebelkultur 775; "elektronisches Blatt" für das Versprühen von Wasser bei der Stecklingsanzucht 206. - Kontrolle der Bodenfeuchtigkeit 947.

Gewebe, Textilien s. dort.

Ghana, Einsatz landwirtsch. Geräte und Schlepper der DDR in den Republiken Ghana und Guinea 830.

Gießen, Pflanzmaschine "Pfl 5" mit Gießaggregat 460. - Gießwagen s. unter Bewässerung.

Gitteraufsätze für Häckselwagen s. unter Feldhäcksler.

Gladiolen, Ernten von Knollen mit Kartoffelsammelroder 1303.

Glas im Molkereibau 504; Anwendung von Schaumglas im landwirtsch. Bauwesen 247. - Streichbleche, Versuchsergebnisse 1071; Glas mit Spezial-Lackanstrichen, Versuchsergebnisse 1071. - Glas als Verpackungsmaterial für Lebensmittel 81.

Glasfaserverstärkte Kunststoffe s. unter Kunststoffe.

Glasfaserwatte als Isoliermaterial für Kühllager 951.

Glasfiber, Mittelbehälter 802.

Glasrohrförderer zur mech. Beschickung der Futterautomaten 331.

Glaswolle als Baustoff im Stallbau 668.

Glaszement, Festigkeitseigenschaften und Zusammensetzung 329.

Glattdrahtzäune, Arbeitsaufwand und Kosten des Aufbaues 70.

Glattwalze s. unter Walzen.

Gleitlager s. unter Lager.

Gloeosporium, Flugzeugeinsatz zur Bekämpfung 1343.

Goudroniermaschine "D-251" 1338.

Grabenbagger s. unter: Bagger; Dränage; Grabenräumung.

Grabenfräsen s. unter Dränage.

Grabenpflüge s. unter Dränage.

Grabenräumung 237; Kosten 1152; Instandsetzung eingesunkener oder eingetretener Böschungen 704; Böschungsgeräte 417. - Böschungsmäher s. dort. Maschinen und Geräte: Vorführung 872; internationale Vergleichsprüfung 416; Übersicht in Frankreich 275; Überblick über Maschinen zur Reinigung von Grüppen 704; Räumer von Belcher Ditchers Ltd. 1068; "Barford Lincol" 1230; "Flemming" 704; Sohl-Räumgerät "Grabenfrei" 1068; Grüppenklaus 1068; "LKA" 963; "Multi Scoop" 1068; "PRC-52" 1231; "PSP-251" 1231;

"Walker Warrior" 1068; "York" 1230. - Räumschnecken von Wulff und Ritscher 704; Grabenpflüge 417; Wegehobel mit Grabenräumer 1068; Räummaschine als Grabenfräse und Grabenreiniger, Werkserprobung 1230.
Einsatz von Seil- und Hydraulikbaggern im landwirtsch. Wasserbau 157; Universalbagger "Multi-Scoop" 298; Hydromotoren zum Antrieb von Saugspülbaggern 1066; hydraulische Kräne, Eignung 417; hydraulischer Lader von Pesci für Heckanbau 154.
Graben- und Grüppenfräsen 417; Baas-Grabenfräse 1068; Böschungsfräse Boro "Rotor" 704; Grüppenfräse "Melio Senor" 1068.
Schilfbekämpfung an Wasserläufen 873; Schilfmähmaschinen auf Schwimmkörpern oder Booten 704; Amphibienfahrzeug mit 2 Mähbalken von Liédrot 1348; Entkrautungs- und Schilfmähmaschine der Fa. J.v.Davier-Döbra 1068. - Chem. Grabenentkrautung: 705; Großgerät 32; Spritzgerät 1230; Anbaugerät für den "RS 09" 32; Spritzbalken zum "S 293/4", Prüfbericht 1339.
Grabenziehgeräte s. unter Dränage; Bewässerung.
Grätschschlepper s. unter Weinbau.
Gräser, Ergebnisse der MD-Großversuche im Grassamenbau 726; Sämaschinen 1227. - Grassamenernte: 703; Lit.-Übersicht 1250; Entwicklung von Geräten zur Messung der Verluste von Grassamen vor und während der Ernte 718; neue Methoden 1203; Mähdreschereinsatz 48. - Reinigungsmaschine Selektra "K 218/1" 997; Saatgut-Saugsichter 1090; Trieur "TU-400" 63. - Grassamen-Trocknung: Knaulgras, Welsches Weidelgras und Wiesenschwingel, trocknungsphysikalische Eigenschaften der Samen 438; betriebseigene Trocknung 578; Kostenbilanz eines Trocknersystems 906; Kaltbelüftung 572. - Heuernte s. dort.
Granuliermaschine zur Herstellung von kugelförmigen Granulaten 304.
Graphit, Verwendung für feste Schmier-Schutzüberzüge 1043.
Graseule-Raupen, chem. Bekämpfung auf Grünland 237.
Grasmäher s. unter Mähen.
Grassilage s. unter Silieren.
Greiferanlagen für die Gärfutterwirtschaft 831; Greiferkran "Bimbo" 479. - Greiferaufzüge: für Transporte 868; für den Heu- und Grünfuttertransport 545. - s. auch unter dem Arbeitsvorgang.
Grillen, Garvorgang und Geräte 80.
Großbehälter s. unter Behälter.
Großbritannien, Verbreitung und Einführung techn.-wiss. Erkenntnisse in der Landwirtsch. 1; Stand der Mechanisierung 843; ländliche Elektrifizierung 689; Schlepperbesatz 1; Möglichkeiten für den Flugzeugeinsatz in England 1060, 1061. - Mechanisierung des Zuckerrübenanbaues 30; internationale Vorführung von Sammelrodern 1961 in Beelsby 54; Entwicklung von Pflanzenschutzgeräten in England 379; the "Yard and parlour" system in milk production in the United Kingdom 193+. - Glasfaserverstärkte Kunststoffe, Einsatzgebiete 4.
Großbuchtenhaltung s. unter: Schweinehaltung; Schweineställe.

Großflächentellerstreuer s. unter Düngen.
Großgruppenhaltung von Schafen s. unter Schafställe.
Großkisten s. unter Obstbau: Ernte.
Großtierhaltung s. die einzelnen Tierarten.
Grubbern, Ansprüche der Fruchtarten 34; Arbeitsnormen 1233; Einsatzgrenzen am Hang 30; Arbeit bei der erhöhten Geschwindigkeit 31, 37, 243, 534. - Methoden der Feldprüfung 1077+; Gerät zur Profilfeststellung bei der Erprobung von Bodenbearbeitungsgeräten 215; Einfluß der Bodenart auf den Zugwiderstand 1218; Einfluß der Lage der unteren Lenker der Anbauvorrichtung auf den Zugwiderstand des "KRN-4,2" 540; elektronische Fernsteuerung von Schleppern 24.
Entwicklungsstand 1069; Konstruktion, Theorie und Berechnung 304+; neuartige Abfederung von Zinken 708; Grubber, die von der Zapfwelle des Schleppers angetrieben werden 883; angehängte oder aufgesattelte Federzahngrubber 1232; Feingrubber 876. - Bestellkombine "KAS-2,7" mit schwingenden Scharen 715; Kombigerät für die schichtweise Bodenbearbeitung 37; Gerätekombination "GSD-1,4" 296; Grubber mit Arns-Zinken, Stoppelbearbeitung im Mähdruschbetrieb 708; dreireihiger Anbau-Kultivator "Sapper" Superflow, NIAE-Test 166; "Muko-Kultivator" 713; Anbau-Grubber "2,5" 552; Anbau-Grubber "B 250" 34; Kultivator für 7-18 km/h 31; "KPS-5,4" und "KP-4M", Erhöhung der Arbeitsgeschwindigkeit 165; Grubber für die Baumwollpflege 147.
G a r t e n b a u: vergleichende Untersuchungen mit Scheibenegge, Grubber und Kreiselegge in Obstanlagen 346; Kultivator für Baum- und Beerenobstanlagen 936; Grubber für die Bearbeitung der Baumstreifen 468; Grubber "IPSS-3,2" 460; Grubber "KNS-2,5" 460; Anbau-Kultivator "KON-2,8" 1289; Anbau-Kultivator "KOSch-5" 344; Kultivator "KRN-2,8" am "DT-14" 202; Kultivator "KRSŠ-2,8" 202; Kultivator von Vicon 1292.
F o r s t w i r t s c h a f t : Kultivatoren: 469; Maschinensysteme zur komplexen Mech. 96; zur Pflege der auf den Terrassen begründeten Kulturen 962; Scheibenkultivatoren "DLKN-6" und "RLD" 360; "KLT-4,5" 962; "KLT-4,5 B" 361; Umbau des "KLT-4,5 B" 219; "KPN-1,9" 965.
Rotierende Bodenbearbeitung s. dort.
Grünanlagen bei Krankenhäusern 393.
Grüne Bohnen s. unter Bohnen.
Grüne Pfirsichblattlaus, Bekämpfungserfolge mit neuem Spritzgerät 108.
Grünerbsen s. unter Erbsen.
Grünes Buch 1962 137.
Grünfutter
E r n t e : Feldhäcksler s. dort; Mähen s. dort.
346; Handbuch der Landtechnik 150; wirtschaftliche Futtererzeugung und -werbung 718; Methode für die allg. Berechnung der Anzahl von Maschinen und Leistungen in neuen Technologien 1036; Maschineneinsatz bei der Futterbergung 889; Maschinen und Geräte zur Ernte im Langgut-Verfahren 889;

Langgutarbeitskette in Verbindung mit dem Hochsilo 173; Futtererntemaschinen auf der DLG-Ausstellung 556, 718; Maschinen zum Ernten und Silieren 736+; Fließarbeit bei der Ernte der Winterzwischenfrüchte 308; vollmech. Ernte in Hangbetrieben 427; Einmann-Arbeit bei der Futterwerbung im Bergbauernbetrieb 889; Silokombine "CST-2" 558; Ernterotor-Duplex 1079; Ladeverfahren 308, 428; Ballenpresse mit niedriger Verdichtung 110. - Harvesting and conservation of green fodder in fry regions 157+.

T r a n s p o r t : Analyse der Güterbewegung 1201. - Grünfutterwagen: von Colman mit Abladevorrichtung 556; von Taarup mit seitlicher Entladung 488; Zusatzprüfung des kombinierten Ackerwagen-Düngerstreuers "AV 3", Maschinenprüfbericht Ultuna 1225. - Mech. Ladeverfahren 308; Arbeits- und Kostenaufwand verschiedener Ladeverfahren 428; Verfahrens- und Kostenvergleich bei Ladeverfahren für Dürr- und Grünfutter 308; hydraulischer Lader von Pesci für Heckanbau 154; Futterernte mit dem Frontlader 1079, 1222; Schiebesammler Kvernelands "Siloschwanz Nr. 12", DLG-Prüfbericht 311. - Gebläse, Hängebahnen und Greiferaufzüge 545; Grüngutelevator als Zusatzgerät für die Niederdruckpresse 46; Einsatz von Fördergebläsen 62; Wurfgebläse zur Förderung 546.

E r n t e a u f b e r e i t u n g : Heubelüftung s. dort; Silieren s. dort; s. auch Gärfutterbehälter.

Trocknung: 181+; Überblick über die Durchschnittsverluste 574; Ökonomie und Technik 315; Steigerung der Wirtschaftlichkeit 436; Beurteilung der künstlichen Grünfuttertrocknung in finanzieller Hinsicht 905. - Trocknungsverfahren und Trocknungskonstruktionen 406; Bau und Ausrüstung von Anlagen 517; Projekt "Grünfutter- und Hackfrucht-Trocknungsanlage" der DDR 1088; Elektromaschinen 1209; Trommel-, Schrägrost-, Schnellumlauf- und Kegelspiral-Trockner 573; Grastrocknung in Schrägrostdarren 739; Erfahrungen mit einem Nagema-Schnellumlauftrockner 1089. - Künstliche Trocknung und Erzeugung von Heumehl 317+; Lit. über Vermahlen und Pressen von getrocknetem Grüngut 73+. - Großhäcksler "GH 500", Prüfbericht Potsdam-Bornim 28.

Grünlandwirtschaft. Arbeitsketten 307; Berieselungsgrünlandwirtschaft 888+; Agrotechnik hoher Erträge von Wechselwiesen 1066+. - Anbaugrenzen am Hang 30, 112; Arbeitsaufwand in alpinen Grünlandbetrieben 686. - Vorführung von Maschinen 294, 309; nationale Grünlanddemonstration in England 556; Maschinen zur Erhaltung und Verbesserung des Graslandes 1227; Bandspritzung beim Überdrillen 239; chem. Schädlings- und Unkrautbekämpfung, Mittelübersicht 237; Belüftungsgerät für Grasland 708. - Gräser s. dort; s. auch: Weiden; Wiesen.

Grüppenfräse s. unter Grabenräumung.

Gülle. Kostenaufwand der Güllewirtschaft 332; Wirtschaftlichkeit von Güllebetrieben in Höhengebieten Nordrhein-Westfalens 140+. - Nachteile des Güllesystems 253; Gülleeinrichtungen, Einsatz in Hanglagen 294; Erfahrungen in Österreich 305; Verfahren der Allgäuer Güllewirtschaft 332; Gemein-

schaftsgülleanlage für 22 Höfe im Allgäu 919; Güllewirtschaft in Verbindung mit Rosthaltung der Rinder 491. - Ausrüstungen: auf der Elmia in Schweden 715; auf der DLG-Ausstellung 1962 in München 996. - Schwemmentmistung: 271, 677; Rückstau- und Umspülverfahren 1093; Mistsilos 394. Untersuchungen an Pumpen und Vorrichtungen zur Zerkleinerung, zum Ausführen und zum Fördern von Schwemmist 753. - Gülleanlagen "K-III" und "K-IV" 333⁺; Bau von Güllegruben 267; Dungfräsmischer "Främix" 885; Pumpe 580. - 3000-5000 l fassender Tankwagen mit Turbinen-Zerstäuber 580; Gülleverteiler "Welgro" mit Vakuumtank 111; Beregnung 298; Güllekanone 1185.

Guinea, Einsatz landwirtsch. Geräte und Schlepper der DDR in den Republiken Ghana und Guinea 830.

Gummifördergurte mit Gewebeeinlagen, Biegebeanspruchung 838⁺.

Gurken, Entwicklung der Mulchtechnik mit Plastfolien 204; Bodenbedeckung mit schwarzer Polyäthylenfolie 604; Frostschutz und Ernteverfrühung durch Folienzelte 210. - Gurken unter Nieder- und Hochglas, Arbeitskennzahlen 200; Anbau in mit Abwärme beheizten Gewächshäusern 775; Probleme des Erdtransportes in Gewächshäusern 202; Pflanzenanzucht bei künstlicher Beleuchtung 773; Jungpflanzenanzucht im Jiffy-Topf 768. - Mechanisierung der Ernte 776, 1124; Entwicklung eines mech. Erntegerätes 354. - Geeignete Sorten für die Gefrierkonservierung 778.

Guttasyn-Gebläseschlauch für Fördergebläse 1262.

Hacken

Gliederung: Allgemeines
Gerätekombinationen
Hackmaschinen, -geräte

A l l g e m e i n e s : Bodenbearbeitung im Gartenbau 1288; Hacken von Kohl mit Anbau-Grubbern 345.

G e r ä t e k o m b i n a t i o n e n : Selbstfahrende Hack- und Pflanzmaschine "Russolia" 93; kombinierte Geräte zum Hacken und Spritzen 211; Hackmaschine "KRN-4,2" mit Spritzvorrichtung 379; Hackmaschinen "KON-2,8P" und "KRN-4,2", Anbau-Kopfdüngevorrichtung 422; Gerätekombination "GSD-1,4" 296; Kombination der Häufelstreichbleche mit Rollhacken 426.

H a c k m a s c h i n e n , - g e r ä t e : Bewertung technologischer Kennwerte 1236; Arbeit von Schlepperaggregaten bei erhöhten Geschwindigkeiten 31; Mais, Zwischenreihenbearbeitung mit erhöhten Fahrgeschwindigkeiten 555; Unkrautbekämpfung in Rüben 426; mech. Zuckerrübenhacke, Praxisergebnisse 42; Einsatzgrenzen am Hang 30; Maschinen mit Hangelwinde für den Weinbau 211; Vorführung von Maschinen 1961 in Jodoigne 179; Kleinhackmaschine "Fortschritt" 94; Maschine mit rotierenden Messersternen für die erste Maishacke 554; Maschine zum Triebsatz "UMA" 244.
Anbaugeräte: Vielfachgerät 602; Rollhacken am Tragholm des "RS 09" 220;

"CPF-4" 29; "CPU-4,2" 29; Heckanbau-Steuerhacke J.C.L. 295; Hackgrubber "KOP-4,2", "KRN-2,8" und "KUTS-4,20" 1115; Hackgerät mit automat. Lenkung "6-KPAN-270" 113; Zwischenachs-Anbau-Hacke "Mid-Power" 295; Vielfachgerät "P 316" 204; Zwischenachshacke von C. Rule 295; Frontanbau-Steuerhacke "Ugerless" 295; Ugerlose-Anbau-Hackgerät mit Steuervorrichtung, NIAE-Test 717. - Verschleißfestigkeit von Gänsefußscharen bei Hackarbeiten in Teeplantagen 169.

Rotationshacken: 1315; Einsatz in Obstanlagen 1288; zapfwellengetriebene Rotationshacken 939; "P 108", Prüfbericht Potsdam-Bornim 459; "Motohak", NIAE-Test 165; Hackgerät "SR-4,5" 29; Rotorhacke "EM-12" für Arbeiten unter Glas 351.

Motorhacken: 1315; Einsatz motorisierter Hackgeräte zur Tabakpflege 1240; Verwendung im Gewächshaus und im Freiland 342; Einsatz in norweg. Garten- bau- und Weidebetrieben 1110; Motorhacken mit stufenlosem Getriebe in Beerenobstquartieren 1288. - Typentafeln der BRD 19; Test-Reports 1961 des NIAE 282; Entwicklung motorisch angetriebener Kleingeräte 457; motorisierte Einachs-Hackgeräte 83; Motorhacke "Hakorette", Maschinenprüfbericht Ultuna 767; elektr. Hackgerät "EM-12" 768.

Einradstoßhacke, Flächenleistung und Kraftanstrengung beim Einsatz 601; Schlaghacke, Flächenleistung und Kraftanstrengung beim Einsatz 601; Ziehhacke, Flächenleistung und Kraftanstrengung beim Einsatz 601; Weinbau, Drehhacken 1116; Rollhacken 426. - Neuentwicklung von Tragrahmen für Hackwerkzeuge in Baukastenkonstruktion 717; Hackrahmen "P 320" mit Markierrolle 1286.

Hackfräsen s. unter Fräsen.

Hackfrüchte, wirtsch. Grenzen des Anbaues in Hanglagen 112; Maschinen auf der DLG-Ausstellung 1962 in München 996. - Ernte: Zusammenstellung DLG-anerkannter Maschinen 113; Übersicht über westdeutsche Fabrikate 113; Zusatzprüfung des kombinierten Ackerwagen-Düngerstreuers "AV 3", Maschinenprüfbericht Ultuna 1225. - Hackfruchtwaschmaschine "MKR-5" 916; Lagerhaus und Mieten 666; Projekt "Grünfutter- und Hackfrucht-Trocknungsanlage" der DDR 1088. - s. auch: Kartoffeln; Rüben; s. auch die einzelnen Erntemaschinen.

Hackspäne, pneumatischer Transport 1143.

Häckseldreschen, Untersuchungen 51+; Allgaier Häckseldrescher, Einsatzbericht 1249.

Häckselaufbauten, Häckselwagen, s. unter Feldhäcksler.

Häckseleinstreu, Lagerung und Verteilung 1370.

Häckselwirtschaft, Häckselverfahren in der Getreideernte 1083, 1370. - Häcksler: mit Fördergebläse, Leistungskomponenten 316; Großhäcksler "GH 500", Prüfbericht Potsdam-Bornim 28; "Magheru-Toplet" 558; "TMS-6 M" 558; "USZ-28" 244. - Häckselgut: Vorrichtungen zum kontinuierlichen Abladen 412; Beschicken von Fördergebläsen 556; Häckselkästen als Transportgeräte bei Feld-Hof-Mechanisierungsketten 27. - Feldhäcksler s. dort.

Hängebahn zum Futtertransport 321; in Broilerställen 670. - Arbeitszeitbedarf für Transportarbeiten in Gewächshauswirtschaften 343; für den Heu- und Grünfuttertransport 545.

Hängeautomaten s. unter Hühnerfütterung.

Häufeln, Berechnung und Prüfung der Arbeitswerkzeuge 888; zweckmäßige Bauformen von Häufelkörpern 111; Versuche mit Häuflern verschiedener Anstell- und Seitenrichtungswinkel 888; Abhängigkeit des Zugwiderstandes und des Arbeitserfolges von den Winkeln ihrer Arbeitsfläche 831; Häufelkörper "PV" 426; Häufel-Streichbleche "IKCh" 426; Häuflerstriegel "Schlepper-Schnellhäufler" 306; Anbau-Vielfachgerät 602; Kartoffelhäufelgerät Underhaug "Trac 440", Maschinenprüfbericht Ultuna 1076.

Hafer, Reihendüngung 167; Trocknungsrate im Schwad 48; Trocknungstemp. 823; Reinigungsanlage "Monitor", Typ "2", Maschinenprüfbericht Ultuna 64; Hafer-Wicke-Gemisch, Arbeitsweise von Siebreinigungsvorrichtungen 64.

Hahnenfuß, chem. Bekämpfung auf Grünland 237.

Halbleitergeräte in der Landwirtschaft 683⁺; Gerät für die zentrale Registrierung von Lufttemp. und -feuchtigkeit in Brutapparaten 186.

Halbraupen s. unter Kettenschlepper; s. auch unter Schlepper: Forstwirtschaft.

Halmbrecher s. unter Heuernte: Quetschen.

Hammermühlen s. unter Futterzubereitung: Zerkleinern.

Handelszentren für ländliche Gebiete 1182.

Handkarren, Einsatz im Gartenbau 1284.

Handmixer s. unter Mixer.

Handschrapper für Erdtransport in Gewächshäusern 202.

Handtuchtrockner als Bestandteil der Anbaumöbel 200.

Hanf, Gerät zum Abbrennen 1165; Ernte, Lit. 904⁺.

Hangelwinden, Spinnen, für Weinbau in Hanglagen 1116.

Hanglagen, wirtsch. Grenzen des Anbaues von Feldfrüchten 112; Grenzen der mechanisierten Bodennutzung 296⁺; Probleme der Mechanisierung des Ackerbaues 548; Stand der Mechanisierung der Feldarbeiten 30; Mechanisierung von Betrieben mit Hanglagen und Steilhängen 294; rationeller Kartoffelbau 1228. - Geräte zur Aufforstung von Berghängen 962. - Bau und Mechanisierung von Rinderfarmen im Gebirge und Vorgebirge 1013; Probleme der Offenstallhaltung in den Gebirgslagen der DDR 818.

Transport: Schlepper, Winden u. a. mech. Hilfsmittel 292⁺. - Schleppereinsatz: Transport- und Förderprobleme auf Berg- und Hochlandfarmen 274; Schwierigkeiten des Schlepper- und Geräteeinsatzes 940; Leistung eines am Schlepper angebauten Neigungsmessers 19; Einsatz von Allradschleppern 535; Geräteträger "SŠ-8G" für hängige Teeplantagen 152; Erfahrungen mit schweiz. Einachsschleppern in österr. Berggebieten 1213; Erprobung einer Spillwinde zum Einachsschlepper-Triebachszug 1219; Kupplungselemente für die Fernbedienung von Schlepperseilwinden 201.

Bodenbearbeitung: 552⁺; zweckmäßige Bearbeitung schwerer Böden im Süden

der DDR 877; Bodenbearbeitung im Weinbau bei Flach- und Steillagen 1116, 1292; Einmannarbeit in Steillagen mit Sitzpflug und aufgebautem Motorwindenaggregat 1116; Pflugarbeit 881; Entwicklung des Gebirgspfluges "T-34" 96; Drehpflug "PRP-2-35" 29. - Bewässerung hängigen Geländes 158. - Düngung im steilen Gelände mit Bodenseilzug, mit Einachsschlepper und Triebachse 715; Stallmiststreuer, der mit einem Schleuderstreuer kombiniert werden kann 883. - Einsatzgrenzen für Mähdrescher 312, 563; Mads-Amby-Köpfroder "BB" mit Hangsteuerung für Schichtenlinienarbeit 56.
Grünfutter- und Heuernte: Futterbau, Einfluß auf das Wirtschaftsergebnis 1205: vollmechanisierte Grünfutterernte 427; Einmann-Arbeit bei der Futterwerbung 889; Mechanisierung der Heuernte an Steilhängen 1078; mech. Heubergung auf Bergwiesen 559; Hangtauglichkeit von Maschinen bei der Heuernte 560; Steigungsgrenzen beim Mähen mit dem Schlepper 428; Heuernte im Steilgelände mit dem Heugreifer 173; selbstfahrender Frontschiebesammler für steiles Grünland 891; Heuschwanz, Selbstlader 1246; Lit. über Front- und Heckgabeln für Heu- und Futterbengung am Hang 904⁺; Einsatzgrenze der Sammelpressen 46, 308.

Harnstoff, Vorrichtung für den "SK-2,6" zur Einbringung von Karbamid in das Silogut während der Ernte 559.

Harvestore-Silo s. unter Gärfutterbehälter; s. auch unter Rinderfütterung.

Harz, Standardisierung 1320. - Gewinnung: Mechanisierung der Schöpfarbeiten 1149; Säge zum Entfernen des Rindengürtels 101.

Haselnüsse, Anbaugerät zum Aufsammeln 776.

Haushaltsgeräte, polnische Haushaltsgeräte auf der Leipziger Frühjahrsmesse 1963 1107; Übersicht über die techn. Entwicklung in England 342; Zusammenstellung von Küchenkleingeräten 338.
Elektrische Haushaltsgeräte: 765; Geräte für die Küchenarbeit 925; Geräte aus Großbritannien 765; Hannover-Messe 1962 599; Kölner Frühjahrsmesse 1962 83; Jahresübersicht 1961 456; Kölner Herbstmesse 1962 453-455; Kölner Frühjahrsmesse 1963 1107; Leipziger Frühjahrsmesse 1963 1106; Übersicht über die Verkaufs-Konferenz in Harrogate 341. - Energieverbrauch 925, 1104.

Haustechnik und das Heim von morgen 592⁺.

Hauswirtschaft, Arbeitsuntersuchungen 925, 1102; Arbeitsaufwand und Rentabilität 194; Arbeitserleichterung 77; Rationalisierung der Landfrauenarbeit 78; Energieaufwand bei hauswirtsch. Arbeiten 195. - Anthropometrie bei Entwürfen für Haushaltsgegenstände und -einrichtungen 757; moderne Haustechnik in Küche, Bad und Waschküche 78⁺; Rationalisierung durch zweckmäßigen Küchenbau 245; Energieversorgung und Haushaltstechnik 1105. - Zusammenstellung DLG-anerkannter Maschinen 113; Vorschau auf die DLG-Schau 1962 826.

Hauswirtschaftsräume, Küchen s. dort.

Hebekippbühne, Verladen von Zuckerrüben 58.

Hebelfederventiltränken s. unter Tränken: Geflügel.
Hebevorrichtungen, Übersicht in Frankreich 275. - s. auch unter Fördern.
Heckenschneider "Hydrasaw" 1068.
Hecklader s. unter Schlepper: Schlepperlader.
Hefefuttermittel, Erzeugung im landwirtsch. Betrieb 325.
Heißwasserbereiter s. unter Warmwasserversorgung.
Heizbänder, Schutz von Rohrleitungen gegen Wärmeverluste 449.
Heizung von Wohnräumen
Gliederung: Hinweise
Allgemeines
Anlagen
Elektrische Heizung
Ölfeuerung
Gasfeuerung
H i n w e i s e : Heizungseinrichtungen: für Ställe s. unter Stallbauten, Geflügelställe, Hühnerställe, Schweineställe; für Frühbeete s. dort; für Gewächshäuser s. dort; Geländebeheizung s. unter Frostschutz; s. auch Klimageräte.
A l l g e m e i n e s : Beheizung des Landhaushaltes mit Öl, Strom oder Kohle 1357; Arbeitserleichterung im Landhaushalt 77.
A n l a g e n : Brennstoffe im Landhaushalt 826, 1281; Baunormen und -regeln (SNiP) 1361; Wärmeversorgung der Gebäude, Planung 1004; Planung der Installation 78; Ausführung von Lufterhitzungs- und Klimaanlagen in größeren Räumen 451; Raumheizgeräte, techn. Entwicklung in England 342; Festlegung der Bedingungen für die Prüfung der Wärmeabgabe von Heizkörpern 926; Richtlinien für die Prüfung von Raumheizkörpern 926; Pa-KÜ-Zentralheizungsherd "Hydroped", DLG-Prüfbericht 762; Umwälzpumpe der Warmwasserheizung, Anschlußwerte 530; Hackspan-Feuerungsanlage 617; Taschenbuch 1962 1353⁺.
Elektrische Heizung: Übersicht über die derzeitigen Möglichkeiten 593; Geräte auf der brit. Verkaufs-Konferenz in Harrogate 341; Überblick über Geräte in England 593; Einfluß der Prüfanordnung auf die Wärmeleistung von Radiatoren 926; Ausnutzung der belastungsschwachen Zeit 451; Netzbelastung durch Raumheizung und Klimaanlagen 196; Nachtstrom-Heizung 79. - Speicherheizung: 926, 927; Vortragstagung 1105; Blockspeicherheizung 593. - Infrarot-Heizung: 83; moderne Wärmequellen 1049⁺; physiol. und phys. techn. Bedingungen für Planung und Einsatz 79; Übergangsheizung, Anschlußwerte 530. - Fußbodenheizung: 593, 927; Stand 594; Hochleistungs-Fußbodenheizung 760; Steuereinrichtung für Fußboden- und Speicherheizung 928; Regelung 594. - Strahlungsheizung 593; Strahler, Übersicht 337; Deckenleisten-Heizung 927; elektr. Kamine mit imitierten Feuereffekten 341; Konvektoren, Übersicht 337; Heizlüfter 83, 337; Elektrodenheizung 593; Wärmegeräte für das Badezimmer 927.

Ölfeuerung: Geräte 451; im Landhaushalt 251; im Wohnhaus, Arbeits- und Informationsunterlagen 79+; techn. Entwicklung des Ölofens im letzten Jahrzehnt 928; Ölöfen, Größenwahl und Raumheizvermögen 759; Ölöfen mit Verdampfungsbrennern, Gefahr der Schornsteinversottung 814; Ölheizungsautomat "SH 022 220", DLG-Prüfbericht 928. - Lagerung von Heizöl 338, 929.
Gasfeuerung: Anwendung 926; Verwendung von Fern- oder Flüssiggas 925.
Helikopter s. unter Flugzeuge.
Heppe, Jungbestandespflege 100.
Heraklith, Verwendung im landwirtsch. Bauen 246.
Herzkrankheiten, Meßverfahren der Spitzenbelastung des Menschen bei der Arbeit 680.
Heubelüftung
Gliederung: Allgemeines
Anlagen
Heulüfter
Geräuschminderung
A l l g e m e i n e s : 1242; theoret. Grundlagen 62; Strömungswiderstand von Dürrfutter in Abhängigkeit von der Strömungsrichtung 1260; Trocknungsverlauf und Wirtschaftlichkeit 1260; Fortschritte 737; Erfahrungen 904; Fehler bei der Unterdachtrocknung 737, 1088; Belüftung unter schwierigen Verhältnissen 1261; Erfahrungen in LPG 572; Erfahrungen in der Steiermark 269; Ergebnisse in Ungarn 572; Belüftung in den Niederlanden 60, 307. - Trocknung in Ballen 62, 556; Belüftung von Hochdruckpreßballen 60.
A n l a g e n : Systeme und Anlagen 61; Luftverteilungssysteme 737; Druckluft- und Saugluftanlagen 1088; Untersuchung der Luftführung einer Belüftungsanlage 738; Untersuchung über die Luftverteilung mit Hilfe eines radioaktiven Gases 904. - Neuentwicklungen 436; Anlagen in der BRD 1260; Anlagen in Baden-Württemberg 1029; Anordnung von Belüftungsanlagen 676; System "Gundorf" 127; "System Hohenheim" 180; Halbkanal-Rost-System aus unbearbeiteten Derbstangen 61; "Hent-O-Vent"-Belüftungssystem 60; Anlage aus vorgefertigten Bauelementen 737; Heustapel mit Unterdachtrocknung 1182.
Heutürme: 316, 1088; vollmech. Heulagerung und -entnahme 133, 327, 1261; Konstruktion 673: Stahlkonstruktion 265; Heutürme mit Zentralrohr für Belüftung und Entleerung 62.
Holzeinsparung am Belüftungssystem 572; Verwendung von Gebläseschläuchen aus Plastikfolie 294; Steuerautomat 181; Anschlußwerte 530; Warmlufttrocknung 315; mech. Entleerungsvorrichtung für Flachanlagen 737.
Heulüfter: wirschaftlicher Gebläseeinsatz 1261; Trocknung und Belüftung mit Ventilatoren 904; Belüftungsgebläse 62; Belüftungsgebläse "PM" und "PH" 1089.
Geräuschminderung: Geräuschmessungen an Heubelüftungsanlagen 1260; Lärmverminderung 1, 269, 573, 738, 905; Entwicklung von schalldämmenden Ein-

richtungen 572, 573; Entwicklung eines geräuscharmen Gebläses 315; Schalldämpfer 737, 905; Lärmschluck 905; Anti-Schall 905.

Heubrikettierung s. Heupreßlinge.

Heuornte

Gliederung: Hinweise
Allgemeines
Geräte-Kombinationen
Quetschen
Zetten
Schwaden, Wenden
Gerüsttrocknung
Sammeln, Pressen
Laden
Transport

H i n w e i s e : Heubelüftung, Heulager, Heumehl, Heupreßlinge, Heutrocknung, Mähen, Mähllader s. dort.

A l l g e m e i n e s : Trocknungsgeschwindigkeit von Grüngut 558; Einfluß einer dunklen Färbung (Bestäuben mit Holzkohle) auf den Trocknungsverlauf 558; Überblick über die Boden-, Gerüst-, Unterdach- und künstliche Trocknung 1242; Konferenz 1962 in Perth, Schottland 556; Heuernte in den Niederlanden 307; Erfahrungen in Norwegen 557. - Werbung 703; Bodenheuwerbung 557; Bodenschnelltrocknung 560; Gebäude- und Arbeitskosten 135; Arbeitsablauf der Heulagegewinnung und der Fütterungstechnik 1098. - Feuchtigkeitsbestimmung 904; Cost of harvesting hay in Western and Northwestern Arkansas 736+.

Heuwerbungsmaschinen: 736+; Messungen dynamischer und statischer Belastungen 836; Ergebnisse der Vergleichsprüfung 889; DLG-Ausstellung 1962 556; Vorführung von Maschinen 1962 in England 556; Landmaschinensalon Paris 1963 1167; Übersicht über westdeutsche Fabrikate 113. - Versuche über die Hangtauglichkeit von Maschinen 560; Heubergung auf Bergwiesen 559; Mechanisierung an Steilhängen 1078. - Erhöhung der Schleppergeschwindigkeiten 18. - Feldhäckslerkette 558; Einsatzmöglichkeiten von Feldhäckslern verschiedener Bauarten 720.

G e r ä t e - K o m b i n a t i o n e n : Mehrzweckmaschinen 427; Entwicklung einer Heuvielfachmaschine 889; Heudreifachgerät 890; Turboheuer "TH 6" zum Zetten, Wenden, Schwadenstreuen und Lüften 890. - Kreiselheuer von Fahr zum Zetten, Wenden und Schwadenstreuen: 805; ESDA-Test 1244. - s. auch bei Schwaden, Wenden.

Q u e t s c h e n : 557; amer. Erfahrungen mit Maschinen für das Brechen, Zerschlagen, Quetschen von Grünmasse 1246; Versuche mit Stengelbrecher und Stengelknicker 722. - Halmbrecher: 1227; Übersicht 1246; "Haycon" 294. - Stengelquetscher: von Chatchpole 1166; "MPZ-140" 113; vereinfachter Halmquetscher 723; Anwendung in Norwegen 44.

Z e t t e n : 722; Zetter, Vergleichsprüfung 889; "UK 7" 294; Kreiselzet-

ter, Hangtauglichkeit 560. - Rüttelzetter "E 251": 311, 557, 560; Prüfbericht Potsdam-Bornim 1244. - Trommelzetter "TZ" für Zapfwellenantrieb, DLG-Prüfbericht 46; Zettwender, Hangtauglichkeit 560; Knickzetter 889; Quetschzetter 1081.
S c h w a d e n , W e n d e n : Ermittlung der Trocknungsgeschwindigkeit bei unterschiedlicher maschineller Behandlung 557; Einfluß des Wendens, Trocknungsgeschwindigkeit und Nährstoffverluste 1244; Rechen, Schwadwender 889; Hanglagen, Anbaugeräte für das Zetten, Wenden und Schwaden 294; Motorheuer, Hangtauglichkeit 560; Allheuer 721. - Schnellheuer: Hangtauglichkeit 560; von Fahr 1346; für Einachsschlepper 883. - Kreiselheuer: 427; "KH 6" von Fahr 488; Frontschwader am Motormäher, Hangtauglichkeit 560.
Heuwender: Vergleichsprüfung 889; neue Typen 1203; Übersicht in Frankreich 275; Angebot in Norwegen 44; Rotor mit 7 sog. "Saugbechern" 45. - Trommelheuwender: 722; Hangtauglichkeit 560. - Gabelwender: Hangtauglichkeit 560; JF Gabelwender "HSR", Maschinenprüfbericht Ultuna 1081; Hauser-Gabelwender 1081. - Sternradheumaschinen 427; Sternrechwender 1081. - Kettenrechwender 427; Kettenrechen "Heumagd" 109; Radrechwender "E 247" und "E 249" 1081; Schubrechwender "Heuteufel" 1081; selbstfahrende Heurechen 109.
G e r ü s t t r o c k n u n g : 1242; 557; Reutern auf Dachreutern, Arbeitsanleitung 1082; motorisches Setzen von Schwedenreuterpfählen 723.
S a m m e l n , P r e s s e n : Einfluß einiger Parameter von Pick-up-Vorrichtung und Schwad auf den Aufnahmevorgang 890; hydraulische Ballendichtekontrolle von John Deere 891. - Sammelpressen: 427; Einsatz 46; Vergleich der Räum- und Sammelpressen 46; internationale Vergleichsprüfungen von Räum- und Sammelpressen 560; Bericht vom 33. Pariser Landmaschinen-Salon 172; Arbeitsweise und Einsatzgebiete von Hoch- und Niederdruckpressen 46; Ballenpresse mit niedriger Verdichtung 110; Ballenpresse mit Aufnahmevorrichtung 556; Sammelpresse von Borga 894; Anhänge-Presse "Excelsior" 894; Rivierre-Casalis "NRA 2-075", ILR-Prüfbericht Wageningen 891; S.A.I.M.M.-Pressen 894; Jones Ballenpresse "Star", Modell "420", NIAE-Test 172. - Hochdruck-Sammelpressen: "K 441", Prüfbericht Potsdam-Bornim 429; "Maximum" 890; "New Holland 78" 430; "Super 68" 1245. - Heupreßlinge s. dort; Schiebesammler s. bei Transport.
L a d e n : Arbeits- und Kostenaufwand verschiedener Ladeverfahren 428; Verfahrens- und Kostenvergleich bei den Ladeverfahren für Dürr- und Grünfutter 308; mech. Ladeverfahren 308; Ladedemonstration am Strickhof 892. - Fuderlader "Harras" und Lanz "S 160"-Kombilader 430; pneumatische Lader 427; Lader von Teupen aus einer Kombination von Aufnahmetrommel und Windgebläse 556; Schubstangenfutterlader und Universallader 427. - Laden mit Frontlader 1079, 1222; Lit. über Front- und Heckgabeln für Heu- und Futterbergung am Hang 904+. - Heuhütten-Beladegerät 557. - Ballen: neues

Ballenaufnahmesystem aus 3 Maschinen 1247; Einsatz einer Ballenschleuder 1082; Speziallader zur Heu- und Strohballenaufnahme 546; "Buzzard"-Ballenlader 1166; Laden von Ballenstapel mit Trojan "Balenmaster" 430; Schlepperlader für das Laden von Ballenstapel auf Wagen 556. - Stapeln von Heuballen 739.
T r a n s p o r t : Analyse der Güterbewegung 1201; Förderung 274; Transporteinrichtungen 412; Vorführung von Transportverfahren 430; Gebläse, Hängebahnen und Greiferaufzüge 545; Greifer, Höhenförderer oder Gebläse für das Einlagern der Ballen 1082. - Einsatz von Fördergebläsen 62; Beförderung mit Allesbläser 546. - Einlagern, Frontladereinsatz 319. - Schiebesammler: Einsatz 47, 430; Heuernte im Steilgelände 173; selbstfahrender Frontschiebesammler für steiles Grünland 891; Heuzangen und Heuschiebesammler 109; Heu- und Siloschwanz 889; Heuschwanz, der Selbstlader des arrondierten Klein- und Hangbetriebes 1246; "Heuschwanz Nr. 6", DLG-Prüfbericht 311.

Heulager, Schafstall, der gleichzeitig als Heulager dient 1370; Verteileinrichtungen von Zangengreifern, Gebläsen und Höhenförderern 1089; amer. Gabelverteiler mit beweglicher Querfördermulde 1089; Heuscheunen mit Raufen für die Vorratsfütterung 1269. - Heutürme s. unter Heubelüftung.

Heumehl, Räume zur Herstellung und Lagerung 259. - Trockenanlagen s. unter Grünfutter: Ernteaufbereitung.

Heupreßlinge, Untersuchung des Prozesses der Heubrikettierung 722; Klärung der Faktoren, die für Zusammenhaltung der Heuwaffeln verantwortlich sind 829; Aussichten für Einsatz von Heuwaffelpressen 829; wirtschaftliche Auswirkungen der Heuwaffelmethode 1246; Produktion von Heupreßlingen, Grundlagen und Maschinentypen 1245; amer. Entwicklungen zum Brikettieren von Heu 430; Übersicht über 3 Jahre Entwicklungszeit bei Heubrikettiermaschinen 723; Würfeln auf dem Feld, Vorteile des Verfahrens 561; Materialbehandlungssysteme für Heupreßlinge 47; Energiebedarf für die Herstellung von Heupreßlingen 561; Bildung von Heupreßlingen durch Schlagwirkung 172; Brikettiermaschine 1; amer. Heuwürfelmaschine 556; schleppergezogene Würfelmaschine 891; "Cal-Cube" 46, 47; Brikettiermaschine "Hay-Packer" 381.

Heutrocknung, künstliche 1203; Mechanisierung 319; Grastrocknung in Schrägrostdarren 739; Trocknung von Heu mit Infrarotstrahlung 739; Trockenanlage mit Sonnenwärme in der Scheune 270; Lister "Multidroger" zum Nachtrocknen der Ballen 430.

Heutürme s. unter Heubelüftung.

Heuwaffeln s. unter Heupreßlinge.

Heuwender s. unter Heuernte.

Hibiscus, Arbeitsverfahren beim Umtopfen von Pflanzen von 3,5 cm-Multitopfplatten in 8 cm-Tontöpfe 1291.

Himbeeren, mech. Ernte 776; Spritzen für Terrassen- und Hangpflanzungen 1313.

Hirse, Unkrautbekämpfung mit Flammenwerfern 1076; technolog. Prozeß bei Reinigung und Sortierung 182; Verbesserung der Reinigung und Sortierung von Saatgut 182.
Hobelzahnsäge s. unter Sägen.
Hochdruck-Sammelpressen s. unter Heuernte; Sammelpressen.
Hochdrucksprühgerät s. unter Sprühen.
Hochkipper "PKV-2" 415.
Hochrampen, Verladen von Zuckerrüben 58.
Hochvakuum-Sprühgefriertrocknung, Verhinderung des Zufrierens der Sprühdüse 199.
Höhenkippe, Verladen von Zuckerrüben 58.
Hofplätze, Verwendung von Beton 246; Befestigung mit Betonplatten 652.
Hofwirtschaft, Zusammenstellung DLG-anerkannter Maschinen 113.
Holland s. Niederlande.
Holz, Standardisierung von Rohholz 1320; Gewichtsmessung und Gewichtsverkauf von Rohholz 1140. - Holz als Baustoff 1349; Holz im Landwirtschaftsbau 248; Holzwerkstoffe im landwirtsch. Bauwesen 1169; vorgefertigte Holzbauteile für landwirtsch. Betriebsgebäude 493; Holzwolleichtbauplatten als Baustoff im Stallbau 668; Entwurf von frei tragenden Holzbindern 640; Anfertigung von Treppen 1173; Holz als Werkstoff für Außen- und Innentüren 1172; Klebeverbindung im Holz- und Metallbau 115. - Verkieseltes Holz, Verwendung für Stallfußböden 253; wetterfeste Schutzanstriche 834.
Holzaufbereitung
Gliederung: Allgemeines
Entasten
Entrinden
Ausformen
Zerkleinern
Trocknen
A l l g e m e i n e s : Holzaufbereitung in Transkarpatien 472; Arbeitsaufwand in Schweden 101; Einwirkung von Wetter, Gelände, Bestand, Werkzeugen, Arbeitsverfahren auf Zeitaufwand und Kosten 224; Automatisierung der Hauptlagerplätze 227; komplexe Mechanisierung des Lagerplatzes am Flußufer 793; Normaltypen für Holzlagerplätze 475; Lit. über die Transportmechanisierung auf Holzlagerplätzen 986+; Elektrifizierung der holzaufbereitenden Industrie in der SU 961; elektr. Netze und Beleuchtung der Waldaufbereitungsplätze 1334+. - Gestaltung von Aufarbeitungsplätzen für Schwachholz 371; Gewinnung und Aufbereitung von schwachem Holz 472; Aufarbeitung und Verwertung von schwachem Laubholz 977; Fichten-Schwachholzverwertung im Harz 977; Rationalisierung der Aufbereitung und des Transportes von Laubholzkronen- und Durchforstungsmaterial 972. - Aufarbeitung des Windwurfes 971, 972. - Systematik der Maschinen 473; Bearbeitungsmaschine für das Entasten, Entrinden und Zerteilen der Stämme 1146; Reparaturmaschinen und -geräte 783.

E n t a s t e n: mit der Axt und Motorsäge 369. - Berechnung der Leistungsfähigkeit der Entastungsmaschinen 1326; leichte Handentastungsmaschinen 1141; stationäres Entastungsgerät 359; spanlos schneidende Maschine zum Entasten von Nadel- und Laubstammholz 103; Entastungsaggregat Cambio "Calskrona" 626; Prüfung der stationären Entastungsmaschine "Dynalog" 1143; Zusatzgerät "Roto-Bit-Pruner" für Motorsägen 369; Welsker Entastungsgerät 625; fräsenartiges Entastungsgerät von ZNIIME 358.
E n t r i n d e n : Rationalisierungsarbeiten 1144; Untersuchungen mit dem "Schwarzwälder Schäleisen" 476; maschinelle Entrindung 211, 1324; maschinelle Entrindung in Finnland 1329. - Entrindungsmaschinen 228, 628, 1144; Lit. 371+; Faserholzentrindung, Lochrotorentrindungsmaschine 371; Entrinden von Stammholz im Walde mit Handentrindungsmaschinen 1141; finnische Maschinen der VK-Reihe 1328; Kosten bei der Entrindung mit der "VK 16" 1144; Aggregat "Cambickryssaren" 978; Maschine "Jo-Bu VK-16" 794; Cambioanlage Typ Korsnäs 1323; Maschine Römer "REB" 371. - Chem. Entrindung: 376, 978; Erfolgsaussichten 106.
A u s f o r m e n : Arbeitsgemeinschaft "Holzausformungsplätze", Tätigkeitsbericht 1327; Holzbevorratung für den Ausformplatz 976. - Automatisierung der Holzausformplätze 476; amer. Methoden auf Ausformungsplätzen 972. - Weiterentwicklung von "Waldcombines" 100; auf Raupenketten gebauter Kombainer für die Erstbearbeitung der Bäume 791; Verfahren für Nadelholzbestände mit reichlichem Unterwuchs 1323; Korsnäs-System zur Aufarbeitung von Faserholz 1139; automat. Ausformanlage "ARU" 476; schwimmendes Ausformaggregat "ARCh-1" 370; Ausform- und Sortierstrecke "LCh 1" 793; Werchower Taktstraße 624; Wirtschaftlichkeit halbautomat. Taktstrassen 370; ferngesteuerte halbautomat. Fließarbeitsstrecke 793; halbautomat. Ausformstrecke für Langholz 975; halbautomat. Brennholzausformstrecke 794; halbautomat. Straße auf Basis der Säge "AZ-1" 366; halbautomat. Ausformstrecke "PLCh-2" 227; halbautomat. Ausform- und Sortierstraße "VKF-KKS-3", Konstruktionsmängel 1326; ZNIIME-Aggregat für halbautomat. Schneiden von Langholz 358; Aggregate mit Fernsteuerung und Ansatzgeräten 473; amer. Aggregate 222; maschinelle Bearbeitung des Dünnholzes auf einem zentr. Holzausformungsplatz 977; Ausformung mit Motorkettensägen und Kreissägen 367; Kreissägeanlage von Mac-Connel 792; automat. Schwellenschneidevorrichtung 228; Aufarbeitung des Buchenschichtholzes 472; Mehrsägevorrichtung am Holzsägefließband 375; Sägegatter "RD-75-2" 366; automat. Speicher- und Zubringevorrichtung "BG-1" 371. - Geräte zur Bestimmung der Belastung der Transporteure 1326; Wahl des Elektroantriebes für den Transporteur der halbautomat. Ausformstraße 103; Vorrichtung zum selbsttätigen Anhalten des Transporteurs 977. - Berechnung der Rundholzabwerfer 1326; vollautomat. Abwurfvorrichtung für Rundholz 476. - Elektronisches Verfahren zum Sortieren von Holz 793; automat. Sortiervorrichtung mit Relaiskanal 976; automat. Kubizierapparat für Rundholz 976; Tabellen-Kubizierautomat "AK-3" 1327. - Differential-Photorelais "SevNIIP" 1327.

Z e r k l e i n e r n : Ausrüstungen zur Verarbeitung von Schlagabraum 366; Fließstrecke zur Verarbeitung von Brennholz 227; Herstellung von technologischem Span 979; Hackschnitzelherstellung für Heizzwecke 979; Aufarbeitung des Stockholzes zu Hackgut 376; Holzzerspaner 223; Holzzerkleinungsmaschine "Erjo" Typ "160", Maschinenprüfbericht Ultuna 228; Zerkleinern von Wurzeln mit Hackmaschine "DU-2" 1318; Zerkleinungsmaschinen der Fa. Beva 956; Hackmaschine "Karchula" 979. - Fahrbares Aggregat zum Zerkleinern von Schlagabraum 371; Reisig- und Buschhackmaschine, Konstruktion und Einsatz 103; Reisighacker "B 900" 212, 766; Schneide-Hackmaschinen "DU-2" für Äste 366. - Holzspaltmaschine 625; Hubspalter der Fa. Gomlich 376; Stockholzgrobspaltgerät "B 901" 212. - Pneumatischer Transport von Hackspänen 1143.

T r o c k n e n : Elektronenschema der automat. Kontrolle bei der Trocknung 1317+.

Holzausformung s. unter Holzaufbereitung.

Holzbringung s. unter Holzrücken und -bringen.

Holzeinschlag s. unter Holzfällen; Motorsägen s. dort.

Holzfällen

Gliederung: Allgemeines
Verfahren
Maschinen, Geräte

A l l g e m e i n e s : Sitzung der FAO/ECE über die Nutzbarmachung des dünnen Holzes 365. - Einwirkung von Wetter, Gelände, Bestand, Werkzeugen, Arbeitsverfahren auf Zeitaufwand und Kosten 224; Ermittlung des Zeitbedarfs als Grundlage einer Herleitung von Vorgabezeiten für den Holzeinschlag 102+; Kostenberechnung der Dimensionsgrenzwerte beim Einschlag 622; Minutentabellen 1962 voor dat vellingswerk van douglas 800+; techn. Konstruktion des Fällungsvertrages 973. - Energieverbrauch bei Holzfällen 790. - Unfallverhütung 213; Schutzkappen 958.

Verfahren: in der SU 468; in den Wäldern Kareliens 103; Kanada, techn. Entwicklung im Hauungsbetrieb 361; Arbeitsaufwand in Schweden 101; Rationalisierung in einem schwedischen Forstbetrieb 477. - Untersuchungen im Hauungsbetrieb 102+; Mech. der Holzerntearbeiten, Wirtschaftlichkeit 365; Organisationsformen des Hauungsbetriebes, Wirtschaftlichkeit 472. - Einmannarbeit im Hauungsbetrieb: 95; internationaler Arbeits- und Leistungsvergleich 367; arbeitstechn. Untersuchungen im Fichtenhauungsbetrieb 102+. - Verbesserte Methoden des Einschlages 96; Einschlagverfahren, das den Jungwuchs erhält 795; Einschlagverfahren für industriemäßig genutzte Forste 790; neues Einschlagverfahren für den Nadelwald 970; plenternde Forstnutzung mit Hilfe von Maschinen und Geräten 1321; einzelstammweise Nutzung der Bestände 970; Mechanisierung der einzelstammweisen Nutzung der Bestände 970; Mechanisierung der einzelstammweisen Nutzung 1321; Fällen und Aufarbeiten des Holzes in 3 Stufen 790; Arbeitsverfahren des

Buchenhauungsbetriebes 1322; Korsnäs-System zur Aufarbeitung von Faserholz 1139; Holzeinschlag im Schmalschlagverfahren 473; Vergleich des Timofejewschen Schmalschlages mit dem Karelischen Schlagstreifenverfahren 473; Holzeinschlagverfahren von Kostroma 366, 1322, 1324; Arbeitsweise der Spitzenbrigade Jakowlew beim Holzeinschlag 1322; Fällen von Bäumen mit Wurzel 623; Fällung der Stämme "im spitzen Winkel" zum Rückeweg 1323; Technik der Fällung mit der Axt im äquatorial-afrikanischen Wald 974; Arbeitstechnik beim Fällen von Stangen mit der Einmann-Motorkettensäge 974; Holzeinschlag auf dem Plateau von Ufa 1324. - Aufarbeitung des Windwurfes: 971, 972; Erfahrungen in der Aufarbeitung von Fichten-Windwurf 1139; Arbeitsschutztechnik 1324.

M a s c h i n e n , G e r ä t e : Gegenwärtige Problematik der Entwicklung der Technik 970; Leistungsvergleich der im Holzeinschlag verwendeten Spezialmaschinen 473; Vorführungen in Königseggwald 1323; Weiterentwicklung von "Waldcombines" 100; "Kahlschlagmaschinen" 1146; Busch-Kombine 222; "Hamilton"-Abholzmaschine 223; Spezialmaschine "WPM" 366; Fällungs-Beladegerät "WPM-4" 366; Spezialmaschine "WTM" 366; Fäll- und Rückemaschine "Vit" 972; Fäll-, Rücke- und Lademaschinen "VTP" 473. - Handtragbare "Santilli"-Kreissäge 226; kombinierte automat. Kappsäge 475; Schlepper-Sägevorrichtung 226; Schneideorgan für spanlosen Schnitt 475. - Fäll- und Wendeklaue 792. - Keil zum Aushauen des mit der Säge vorgeschnittenen Fallkerbes 101; Verschlußverbindung für den hydraulischen Fällkeil "KGM-1" an der Motorsäge 474.

s. auch: Durchforstung; Sägen; Motorsägen s. dort.

Holzfiberplatten, Hühnerstall 1195.

Holzfußböden s. unter Fußböden.

Holzgetäfelte Decken und Wände 1174.

Holzgewinnung, Berechnung der Hauptnutzung 1321; Vorrats- und Zuwachsertragstabellen für Baumbestände 223; Arbeitsgeräte 1149. - s. auch die einzelnen Arbeitsverfahren.

Holzindustrie der Sowjetunion 94+; Elektronen-Rechenmaschinen im Dienste der Holzversorgung 222.

Holzlagerung, Poltern und Lagern des Stamm- und Schichtholzes 1140. - s. auch unter Holzaufbereitung.

Holzpflaster s. unter Stallfußböden.

Holzrücken und -bringen

Gliederung: Allgemeines
Verfahren
Rückegeräte
Schlepper
Seilanlagen, Winden

A l l g e m e i n e s : Rationalisierung der Arbeiten 1144, 1145; Rationalisierung in einem schwedischen Forstbetrieb 477; Probleme in Finnland 1329; Unfallverhütung 213.

V e r f a h r e n : neue Verfahren 790; Typisierung der Rückeverfahren 477; Methoden in der SU 468; Verfahren in den Wäldern Kareliens 103; amer. Rückemethoden 794, 972. - Arbeitsaufwand in Schweden 101; Holzrücken mit Pferden in Schweden 980; Transportprobleme der Kleinwaldwirtschaft in Südschweden 477. - Vorführungen in Königseggwald 1323; neues Verfahren bei der Aufbereitung der Schlagfläche 800; Verfahren des Buchenhauungsbetriebes 1322; Vergleich des Timofejewschen Schmalschlages mit dem Karelischen Schlagstreifenverfahren 473; Arbeitsweise der Spitzenbrigade Jakowlew beim Holzeinschlag 1322; baumweises Rücken 964; Rücken der Bäume mit Krone 358; Rücken mit dem Stammende voran 366; Arbeitsleistung beim Rücken an Hängen 372; Mechanisierung des Rückens und Beladens bei Pflegehieben 980. - Aufarbeitung großer Windwurfflächen 101.
R ü c k e g e r ä t e : Spezialmaschinen für die Rückung und Abfuhr 223; sowjet. und amer. Rückemaschinen 478; Weiterentwicklung von "Waldcombinnes" 100; Rücken mittels Belademaschinen 478; Anweisung zur Benutzung des Großkaliber-Rückegerätes 373+; Rücke-und Abfuhraggregat "Komiles" 473; amer. Maschinen zum Rücken von ganzen Stämmen, "Michigan" und "Timberjack" 626; Gerät zur Stehendrodung, zum Rücken und zum Verladen starker Bäume, Grundlage des "S-100" 1318; Rücke- und Beladeanlage "TPU-7" 797; Rücke- und Verladegerät "TPU-7" für Langholz 366, 625; Fäll- und Rückemaschine "Vit" 972; Kombinations-Rückegerät "VSA" 626; Fäll-, Rücke- und Lademaschinen "VTP" 473; Rückemaschine mit Einmannbedienung 980. - Vorführung von Maschinen zum Bringen von Durchforstungsmaterial 784; Holder-Rückegerät als Kombination von Rückegalgen, Rückezange und Rückeketten 1140. - Rückefahrzeuge 469. - LKW in Amerika 796; LKW "MAZ-501" 1328; Kupplungsvorrichtung zwischen Rücke-Schlepper und LKW-Anhänger 372. Rückewagen: Konstruktion und Einsatz 980; Versuche mit Triebachs-Rückeanhänger hinter Einachsschlepper 627; Wagen "Fössingen" mit breiten Flachprofilreifen 477; "Livab"-Rückewagen 1139, 1323; Raupenanhänger "ÖSA-56 K" 372; "Radolfzeller Rückewagen" 797; Rückewagen "Tössingen" 627. - Rückekarren "KAGE" 980; "MSA"-Rückekarren 477, 980; Schleppkarren 627; Bündelschleppkaren 627; Schleppkarren "Jollu" 627; Räder für den Rückekarren mit Pferdezug 1328. - Rollschlitten "Myran" 628; Schleppschlitten "Skid Dray" 627; Deichselschlitten 627. - Rückegeräte für den Pferdezug 478, 627; Vergleich von Zangentypen für das Rücken mit Pferdezug 626. - Schlepp-Platte "Nokia 60" zum Rücken von mehreren Stämmen 627; Schleppvorrichtung "Työtehoseuva" 627; Schleppstrang mit Universalschloß 982; Schleppscheren "Domönsaxsen", "Sepson", "Ketunrauta" 627; Stammholzschere mit Gleitplatte "Larjamaa" 627. - Rückehauben 229.
S c h l e p p e r : Vergleich von Rad- und Kettenschlepper 1328; Rücken mit Kettenschlepper und Gabelgreifer 1324; Sattelschlepper 1317; Schlepper 472, 618, 790, 1145, 1158; mit Gabelgreifern ausgerüstete Kettenschlepper 628; Lösen der Schlepptrossen beim Abwerfen des Stammbundes vom Rückeschild des Schleppers 1328. - "BM Bamse" 785; "Belarus", ("MTZ-5A")

1325; Kettenschlepper "Büffel" mit Seilwinde 229; Ursus "C-45" mit Seilwinde 104; Verwendung der Zugmaschine Ursus "C-325" in der Holzabfuhr 103; Caterpillar "955 H"-Schlepper mit hydraulischen Klauengreifer für Faserholz 625; Fiat "L-55" mit Seilwinde 104; "Letour-neau-Westinghouse Modell C" 1328; "Loggmatic" vereinigt die Vorteile des Ketten- und des Radschleppers 795; "MAZ-532" 1328; "Michigan PL 75" mit Rahmensteuerung 980; Anbausystem "NZ-2" für den Rückeschlepper 1146; "S-80" 795; "Skogs-Grabb" der Fa. Massey-Ferguson 628; "Stålhästen" 626, 980; "T-49" 229. - Kettenschlepper "TDT-40" 229, 1321, 1322; "TDT-40 M" 627; auf den "TDT-40" montierte Rücke- und Verlademaschine 229; "TDT-55" 1329; "TDT-60" 795, 1322, 1328; Maschine für das Zusammenziehen und Rücken auf Basis des "TDT-60" 359; "TDT-75" 236, 372, 796, 784; "TDT-75" und "DT-95" ("TT-4") 789. - "Unimog" 1322. - Fiat "411 C" Schlepper mit "Alfta"-Radraupenbändern 617; mit Halbraupenbändern ausgerüstete Schlepper " BM-350" mit Hebekran, Winde und Raupenanhänger 372; mit Raupenbändern versehener Schlepper Oliver Cletrac "OC-3" mit 2 angehängten Schlitten 617; Ferguson-Halbraupe im Tiefschnee 1135. - Holder-Vierradkleinschlepper 1140; "FWD Blue Ox Skidder" mit Vierradantrieb 795; "Garret Tree Farmer" mit Vierradantrieb 795; Radschlepper "Mark IV Forwarder" 794; Timberland "265 Skidder", Radschlepper 795; Bolinder-Munktell Radschlepper mit Hiab "Torgrip" 1323; "Harrison Pulpwood Harvester" auf einem Radschlepper "Oliver Super 77" aufmontiert 794; Radschlepper-Rückebogen 229. - Reparaturanleitung für Rückeschlepper 783.

S e i l a n l a g e n , W i n d e n : Einsatz und Bau von Langstreckenseilkran-Anlagen 104; Drahtseilbahnen 472; Waldseilbahnen, Berechnung der Spannung von beiderseitig fest verankerten Seilen 1331; Entwicklung der Rückeseilbahnen "VL 4" 1330; Einsatz der Holzbringungsseilbahn "DPLU 2-2000" 981; leichte einseilige Seilbahn, Anlage einer Drahtriese 479; Seilriesen "VTU-3", "Tulaidan" und "Gošuk" 472; Holzrücken mittels Winde und Sperrballon in Schweden 1145. - Seilkran "J 2", System Janeschitz, mit automat. Tragseilklemme 981. - Einfluß des Rückens mit Seilwinden auf die Erhaltung des Unterwuchses 478; Arbeitsvorbereitung für den Einsatz von Schlepperseilwinden 623; Übersicht über bei der Holzbringung eingesetzte Seilwinden 104; Rücken des Dünnholzes mit einer Seilwinde 980; Verbesserung der Umschaltung der Winde "LM-47" 1330; Winde Sepson "19-16 H2" und Kran "5-10", Maschinenprüfbericht Ultuna 479; Einsatz des "Unimog" zur Seilbringung von Stammholz 214; Rückewinde 230.

<u>Holzschutz</u>, chem. Holzschutz für das im Walde lagernde Nadel- und Laub-Rundholz 106; Lagerung der Lärche nach der biologischen Trocknung 234; Imprägnierverfahren und -mittel 118; Wirksamkeit von Holzschutzmitteln 387; wetterfeste Schutzanstriche für landwirtsch. Holzbauten 834. - Arbeitsschutz 615.

<u>Holzträgerbrücken</u> für forstliche Straßenbrücken 484.

Holztransport

Gliederung: Hinweise
Allgemeines
Schlepper
Schlepperanhänger
LKW
Seilanlagen
Schienentransport

H i n w e i s e : Wassertransport s. dort; s. auch Holzrücken und -bringen.

A l l g e m e i n e s : Holztransport in Schweden 231; in Finnland 799, 1329; Neuerungen 216+; Beurteilung der Kapitalinvestitionen 235; mathematische Methoden bei der rationellen Organisation der Holztransporte 1333; Rationalisierung der Aufbereitung und des Transportes von Laubholzkronen- und Durchforstungsmaterial 972; Flößen oder Autotransport? Vergl. Kostenberechnungen 231; Untersuchungen des Wegenetzes und der max. Wegelänge bei direktem Holztransport zum Flößwasser 373; Abfuhr des Holzes als Langholz 358; Langholzabfuhr im Gebirge 232; Kontrolle der Einsatzzeit von forstl. Nutzfahrzeugen 983; Mehrschichtensystem im motorischen Fuhrpark des StFB Sonneberg 1317; Kursus für Transportleiter 480. - Transport mit Pferden 980. - Schichtholzbehälterverkehr 799; mech. Formen der Holzbunde 979. - Hubschraubereinsatz 469, 1148; schneegepreßte Straßen 799; Vakuum-Sprengwagen für Eisstraßen 235. - Unfallverhütung 213.

S c h l e p p e r : Transport mit Schleppern im StFB Haldensleben 481; Transporte in Westamerika 1146; Kettenschlepper "Allis-Chalmers 6 G" mit "Libu"-Hubgreifer 481; Bodenhaftung und Gleiten des Radschleppers mit und ohne Gleitschutz auf schnee- und eisbedeckten Wegen 105; USA-Radschlepper "Garret Tree Farmer" 481; Einsatz des "Unimog" zur Beladung mit Schichtholz 214.

S c h l e p p e r a n h ä n g e r : 1328; Zweiachsanhänger "2 122 FF" mit Ladebrücke 1323; Einachsanhänger "1-PP-12,5" 784.

L K W : 468, 480, 1146; Wirtschaftlichkeit 983; Transport in Westafrika 233; Transport auf dem Eise 483; Lastwagen mit Nachläufer 1146; Lastzug zum Langholztransport 1334; Lastzug für den Schichtholztransport im Gebirge 1334; "MAS-535" und "M 5-LTA" zur Direktabfuhr des Holzes 373; "MAZ-501" mit Nachläufer 1318; Scania-Vabis-LKW "LT 7550 Super" 1323; Langholzfahrzeug "SIS-150" 980; LKW "W 6 DT Forestier Tropical" 961. - Pneumatische Streuvorrichtung "AUSP-1" für LKW 481. - Reparaturanleitung 783.

S e i l a n l a g e n : Seilriesen "VTU-3", "Tulaidan" und "Gošuk" 472; Seilriese "TPU-7" 789; Seilriese mit Pendel-Laufwagen 482; Laufwagen für halbschwebenden und schwebenden Holztransport 984; automat. Laufwagen für Seilriesen 232; Laufwagen der Riese "MKD Majak" 232; Leistung eines Windflügelreglers zur Laufwagenbremsung an Seilschwebebahnen 374; Beanspruch-

ung des Tragseils unter der Lastrolle einer Seilschwebebahn 233; Probleme der Drahtseilwinde bei leichten Transportseilbahnen 1147; Seilkran "DPL 2-2000" für den Transport ganzer Bäume 469; selbstsperrender Keilrollenzug für das Aufspannen von Tragseilen der Seilbahnen 480. - Verhütung von Unfällen 985.

Schienentransport: Transport auf finn. Staatsbahnen 985; Transport in Norwegen 628; Verwendung von Schmalspurbahnen in Westafrika 233; Abtransport von unentasteten Bäumen mittels Schmalspurbahn 468. - Umstellung der Lokomotiven von Dampf- auf Dieselantrieb 360; Diesellok "TU-4" 359. - Reparaturanleitung für Waldbahnwagen 783. - Verschweißen der Schienen im Forstindustriebetrieb Ojatsk 482; Verschweißen der Schienenstöße 482; Schotterstampfe zum Betten der Eisenbahnschwellen 375; Gerät zur Instandhaltung der Schmalspurstrecke 105.

Holztrocknung s. unter Holzaufbereitung.

Holzverladen. Mechanisierung des Rückens und Beladen bei Pflegehieben 980; Verladung des bei Pflegehieben anfallenden Schichtholzes in der Lettischen SSR 1332; Abladen von Faserholz in Standardlängen beim Transport mittels Schlepper 984; Arbeitsweise der Spitzenbrigade Jakowlew 1322; Entladen des Rundholzes aus Güterwagen 797.

Maschinen, Geräte: 469; Anbaugeräte 237; Rücke- und Verladegerät "TPU-7" für Langholz 366, 625, 797; Fällungs-Beladegerät "WPM-4" 366; Be- und Entladegerät zur Schichtholzabfuhr 799; Lademaschinen "P-13", "P-15" und "P-16" 223; Aggregate "LM-7" und "LM-9" 1333; Ladegerät "LM-7" 1333; Hubstapler "Conveyancer TC 6-24 P.D." 1147; Gabelstapler "TC" 231. - Verladen von Langholz auf LKW und Schlepper 1329; Beladen mit Hilfe des Schleppers 980; Belader von Caterpillar 798; Laderaupe "HD-6G" von Allis-Chalmers 478; Stapeln und Umladen von Faserholz auf den Lagerplätzen mit Raupenschleppern 794; Schlepper "TDT-60" mit Rückeschild 790; verbesserte Ladegabel für den "Traxovator 977" 629. - Selbstladevorrichtungen an Holztransportautos 982; Selbstbeladen von Langholztransportern 480; Verladen von Holz bei LKW-Transport 983; hydraulischer Anhänger von einem 3 t LKW-Ladegerät "M-4000" 785; Spanner "GRA TITE" zum Festspannen von Stämmen auf LKW 230; Vorrichtung zum Beladen der Waggons über Normalprofil 798. - Kurzholzverladen mit Hilfe von Behältern 1332; Schichtholzbehälterverkehr 799; Schichtholzverladen in Behältern auf dem Hauptlagerplatz 982; Transportbehälter für Schichtholz 230; mech. Schichtholzeinleger "KU-2" 1331. - Verladen des Holzes in Großbündeln 358; Verladen großer Stammpakete im Transbaikalgebiet 480; Verladen von großen Stammbunden auf LKW 105; Großbündel-Beladevorrichtungen 358; Langholzlader "TP-4" zum Verladen großer Stammpakete 373; Rampe zum Verladen von Langholz-Großbündeln auf Schmalspurwagen 373; Spezialschloß für Rundholzbunde 976. - Kippeinrichtung zum Abladen von Rundholz 116; pneumatischer Langholzentlader 230.

K r ä n e : Verladen der Holzbunde auf Schiffe 982; hydraulisch oder halbmech. angetriebene Ladekräne 105; Dampfkräne zum Umladen des Holzes 472; Kräne zum Verladen von Sägeblöcken 1332; doppelter Seilkran zum Beladen und Entladen von Güterwagen 1330; Beladen von LKW-Anhängern mittels eines fahrbaren Kranes 366; Bestückung der LKW mit einem Kran und einer Doppeltrommelseilwinde 1332. - Turmkran "BKSM-5-5a" 793; Kran "Hydrocampe 15 t" 230; Ladekran Hiab "172 Elefant" 1139; Hiab "176 Waldelefant" 1323; Hiab "Topgrip 63" 1139; Kran "KKU-7, 5" 472, 793, 1332.
G r e i f e r : Verladen von 3 m-Faserholz mittels Greifer 479; Klauengreifer für die Schichtholzbeladung 230; Greifer mit einem Tragseil 799; elektr. Klauengreifer 799; Belader mit Klauengreifern "P-16" 359; Greiferlader "P-13" 215; mit Gabelgreifern ausgerüstete Raupenschlepper 628; Caterpillar "955 H"-Schlepper mit hydraul. Klauengreifer für Faserholz 625; hydraul. Greifer auf Selbstlader-LKW 1332.
W i n d e n : 1332; mech. Langholzverladung durch Anbau-Ladewinden 105; Entladen des Rundholzes durch Seilzug 1333.
Holzzäune, Arbeitsaufwand und Kosten des Aufbaues 70.
Holzzerkleinern s. unter Holzaufbereitung.
Homogenität, Bedeutung für die Mischfutterherstellung 72.
Hopfen, Arbeit mit dem Hopfenpflug für 3 m Anlagen 880; Vollmechanisierung des Dammräumens 877; Muster- und Experimentalbau eines Spannbeton-Hopfengerüstes 728; Stand der Hopfenschnittmechanisierung 1259; Anbaugerät zum Verschneiden 59; Pflückmaschinen: "Cch-2", "Bruff-B" 58; Standortwahl für Pflückmaschinen und Trocknungsanlagen 371; Hopfenhalle in Wolnzach, Obb. 518.
Horizontalpresse "OB-81A" für Reparaturwerkstätten 278.
Hubgabel, Einsatz beim Palettenverkehr im Obstbau 343.
Hubkippe, Verladen von Zuckerrüben 58.
Hublader, Einsatz im Gartenbau 1284.
Hubschrauber s. unter Flugzeuge.
Hubspalter s. unter Holzaufbereitung.
Hubstapler, Transport von Sackgütern 545; "4004" 1331. - s. auch unter Holzverladen.
Hühnerfütterung, Arbeitsaufwand 441; Fütterung der Junghennen 332; automat. Einrichtung 71; Chore-Time-Futterkette für die automat. Fütterung 1099; mech. Futterverteiler 914; Futterverteiler für die Käfighaltung von Küken 919; Futterverteilung durch umgerüstetes Gerät "KKP-3" und Bandförderer 443; Vorratsbunker für die Beschickung von Futterverteilern 919; Füttern mittels Schnecken und Bändern 1266; Futterverteilungswagen 73. - Trockenfutterautomaten für Küken 656; Trockenfutter-Selbstfütterer 71; Hängeautomaten "K 11" und "K 12" 515.
Hühnerhaltung, Wirtschaftlichkeit und Möglichkeiten der Leistungssteigerung 185; Arbeitsaufwand 441; wirtschaftliche Haltung 131; Steigerung der Arbeitsproduktivität 323; Rentabilitätsfragen 1100+; Nutzeffekt der

Hühnerhaltung auf Tiefstreu im Amur-Gebiet 822; Probleme der zwischengenossenschaftlichen Legehennenintensivhaltung 582; Studie über die Leistung einer Farm 581; Auslauf-Haltung und Stallbau im einzelbäuerlichen Betrieb 131; Erfahrungen mit Hähnchenmast 442; praktische Ratschläge 671; UV-Bestrahlung 119. - Anlagen für das Schlachten 324; modernes Schlachthaus 1197.

Hühnerställe 1368; Bauforschung 1170; Bau- und Einrichtungskosten für Flachbauten 1369; Wärmedämmung 514; Buildings for poultry 133⁺. - Arbeitswirtsch. und hygienische Probleme bei Bau und Einrichtung 1368; Gegenüberstellung von Intensivhaltung auf Tiefstreu und in Käfigen 441; Erfahrungen bei der Nutzung eines neuen Zuchtstalles 822. - Bau und Nutzung der vollmechanisierten Großfarmen in Bulgarien 748; Bau großer automat. Geflügelhaltungsbetriebe 1028; Farm für 50 000 Hennen 1194; zwischenkollektivwirtsch. Farm für 25 000 bis 30 000 Legehennen 1195. - Vergleich zwischen sonnenzugänglichen und fensterlosen Legeställen 70; fensterlose Ställe mit vollautomat. Fütterungs-, Tränk- und Säuberungsanlage 441; einetagige Gebäude ohne Fenster für 24 000 Tiere 1028; mechanisierter Stall für 2500 - 3000 Hühner 514; zweistöckiger Stall für 12 000 Hühner 443; Mehrstallsystem im Ablegebetrieb 1369; Legehennenställe des Sowchos "Arshenka" 670; Legehalle 826. - Ställe auf der DLG-Ausstellung 497; Versuche mit einem Offenstall in Frankreich 1025; Ställe für 220, 525 u. 1000 Hennen 1195; industrieller Bau mit Halbbogen aus Stahlbeton 131; unifiziertes Gebäude in Skelettbauweise 125; Stall mit Tag- und Nachtabteil 678, 1196; vollmech. Stall 71; neuer Stalltyp aus England aus vorgefertigten Holzbauelementen 1026; Holzstall in Riegelkonstruktion 1027; Stall in Holzkonstruktion mit 8 cm dicken Glasfaserplatten 826; Mastbau mit Holzfaserplattenverkleidung und Sparbalken 805; Stall aus Holzfiberplatten 1195; Erfahrungen mit dem Folienstall 822. - Rekonstruktion alter schmalgiebliger Ställe 1027.

A u f z u c h t s t ä l l e : Kükenställe s. dort. - Vergleich der Boden- und Käfigaufzucht im Hinblick auf spätere Leistungsfähigkeit 583.

M a s t s t ä l l e : Hähnchenmast in Batterien 1195. - Broilerställe: für 20 000 Tiere 441; für 15 000 Tiere 670; für 10 000 Tiere 673; viergeschossige Gebäude mit fensterlosen Räumen 1028. - Hähnchenmast, voll- oder halbautomat. Warmluftanlagen 442.

f ü r B o d e n i n t e n s i v h a l t u n g : Großgeflügelställe mit Komplex-Mechanisierung 672; Haltung in großen mech. Ställen auf Tiefstreu und Drahtboden 913; Ställe mit Drahtboden und Tiefstreu für Legehennen 132; arbeitswirtsch. Untersuchungen im Intensivstall Pillnitz/Alt-Reick 186; Haltung auf Tiefstreu in der LPG "Neues Leben" in Gräfentonna 583; mech. Großversuchsstall, Tiefstreu 132; Ställe für Küken oder 10 000 Legehennen 1024; mech. Großraumstall für 6800 Tiere 443; Stall für 5000 Hennen 656; Stall mit Tag- und Nachträumen 519; Stall als Dunkelstall 825, 826; Umbau unausgenützter Objekte zu Hallen für Tiefstreuhaltung

1196; Tiefstreu, Superphosphateinstreu beeinflußt Stallklima und Stallhygiene 263; Lüftung und Heizung vom Boden aus 132.
f ü r K ä f i g h a l t u n g : Käfighaltung für Ablegebetriebe 1096; komplexe Mechanisierung 914; Entwurf einer Geflügelfabrik für 50 000 Legehennen in Käfighaltung 1027; Käfighaltung von Legehennen in fensterlosen Ställen 1096.
S t a l l e i n r i c h t u n g : Maschinensystem für die Vollmechanisierung von großen Ställen 323; Gestaltung der Nester 133; Vergleich verschiedener Nester 186; Gruppennester 323. - Arbeitsanleitung für das Einsammeln von Eiern aus Gemeinschaftsnestern 336; Einsammeln, Sortieren und Verpacken der Eier 323; Futterkette und Eierband 745; Eiersammelband 443. - Verwendung von Netz- oder Plankengittern als Boden für Geflügelställe 1197.
S t a l l k l i m a : 395; und Stallplanung 672; Wärmehaushalt 1176; Fragen beim Übergang zur Intensivhaltung von Legehennen 118; Einrichtungen zur Beeinflussung des Stallklimas für Legehennen 263; Hähnchenmast, Stalltemp. für Mastküken 442. - Lüftung: 132, 263, 442, 515, 1024, 1026; Be- und Entlüftung bei der Intensivhaltung 671; Normen für die Ventilation 672; Luftraten für Lüftung je GV 644; Lüftungsprobleme in einem Legehennen-Offenstall in Taranaki 514; Be- und Entlüftung einer Legehalle 1025; Saug- und Druckentlüftung mit Hilfe von Ventilatoren 1026; Zwangslüftung in Ställen mit Haltung auf Tiefstreu 264; Lüftungsanlage 1026; Geflügelstall-Firstentlüftung mit verstellbarem Dachlukenventilator 1353; statisch wirkender Entlüfter "Aspirateur Scherrer" 133. - Heizung: 132, 670, 671; Legeställe 515. - Einfluß des Lichtes und der künstlichen Beleuchtung auf das Geflügel 515; Beleuchtung 671; Beleuchtungsprogramme 672; klimatisierte Ställe mit Zusatzbelichtung 381.

<u>Hülsenfrüchte,</u> Bestellkombine "KAS-2,7" mit schwingenden Scharen 715. - Mähvorrichtung "PB-2,1" 736; Anbau-Schwadmäher "ŽBA-3,5" 59, 562; Zusatzeinrichtung "Ljupin" für Mähdrescher "SK-3" und "SK-4" 60. - Trocknungstemp. 823. - s. auch die einzelnen Arten.

<u>Hütten</u> s. unter Schweineställe.

<u>Hundslauch,</u> chem. Bekämpfung auf Grünland 237.

<u>Hydraulik</u> in Industriebetrieben, Taschenbuch 139⁺; hydraulische Kraftübertragung, Anwendung 1; Hydrometry 5⁺. - s. auch unter Schlepper.

<u>Hydraulikbagger</u> s. unter Bagger.

<u>Hydraulikkräne</u> s. unter Kräne.

<u>Hydraulische Antriebe,</u> Hydraulikmotore, Test-Reports 1961 des NIAE 282. - s. auch unter: Motoren; Schlepper.

<u>Hydraulische Pumpen</u> s. unter Pumpen.

<u>Hydrodynamische Getriebe</u> s. unter Schlepper: Kraftübertragung.

<u>Hydrogewächshäuser</u> s. unter Gewächshäuser.

<u>Hydroponikanlage</u> s. unter Gewächshäuser: Bewässerung.

<u>Hydrostatische Getriebe</u> s. unter Schlepper: Kraftübertragung.

i-x-Diagramm nach Mollier 12, 284.
Impuls-Lichtbogenauftragsschweißen s. unter Schweißen.
Indien, Gesichtspunkte für den Bau von Kühleinrichtungen 80.
Infrarot-Strahlen, Verwendung bei der Ferkelaufzucht 1366; Strahler für Ferkel, Anschlußwerte 530. - Moderne Wärmequellen 1049^{+}; Trocknung von Heu 739. - Infrarot-Raumheizung s. unter Heizung von Wohnräumen.
Innenwirtschaft, Mechanisierung und Automatisierung 1266; Lit. über die Automatisierung der Arbeitsgänge 2^{+}; Beispiel zeitgemäßer Rationalisierung 395; Möglichkeiten für Arbeitsketten 1093; Zusammenstellung von Neuentwicklungen 113; Vielzweckgeräte 490. - Energiewirtschaftliche Bedarfszahlen 143; Einsatz von Elektroenergie 831; Planung der Elektro-Installation 143. - Haupttransportgruppen, Mechanisierung 868; Hoftransporte - Hofgeräte 868; bessere Transportgeräte für Hof und Stall 1065; Schleppereinsatz 1266; Frontladereinsatz 319, 659. - Bauliche Voraussetzungen für die Mechanisierung 244; Gebäudeplanung als landtechn. Aufgabe 638; Einrichtungen auf der DLG-Bausonderschau 507. - Landwirtsch. Stoff- und Maschinenkunde 2. - s. auch Tierhaltung.
Insekten-Fanggeräte s. unter Schädlingsbekämpfung.
Instandsetzung, Entwicklung der soz. Landwirtschaft 277; Grundlagen der Spezialisierung von Betrieben 684^{+}; Reparaturweise und Organisation der Reparaturen 685; Verbesserung der Pflege, Wartung und Abstellung 684. - Einfluß der Ausnutzung auf die Kosten für die Wiederherstellung der Betriebstauglichkeit 683; Pflege und Wartung der Technik in einer LPG 1043; Reparaturwerkstatt im Sowchos "Sarja Kommunisma" 1200; Grundlagen der Instandhaltung von Landmaschinen und Schleppern 685^{+}; Landmaschinen 535^{+}, 1044^{+}; Lit. über vorbeugende Instandsetzung bei Kraftfahrzeugen 287^{+}; genormte Ersatzteile für Landmaschinen 1044^{+}; Lit. über die Mähdrescherinstandsetzung 1088^{+}; "SZK-3", Anleitung zur Montage, Benutzungs- und Instandsetzungsanweisung der an einen Mähdrescher anschließbaren Sonnenblumenerntemaschinen 1088^{+}; Technologie für Räum- und Sammelpressen 1245; hydraulische Pressen 278. - Instandsetzung von Einzelteilen durch Auftragsschweißen im Wasserdampf 834; Organisation der Kleinserien-Fließreparaturfertigung 277; Verwendung von Plasten für die Lagerschalen 139; Holzaufbereitungsmaschinen, Spezialisierung der Reparaturbetriebe 783; "Hipo-Universal 22-Schraubenschlüssel" 1204. - Restaurieren von alten Gebäuden 643.
Irland, Elektrifizierung 689; Mechanisierung des Zuckerrübenanbaues 30.
Island, Schafhaltung in Lattenrostställen 815.
Isotope, Verwendbarkeit bei landwirtsch. Untersuchungen 13; Bau und Einrichtung eines Isotopenlabors für chem. und biolog. Untersuchungen 1208; Anwendung von radioaktiven Isotopen in der Technik 142; radioaktive Isotope in der Betriebsmeßtechnik 283^{+}; Meßgeräte 273; Lit. über Anwendung

im Pflanzenschutz 13+; biologische Wirkung der Radiation und Fragen der Verteilung radioaktiver Isotope 1049+. - Messen der Bodendichte mit Gammastrahlen 406; Feuchte- und Dichtebestimmungen in Böden mit Hilfe von radioaktiven Strahlen 1207; Doppelsonde für Bodendichtemessungen 1207. - Anwendung von radioaktiven Düngemitteln zur Erkennung der Pfluggrenze im Boden 34. - Radioaktive Isotope: Verschleißmessungen an Kolbenringen und Gleitlagern von Verbrennungsmotoren 841; Messung der Verschleißfestigkeit von Kurbelwellen 15; Verwendung für die Bestimmung einer ringförmigen Schicht von Korn in einem senkrechten Schneckenförderer 743; Untersuchungen über die Luftverteilung bei Heubelüftungsanlagen mit Hilfe eines radioaktiven Gases 904; radioaktives Argon, Untersuchungen der Luftführung einer Belüftungsanlage 738; Bunkerfüllstandsanzeiger 282. - Haltbarmachung von Kartoffeln und Gemüse durch ionisierende Strahlen 318.

Israel, Agrarluftfahrt 865; Planung der Moshay 1178.

Italien, Schlepperprüfung 692; Kühlkonservierung von landwirtsch. Rohprodukten und von aufbereiteten Lebensmitteln 597; Mechanisierung im Obstbau 202; Milchviehoffenställe 256.

Jäten, rotierender Arbeitskegel für die Unkrautbekämpfung 42; Vorrichtung für Schutzstreifen 221.

Japan, landwirtsch. Flugwesen 995.

Jauche, Anfall bei der modernen Rinder- und Schweinehaltung in Großbetrieben 1273; Verwendung als Düngemittel 1203; Transportprobleme 412; Jaucheableitung von Bullenständen 512; Jaucherinnen auf der Bausonderschau in Köln 519. - Jauchegruben: Bau 245, 267; Bauhandbuch für LPG 114; Verwendung von Beton 246; Grube für Schweinefarm 666. - Jauchepumpen: Anschlußwerte 530; Erprobung 1203; "Dia" Typ S, DLG-Prüfbericht 585; fahrbare Schlamm- und Jauchepumpe "P 67", DLG-Prüfbericht 922. - Einsatzmöglichkeiten des Vakuumfasses 1073; Jauche- und Wasserfaß aus Kunststoff 922; Anhänge-Wagen "PZ-1,7" 183; Schlick- und Jaucheverteiler 333; Jauche- und Gülleverteiler "Welgro" mit Vakuumtank 111; Verregnung 419.

Jiffy-Töpfe s. unter Jungpflanzenzucht.

Jod-Paracresol-Test, Bestimmung der bei der Kartoffelaufbereitung auftretenden Beschädigungen 178.

Johannisbeeren, maschinelles Ernten der schwarzen Johannisbeere 1304; geeignete Sorten für die Gefrierkonservierung 778.

Jugendherberge, Umbau eines Bauernhofes 653.

Jugoslawien, landwirtsch. Transportmittel 291; Stand und Planung des Waldwegenetzes 1153.

Jungbestandspflege, Arbeitsverfahren 788; systematische Einführung der Stücklohnarbeit 100; Maschinen und Geräte 224.

Jungpflanzenanzucht, Verfahren der Anzucht von Gemüsejungpflanzen 937; Frühgemüse, Verfahren und Arbeitszeitaufwand 603. - Anzucht unter künstlichem Licht im Gewächshaus 1296; Hilfsmittel 203; Pikieren mit Hilfe von Pikierleisten 203. - Forstpflanzenanzucht, forstliche Maschinensysteme 783; neue Anzuchtmethode für Baumschulpflanzen 941. - Vorkultivierung in Multitöpfen 1283; Jiffy-Töpfe im Blumen- und Gemüsebau 768; Arbeitsgestaltung beim Pikieren in den Multitopf 768; Multitopf-Platten 603; Kultur gärtnerischer Pflanzen in Multitopf-Platten 85; aus Kunststoff gefertigte "Multitopfplatten 70" 1293; Streifen-Jiffy-Multitopfplatte 1108; Arbeitsverfahren beim Umtopfen von Hibiscuspflanzen von 3,5-cm-Multitopfplatten in 8-cm-Tontöpfe 1291; Töpfe zur Pflanzenanzucht aus schwarzer Polythene-Folie 963. - Erdwürfelverfahren im Zierpflanzenbau 1108. - Säen s. dort; s. auch: Baumschulen; die einzelnen Kulturen.

Jungviehställe, Kälberställe, lagemäßige, bauliche und betriebstechn. Lösungen 1185; Baunormen und -regeln (SNiP) 1361; Warmbauten, unifizierte Stahlbetonfertigteile 1362. - Einrichtung einer Weidezentrale 1012; Aufzuchtstall für 200 - 300 Stück 1012; Versuchsaufzuchtställe für 500 - 2000 Kälber 1190; Stall für Gruppenhaltung von Kälbern 1190; Kälberställe, Anlage in Dittersbach 255; Aufzuchtstall 656; Umbau von Kälberställen 257; Kälberstall, Rationalisierung 580. - Laufställe 127, 245, 394, 396, 654, 1009, 1012; zweckmäßige Offenställe 128; Offenlaufstall 580; Kälberoffenstall für 157 Tiere 656; Kaltstall als Offenlaufstall 396; offener ZweiraumLaufstall mit Spaltenboden 1010; Kälberstall mit Spaltfußboden mit darunter liegendem, schrägem Betonfußboden 580; Einrichtung eines Spaltenbodens am Freßplatz eines Offenstalles 911. - Ökonomischer Vergleich der Jungbullenmast im Anbinde- und Offenlaufstall 69; Jungbullenmastanlage im Laufhofsystem mit Automatenfütterung 663. - Kükenställe s. dort.

Jute, Gerät zum Abbrennen der Felder 1165.

Käfighaltung s. unter: Hühnerhaltung; Hühnerställe.

Kälberaufzucht, Milchwärme- und Tränkautomat 1346; Universaltränkeinrichtung 189; Elektrogeräte zur Enthornung 74. - Ställe s. unter Jungviehställe.

Kältetechnik, Jahres-Literaturübersicht 843; Übersicht 1961 in den USA 338; Probleme der Tiefsttemperaturtechnik 689; techn. Einrichtungen der Kältekonservierung in Frankreich 145; Ausstellung "Die Kälte und Ihre Wunder" in Paris 455; Ausstellung der DLG 1962 in München 1278. - Anlage zur Bestimmung der Frostresistenz von Pflanzen 404. - Kältetechn. Nachschlagebuch 1211+; Handbuch Bd. 11 1049+.
Thermoelektrische Kühlung: Techn. Anwendungsmöglichkeiten des Peltiereffekts 17; Bemessung und Aufbau von Peltieraggregaten 1211; Kühlaggregate aus thermoelektr. Halbleitern 17; thermoelektr. Kühlvorrichtungen in USA 598.

Kaffeeanbau, Zerschlagen von Stengeln mit Rotorschneider 875; Sortieren von Bohnen nach der Farbe mittels Photozellen 837.

Kaffeemaschinen auf der Kölner Frühjahrsmesse 1963 1107; Überblick über Geräte in England 760; Maschine Expresso 1107.

Kaffeemühlen, Überblick über Geräte in England 760.

Kalkblaser s. unter Düngen.

Kalksandsteinmauerwerk mit einem wärmedämmenden Kern 826.

Kalkstein, Fußboden in Bergeräumen, Haltbarkeit und Kosten 823.

Kaltbelüftungsanlagen s. unter: Getreide; Heubelüftung.

Kaltdach mit Luftschicht und mit Luftraum 249.

Kamine s. unter Heizung von Wohnräumen.

Kammersilo s. unter Gärfutterbehälter.

Kampbetrieb s. unter Baumschulen: Forstwirtschaft.

Kanada, Kühlkonservierung von landwirtsch. Rohprodukten und von aufbereiteten Lebensmitteln 597. - Arbeitsaufwand in der Forstwirtschaft 213; Mechanisierungsbestrebungen der Forstwirtschaft 361; Maschinen für den Holzeinschlag 222.

Kanalisation s. unter Abwasser.

Kaninchen, Bekämpfung mit Flugzeugen 542.

Kannen aus Kunststoffen 403.

Kappsäge s. unter Holzfällen.

Kapron, Ergebnisse der Prüfungen von Kapronbuchsen an Pflügen 712; Versuche mit Spritzdüsen 241. - s. auch Kunststoffe.

Karbamid s. Harnstoff.

Karren zum Transport von Futter, Einstreu, Milch und Stückgut 868; Trennung von 'Transportregal' und Karre für den Gartenbau 1111; Dreiradkarren mit Gummireifen 748; Einradkarre "Via-car" mit Motor 701; Plattformanhänger für Eierkisten 748.

Kartoffelkäfer, Versuche mit Flugzeugen zur Bekämpfung 1342.

Kartoffeln
Gliederung: Hinweise
Anbau
Legen
Pflege
Ernte
Krautbeseitigen
Roden, Vorratsroden
Transport
Ernteaufbereitung
Sortieren
Waschen
Sonstige Aufbereitung
Lagerung
Lagerhäuser
Vorkeimräume

H i n w e i s e: Dämpfen s. unter Futterzubereitung; Sammelroder s. dort; Silieren s. dort.

A n b a u: Tagung der Europ. Gesell. für Kartoffelforschung Sept. 1960 in Braunschweig-Völkenrode 1228; Mechanisierung 296+, 870+; mechanisierter Anbau und Fließbandernte 370+; Industrialisierung der Produktion 1228; industrielle Produktion, Maschinensysteme 729; Methodik zur Erarbeitung technologisch begründeter Maschinensysteme 1041; Einführung einer neuen Technologie in den Kolchosen des Polessje-Gebietes der Ukraine 156; Typentab. für Maschinen der BRD 30; Wahl der Schlepper für den vollmech. Anbau 845; Rau-Kombi-System 703. - Anbaugrenzen am Hang 30, 1228. - Reihenweiten und Pflegemaßnahmen 170.

L e g e n: Einfluß der Reihenweite auf Ertrag und Sammelernte 831; Arbeitsanleitung 1075; Legen mit gleichzeitigem Einbringen von Dünger 166. - Maschinen und Geräte 887; Bestell- und Pflegekombine 381; Hangtauglichkeit des "RS 09" 30.

Legemaschinen: Forderungen für Weiterentwicklung 306; Messung dynamischer und statischer Belastungen 836; Berücksichtigung der menschl. Anatomie bei Anordnung der Bedienungselemente und Form der Sitze 1044. - Einsatzgrenzen am Hang 30; Schichtleistungen 156. - Überblick über die verschiedenen Systeme 1075; Typentabelle für Maschinen der BRD 30; neue Baureihe in der ČSSR 887; Maschinen für vorgekeimte Kartoffeln 938. - Prüfberichte Potsdam-Bornim: "4-SBK-62,5" 716; "Pfl 5/Kfl 4" 1291. - Pflanzmaschine "A 811" 349; Pflanzmaschine "A 821" 349; Cramer mit Streueinrichtung für Reihendüngung 167; "SN-4B" für das Reihen- oder Quadratnestverfahren 41; "SNR-2" mit Streueinrichtung für Reihendüngung 41.

P f l e g e: Arbeitsanleitung 1075; Maschinen und Geräte 887; Hangtauglichkeit des "RS 09" 30. - Häufelgerät Underhaug "Trac 440", Maschinenprüfbericht Ultuna 1076; Kombination von Häuflern bzw. Hackgruppe mit Netzegge 306; Versuche mit dem Einsatz der Bodenfräse 1076. - Bodenbe-

deckung mit schwarzer Polyäthylenfolie 604. - Untergrundbewässerung 161. - Mech. Unkrautbekämpfung 306; Einfluß der chem. Unkrautbekämpfung auf die Agrotechnik 1341; Blattlausbekämpfung im Sprühverfahren vom Hubschrauber aus 487. - s. auch Häufeln.

E r n t e: 1203; Probleme 434; Lit.-Übersicht 637. - Arbeitsverfahren 568; Arbeitsmethoden, Normzeiten 1253; Technologie in den USA 53; Zweiphasenernte 1227; Kosten und Arbeitsaufwand 729; Fragen der Mechanisierung 831; Stand der Mechanisierung in der BRD 1066; Maschineneinsatz und Arbeitsorganisation bei der Ernte und Abfuhr nach einem zentralen Lagerplatz 570.

Erntemaschinen: Weiterentwicklung und Verbesserung 1085; Messungen dynamischer und statistischer Belastungen 836; Einfluß auf Kartoffelverluste 1085; Typenreihe 434; DLG-Bericht 1962 728; DLG-Schau in München 728; 7. Vorführung 729; Vorführung 1962 in Berwick-on-Tweed 1252; Aufnahme der Knollen aus dem Schwad mit Sammellader 53.

Trennungsmöglichkeiten von Kartoffeln und Beimengungen 111; Lit. über die Aussonderung von Steinen 55+; Lit. über Sand- und Schmutzabscheidung 55+; Trennung der Kartoffeln von Erdkluten und Steinen mit elektronischen Vorrichtungen 1, 897; Trennung von Kartoffeln, Steinen und Kluten mit Hilfe ionisierender Strahlen 52; mech. Trennhilfen 831; umlaufende Trennvorrichtung 899; umlaufende zylindrische Trennbürsten 1; Untersuchungen an umlaufenden Siebketten 831.

Kartoffelknollen: Ursachen der Knollenbeschädigungen bei der Ernte 177; Fragen zur Beschädigungsverminderung177.

K r a u t b e s e i t i g e n: Vorzeitige Krautentfernung, Verfahren 53; maschinelles Krautrupfen 111, 178; Krautentfernen mit Krautzieher, Arbeitsanleitung 179; Erfahrungen mit niederländischen Krautrupfmaschinen 178; holl. Krautrupfmaschine 831. - Krautschläger, Einsatz in den USA 53; Krautschläger "Scimitar" von Teagle 898. - Einsatz des Schlegelernters 559; Krautbergungsmaschine "UBD-3" 313. - Kartoffelroder als Krautmäher 897.

R o d e n , V o r r a t s r o d e n: Vergleichsprüfungen mit Siebkettenrodern und Schwingsiebrodern 897; Siebkettenroder 52; Siebkettenroder, Einsatz in den USA 53; Siebkettenvorratsroder "E 649" 997; Aufsattel-Siebkettenmaschine "KMP-2" 434; Arbeitsergebnisse mit dem Roder "KTN-2" 53; Betriebserfahrungen mit dem Schwingsiebroder "KVN-2" 897; Siebradroder 52; Maschinensystem Vorratsroder und Auflesemaschine 1251; Reihenroden mit dem Schleuderroder 52; Anbau-Roder 52; Erntemaschine für Möhren, Kartoffeln und Zwiebeln 1251; Roder für kleine Versuchsparzellen 1251. - Längen- bzw. Seiteneinstellungen bei Rodeelementen 523; Vorratsroden mit geteiltem Muldenschar 52; Verwendung von Gummi bei Rodegeräten 52; Rodersiebe 111.

T r a n s p o r t: 274; Analyse der Güterbewegung 1201; Probleme des Transportes in der Hackfruchternte 1063; Vorführung von Sammelrodern und Transportgeräten in Numansdorp und Tollebeek 1961 569; Arbeitsanleitung für das Laden von Kartoffeln aus Mieten auf LKW mit Hilfe des Frontladers

1253; Erntekarren "NPSŠ-12" als Anbaugerät 1302. - Arbeitsstudien beim Transport in Säcken oder Kisten mit 1 t Inhalt 1254; Gabelstapler für den Transport von Kisten 1092; Hublader "EB" für Transportbehälter, Prüfbericht Vollebekk 1253. - Abwurfverhältnisse bei Förderbändern 68; Abladebänder, Bandgeschwindigkeit mit stufenloser Regulierung 896; Förderbänder, Test-Reports 1961 des NIAE 282; Förderband "RH-Farmer 40" 156; Elevator "SNŠ-3" 202; halbautomat. Absackbänder 896.

E r n t e a u f b e r e i t u n g: Aufbereitung und Vermarktung 578; Bestimmung der bei der Aufbereitung auftretenden Beschädigungen 178.

S o r t i e r e n: körniger Stoffe, Grundlagen 837; Sortieren während und nach der Ernte 67; Sortierung in betriebseigenen und betriebsfremden Anlagen 66; Einsatz zentraler Großsortieranlagen 1091; Großsortieranlagen 66, 578; kombinierte Sortier- und Verlesemaschinen 67; Flachsiebsortierer 896; Sortierer "TB 26", Prüfbericht Potsdam-Bornim 318; Sortierer "Amazone", Prüfbericht Vollebekk 744; Sortieranlage "KSP-20" und KSP-15", Einsatz- und Prüfungsergebnisse 568.

W a s c h e n: 67; Lit. über Wascheffekte 68+; Lit. über Vorrichtungen zum Vor- und Abtrocknen 68+; Bürsten-, Wasch- und Schälmaschinen 578.

S o n s t i g e A u f b e r e i t u n g: Bundesvorführung von Aufbereitungsmaschinen auf dem Esso-Hof in Dethlingen im Sept. 1962 896; marktgerechte Reinigung, Sortierung und Verpackung von Speisekartoffeln 66; Vorführung von Verpackungs- und Waschmaschinen 1961 in Beelsby 67; Winke für die Potato Chips-Industrie in Europa 743; Aufbereitungsmaschine der Fa. Lookwood 1265; Vertütungsvorrichtungen 578; Abtütwaagen 896. - Kartoffeltrockenerzeugnisse, Herstellung von Kartoffelbrei zur Sofortbereitung 743; Trommeltrocknung 67.

L a g e r u n g: 1203; Lagern und Belüften 908; Lagertemp . und Luftfeuchtigkeit in Indien 80; Gewichtsverlust und Keimung lose gelagerter Spätkartoffeln in England 744; Haltbarmachung durch ionisierende Strahlen 318; Konservierung von Futterkartoffeln 1091. - Lagerung und Großsortierung in Schleswig-Holstein 1198; Abkehr von der Miete zu der Überdachlagerung 1091; Miete mit Abdeckung durch Leichtbau-Polystyrolplatten 1091. - Hochbehälter mit Schnitzelvorrichtung vor den Auslaufstutzen 747.

L a g e r h ä u s e r: 1032; Vorzüge gegenüber der Feldmiete 135; techn. und ökonomische Voraussetzungen für die Errichtung 823; Bauforschung 1170; Typisierung von freigestellten Lagerhäusern 1031. - Universelle Lagerhalle 1030; Lagerhaus aus Stahlbetonfertigteilen 135; Anwendung von Silikatbetonplatten 1171; Kartoffelscheune 394. - Umbau von landwirtsch. Gebäuden 267; Nutzung von Altbauten für das Überwintern von Pflanzkartoffeln 823. - Einrichtung eines Lagerhauses 66; Mechanisierung der Transporte durch Becherwerke oder trogförmige Förderbänder 545; Boxenbeschickungsanlage "T 304", Prüfbericht Potsdam-Bornim 414; Beschickung und Entladung der Boxen 293. - Raumklima 825; Temperaturregelung 134; Trocknung und Belüftung mit Ventilatoren 904; weniger Winterverluste durch Belüftung 266; Wasserdampfsperren 1032.

V o r k e i m r ä u m e: Vorkeimhaus für Frühkartoffeln, Wechselnutzung 1353; perforierte Schlauchfoliensäcke zum Vorkeimen 403.
Kartographie, Luftphotographie, Flugzeugeinsatz 1224; Luftbild als Hilfsmittel für den Landesplaner 1353; Luftbild als Hilfsmittel in der Forstwirtschaft 1316; Hubschraubereinsatz bei der Kartierung von Waldgebieten 469.
Kaskadentrockner s. unter Getreide: Trocknung.
Karussell-Melkstände s. unter Melkstände.
Kegelspiraltrockner s. unter Grünfutter: Ernteaufbereitung.
Keramsitbeton, Skelett-Plattenbau für 4000 Schweine 1193; Stallfußboden 655.
Kernobst s. unter Obstbau.
Kesselwagen, Einsatz in der DDR 544.
Kettenförderer s. unter Getreide: Transportieren.
Kettenrechen s. unter Heuernte.
Kettenrechwender s. unter Heuernte.
Kettensägen s. unter Motorsägen.
Kettenschlepper
Gliederung: Allgemeines
Bauarten, Typen
Laufwerk
Weinbau
Forstwirtschaft
A l l g e m e i n e s: Erhöhung der Betriebskennziffern 286; Entwicklung von Dieselmotoren für Ackerschlepper 857; Anwendungsmöglichkeit von elektromagnetischen Baugruppen im Getriebe 22. - Beziehungen zwischen Motor- und Nutzleistung in Abhängigkeit von der Fahrgeschwindigkeit 533; Elektromodellverfahren für die Untersuchung der in fahrenden Kettenschleppern auftretenden Schwingungsvorgänge 374; Wagen mit Seilbremse für Prüfungen, Maschinenprüfbericht Ultuna 789; Bestimmung der Fahrtüchtigkeit 863; Geländegängigkeit auf schwachen Böden 290. - Verschleiß bei der Arbeit mit Erdbaumaschinen 287. - Schlepper für Graswirtschaft und Gartenbau 381.
B a u a r t e n, T y p e n: Entwurf einer Typenreihe für die Jahre 1966 - 1970 in der SU 844; Typentafeln der BRD 19; Grünes Buch 1962 137; Grünes Buch, Hauptausgabe 1963 1037; techn. Daten und Preise in England 695, 1214. - Test-Reports: 1961 des NIAE 282; Track-Marshall Diesel "70", NIAE-Test 150. - Nebraska Teste: Case Diesel "310 E" 151; International Diesel "TD-20" 151; John Deere "2010 Diesel" 1056; John Deere "2020 C Gasoline" 1055. - Schnellschlepper 18; Schlepper mit Spezial-Räumschilden 1069. - Elektromagnetische Reibungs-Lenkkupplung des "DT-20 V" 408; "DT-54", Verschleißlinien nach verschiedenen Ölbeimengungen im Motorschmieröl 531. - "DT-54A": 697; mit stärkerem Motor 855; Arbeit bei erhöhten Geschwindigkeiten 19; Anbau-Gerätesatz "D-442" für den "DT-55A" 707. - "DT-60" 150. - "DT-75": 697, 829; dynamische Einsatzeigenschaften 536. - "KS 30", Einsatz und Versuchswerte 288; "Marshall 55" 380; "Ploughman" 380; "Ratrac" 735; "Ratrac" mit aufgebautem "Seiga"-Mähbinder,

Einsatz zur Rohrernte 180. - "S-80": 287; techn. - ökonomische Bewertung 965. - "S-100": 162; mit Schiebeschild 299. - "T-75": 18, 697; Steigerung der Arbeitsgeschwindigkeit 145; mit 145-PS-Motor 18. - "T-130", Prüfungsergebnisse 536. - s. auch bei: Weinbau; Forstwirtschaft.

L a u f w e r k: "Sorsele"-Platten für Raupenbänder zur sicheren Fortbewegung des Schleppers in tiefem Neuschnee 617; Bodenhaftung glatter und mit Greifern versehener Ketten 289; Fahrwerk des "T-130" 697; Raupenkette mit Gummi-Metall-Gelenken 697; Festigkeit der Gleiskettenglieder des "DT-54" 539; Verlängerung der Nutzungsdauer der Stützrollen durch Auftragsschweißung 861; Gummiraupenband "Skega" 626; JO-BU Halbraupen, Prüfbericht Vollebekk 1219.

W e i n b a u: Einsatzbereich in Hanglagen 1116, 1292; "DT-54" mit Räumlöffel 1290.

F o r s t w i r t s c h a f t: Arbeitsnorm für Holzabfuhr 618; mit Gabelgreifern ausgerüstete Schlepper 628; "Bamse 61" 479; Rückeschlepper "BM Bamse" 785; "Büffel" mit Seilwinde 229; Continental "CD 8" 1134; Deutz "DK 75 B" 1134; Deutz 100 PS 237; Einsatz des "DT-54" 785; Rückeschlepper "DT-95" ("TT-4") 789; Allis-Chalmers "6 G" mit "Libu"-Hubgreifer 481; Caterpillar "955 H"-Schlepper mit hydraulischem Klauengreifer für Faserholz 625; "HD-3" 470; "KDT-40", Einsatz zur Holzabfuhr 358; "KS 30" 481; Hanomag mit Wurzel- und Steinrechen "75 L" 98; "MAZ-532" 1328. - "S-80": 795; Verwendung bei Erdarbeiten im Forstwegebau 989. - "S-100": 1336; Einsatz zur Holzabfuhr 358; Gerät zur Stehendrodung, zum Rücken und zum Verladen starker Bäume auf der Grundlage des "S-100" 1318. - "T-75" 699+. - "TDT-40": 786, 795, 1060+, 1321, 1322, 1337; techn.-ökonomische Bewertung 965; Einsatz zum Holzrücken 229; auf den "TDT-40" montierte Rücke- und Verlademaschine 229; auf der Grundlage des "TDT-40" konstruierter Schlagräumer 964. - "TDT-40 M" 627, 469, 790, 1324; "TDT-55" 1329; "TDT-60" 215, 472, 786, 790, 795, 1322, 1328; "TDT-75" 236, 372, 700+, 784, 789, 796. - Verbesserte Ladegabel für den "Traxcavator 977" 629.

Kiefer, Vorschläge zur Erhöhung der Keimkraft des Saatgutes 1137; Freisaat von Schottischer Kiefer 220; Sägerät 621; mech. Aussaat mit dem Pflug "PKL-70" 1319; Bodenlockerer mit Sävorrichtung "PST-2A" 99, 236. - Pflanzen 361; Einfluß verschieden großer Pflanzplätze auf Entwicklung des Wurzelsystems und Wachstum auf Sandflächen 619; Unkrautbekämpfung in Baumschulen mit dem Flammenwerfer 630. - Versuche mit der chem. Entrindung in Schweden 376.

Kiefernschüttebekämpfung, Hubschraubereinsatz 986.

Kies, Fußboden in Bergeräumen, Haltbarkeit und Kosten 823; Förderband "RH-Farmer 40" 156.

Kindergärten, Typenprojekte 652; Typenprojekte für Mehrzweckbauten 249; Bau aus vorgefertigten Teilen, Bautechnik 520.

Kinderkrippen, Typenprojekte für Mehrzweckbauten 249.

Kinematik, Forschungsarbeiten des Inst. Braunschweig-Völkenrode 831.

Kipper für den Kartoffeltransport 569; Umlade-Hochkipper, Einsatz in der

DDR 544; Autokipper "ZIL-585" 1336; kippbare Ladepritsche zum Triebsatz "UMA" 244. - Kippanhänger s. unter Schlepperanhänger.

Kirschen, physik. Messungen als Grundlage für pneumatische Ernteverfahren 1124; mech. Schüttelgeräte oder Vibratoren 1305; Schüttelmaschine für die Ernte von Sauerkirschen 108; Einsatz eines mech. Pflückers und einer Flutlichtanlage in einer Plantage 1307. - Geeignete Sorten für die Gefrierkonservierung 778.

Kisten s. unter Behälter.

Klärschlamm, Verwendung zur Kompostbereitung 1289, 1290.

Klauenpflege s. unter Tierpflege.

Klauengreifer für die Schichtholzbeladung 230.

Klebetechnik, Konstruktions- und Anwendungsfaktoren 1042; Klebeverbindung im Holz- und Metallbau 115.

Klee, neue Erntemethoden für Samengewinnung 1203; Kaltbelüftung 572; Lufttrocknungsanlage 270; Doppelkamm-Futtermühle "Pionier" 914. - Rotklee: Trocknungsphysikalische Eigenschaften der Samen 438; Dreiphasenernte der Samenkulturen 904; Mähdruschernte 893.

Kleinwärmeausstrahler von den Bergedorfer Eisenwerken für Obstverwertungsgewerbe 779.

Klemmkarren, Einsatz beim Obsttransport 1308.

Kletterschalung, Verwendung im landwirtsch. Bauen 246.

Klimaanlagen, Luftverbesserung und Klimatisierung 595; Netzbelastung 196; Verdunstungskühlung in Ställen 253; Anwendung in Champignonkulturen 204. - Ausführung von Lufterhitzungs- und Klimaanlagen in größeren Räumen 451; Raumkühlung im zentralgeheizten Eigenheim 760; Gerät "Clair" 593; Deckenleisten-Heizung und -Kühlung 927. - Verkaufsaussichten für Klimageräte 929.

Klimatechnik, Taschenbuch 1962 1353+; 1961 in den USA 338. - Stallklima s. dort.

Klopfsauger von Hoover 765.

Klubhäuser, Bau in Schweden 500; Typenprojekte 652.

Knotengitterzäune, Arbeitsaufwand und Kosten des Aufbaues 70.

Kochen, Elektroenergieverbrauch 143. - s. auch Küchenherde.

Koch- und Schöpflöffel, Material und Formgebung 338.

Kochgeschirr für den Elektroherd 762; Kochtöpfe, Material und Formgebung 338.

Kochkessel, Vorteile der Rohrheizkörper 78.

Köpfeinrichtungen s. unter Rüben: Ernte.

Körbe aus Kunststoffen 403.

Körnerfrüchte, 181; aerodynamische Eigenschaften von Samenkörnern 576; Theorie der Körnertrocknung 741. - Mechanisierung der Aufbereitung und Lagerung von Saatgut 1092+; Theorie des Wirkungsgrades der Siebe 1208; elektromagnetische Reinigungsmaschine "EMS-1" 63; ein Saatgut-Saugsichter 1090; Trieur "TU-400" 63. - Messung der Ausflußmengen mit Blenden und Düsen 282. - Doppelkamm-Futtermühle "Pionier" 914.
s. auch unter Getreide; s. auch die einzelnen Körnerfrüchte.

Körnergebläse s. unter Getreide: Transportieren.

Körnermais s. unter Mais.

Kohl, mech. Anbau auf großen Flächen 350; direkte Aussaat von Weißkohl auf dem Feld 345; Nest-Streifenverfahren bei der Aussaat 349. - Frühjahrsanzucht von Topfpflanzen bei Kopfkohl 603; Vergleichsprüfung von Pflanzmaschinen 41; Handhydrobohrer für Pflanzlöcher 349. - Vollmechanisierung der Pflege 460.
Ernte: Mechanisierung 1301; Maschinen 1301; Förder- und Ladegerät für Weißkohl 1302; Förderband 776. - Rosenkohl: Mechanisierung 776; mech. Sprossenkohlpflücker 1302; Gundorfer Erntegerät 89; geeignete Sorten für die Gefrierkonservierung 778. - Krautbergungsmaschine "UBD-3" für Futterkohl 313. - Lagerungsergebnisse in Kohlscheunen 1128; Lagertemp. und Luftfeuchtigkeit in Indien 80; Lagerung von Winterkohl in Norwegen 778.

Kohle, Energieverbrauch und -kosten im Haushalt 1104.

Kohleherde s. unter Küchenherde.

Kolbenringverschleiß, Lit. 286^{+}.

Kolchosen, Mechanisierung des Rechnungswesens 526^{+}. - Dorfplanung s. dort.

Kombainer für die Erstbearbeitung von Bäumen 791.

Kombinator, "K 17" Typ "B 806", Prüfbericht Potsdam-Bornim 709; "B 385" 34. - s. auch Gerätekombinationen.

Kombinationspackstoffe als Verpackungsmaterial für Lebensmittel 81.

Komponenten-Silo s. unter Speicher.

Kompostbereitung aus Stadt- und Industrieabfällen in der ČSSR 1289, 1290; Entwicklung in den Niederlanden 348; Arbeitsmethoden und Geräte 1108; Müll- und Klärschlammverwertung 937; Mechanisierung der Gewinnung und Kompostierung von Teichschlamm 1290; Kompostwerk Blaubeuren, Erfahrungen bei der Herstellung 348; Maschinen und Geräte für Forstbaumschulen 216. - Gartenbaureißer "R 48 G": 1286; Prüfbericht Potsdam-Bornim 86. - Transportprobleme 412; Mechanisierung des Transportes und der Einbringung 1289; vollautomat. Umsetzmaschine für Champignon-Betriebe 85; Umsetzer "PN" 459; Laden mit Frontlader 1222; Lader mit Dungmischmaschine 546.

Konservendosen, elektr. Öffner 929.

Konservierung von Lebensmitteln: Arbeitsaufwand 77; ländliche Vorratswirtschaft in neuzeitlicher Sicht 1092^{+}; Konservierung für die Raumfahrt 763. - Lehrbuch der Vorratspflege 1282^{+}; Leitfaden der Überwachung von Lebensmitteln tierischer Herkunft 1282^{+}. - Energie- und Leistungsbedarf von Elektrogeräten 758. - Strahlenkonservierung 598; Konservierung durch Isotopenstrahlung 142. - Bau und Verwendung der Räucherschränke 340; Verwendung von Kunststoff-Folien 5.

Kontinuum-Druschverfahren s. unter Mähdrescher: Allgemeines.

Kontraktproduktion, Begriffsdefinition 1361.

Kopplungseinrichtungen zum Drillen und Kultivieren 1215.

Kork-Asphalt-Fußböden s. unter Stallfußboden.

Kork-Granula als Isoliermaterial für Kühlanlagen 80.

Korrosion von Motoren 840; Rostschutz landwirtsch. Maschinen 1203; Korrosion feuerverzinkter Bandstahlrohre von Beregnungsanlagen durch Pflanzenschutzmittel und Magnesiumsulfat 613; Korrosionsschutz beim Flugzeug-

einsatz 542.
Kräne, hydraulische Kräne, Eignung für das Anlegen und Räumen von Gräben 417; Anbau-Hydraulikkräne 294; hydraulische Kräne mit Baggermulde 872; hydraulischer Schwenkkran "T 152" (auf Raupen) zur Erdeförderung im Gewächshaus 1111; Lader "T 172", Prüfbericht Potsdam-Bornim 447; Aufbau-Schwenkkran "C.T. 52" 294; Autokran "HSC 4" 1290; Ladekran von Tico 701. Forstwirtschaft: Ladekräne zum Holzverladen 105, 799; Dampfkräne zum Umladen des Holzes 472; Kräne oder Winden zum Verladen von Sägeblöcken? 1332; doppelter Seilkran zum Beladen und Entladen von Güterwagen 1330; Seilkran "DPL 2-2000" für den Transport ganzer Bäume 469; "Hydrocampe 15 t" 230. - Ladekran Hiab "172 Elefant" 1139; Ladekran Hiab "176 Waldelefant" 1323; Ladekran Hiab "Topgrip 63" 1139. - "KKU-7,5": 472, 793; Rundholzverladen 1332; Stapeln und Verladen von Kurzholz 798. - Kran "5-10", Maschinenprüfbericht Ultuna 479; Turmkran "BKSM-5-5a" 793; Automobilkräne "LAZ-690" 1336. - s. auch unter: Holzaufbereitung; Holzverladen; Wassertransport von Holz.
Kraftfahrer, Folgen von Arbeit und Ermüdung auf die Verkehrssicherheit 138.
Kraftfahrzeuge, Einachsschlepper s. dort; Kettenschlepper s. dort; Lastkraftwagen s. dort; Schlepper s. dort.
Ursachen, Wirkungen, Messung und Berechnung von Fahrzeugschwingungen 1213; Schwingungsbewegungen bei der Fahrt auf unebenen Straßen 702; Messen der Fahrstabilität und der Fahrtrichtungsschaltung 1213; Beanspruchung und Geräusche 1213. - Wirtschaftlichkeitskennziffern des Transportes in der Landwirtschaft 26. - Lit. über vorbeugende Instandsetzung 287+; Lit. über die Reinigung 700+; Reifenfragen 1213. - Neuheiten der DLG-Ausstellung 1962 im Fahrzeugbau 155; Schnelltransporter von Eicher 155; Dreirad-Kleintransporter "Agilo" 155; PKW-Kombiwagen, Einsatz beim Weidemelken 193; Kleintransporter mit eingebautem Melksatz, Einsatz beim Weidemelken 193. - Gasturbine der Fa. Austin Motor Co Ltd. 144.
Kraftfutter, Analyse der Güterbewegung 1201; elektr. Ausrüstung von Kraftfutterwerken 325.
Kraftheber s. unter Schlepper.
Kraft- und Hilfsstoffe, Normierung des Verbrauches bei Pflugarbeiten 284; Einsparung durch überlegte Fahrweise 690. - Flugturbinen-Treibstoffe 689; Korrosionseigenschaften von Automobil-Betriebsstoffen 689; Bombenversuche mit schwer zündenden Kraftstoffen bei Selbstzündung 843; Arbeitsweise der Dieseleinspritzpumpe bei verschiedenen Kraftstoffen 842; Kraftstoffzusatzmittel für Dieselmotoren 689; "Fram"-Filter für Dieselkraftstoff 1347. - Kraftstoffe und Schmieröle im landwirtsch. Zirkel 843+. - s. auch Schmieren.
Kraftübertragung beim Schlepper s. unter Schlepper.
Krankenhäuser, Typenprojekte 1181; Typenprojekte für die Erweiterung von Landkrankenhäusern 393; Grünanlagen 393.
Kratzerketten-Entmistung s. unter Entmisten.
Kreiselheuer s. unter Heuernte.
Kreiselpflüge s. unter Rotierende Bodenbearbeitung.

Kreiselpumpen s. unter: Beregnung; Pumpen.
Kreiselzetter s. unter Heuernte.
Kreisregner s. unter Beregnung.
Kreissägen s. unter Sägen.
Kreuzschlagmühle s. unter Futterzubereitung: Zerkleinern.
Krippen s. unter Füttern.
Krümler, Entwicklungsstand 1069; Spiralwalzenkrümler 1069.
Kubizierautomat s. unter Holzaufbereitung.
Küchen und Wirtschaftsräume 1181; Gemeinschaftsküchen für Kollektivwirtschaften 124; Lehrschau Mai 1961 in Bad Godesberg 123; "informa 62" in Stuttgart-Killesberg 455; "deubau 62" im Bauzentrum Essen 455; Rationalisierung der Hausarbeit durch zweckmäßigen Bau 245; Beispiele zur Grundrißgestaltung und Ausstattung 1102; Teilergebnisse der Erhebung "Wohnverhältnisse in bäuerlichen Betrieben" in Österreich 1005; Hausarbeitsraum und Eßplatz in neuzeitlichen Wohnungen 1102. - Einrichtung 200, 393, 925, 1103; Gestaltung und Ausstattung 195; Beratung bei der Kücheneinrichtung im Alt- und Neubau 1006; Maße für Möbel 757; moderne Haustechnik 78; Beschreibung einer automat. Kücheneinrichtung 592; Geräte für die Haushaltsküche 760; Rationalisierung 500. - Infrarotstrahler oder Öl-gefüllte Radiatoren 593. - Beleuchtung 646. - Lüftung 123, 929, 1358; Lufttemp. und Luftfeuchtigkeit in Wohnungen 593.
Küchenabfälle, mech. Verarbeitung 324.
Küchenherde, Arbeitserleichterung im Landhaushalt 78; techn. Entwicklung in England 342; Übersicht über Konstruktion, Ausstattung und Betriebsweise auf der Frühjahrsmesse 1962 in Köln 595; Planung und Installation 78. - Kohleherde, Bauarten 197; moderne Kohleherde im Landhaushalt 452; Pa-KÜ-Zentralheizungsherd "Hydroped", DLG-Prüfbericht 762. - Aufbau und Betriebsweise des Ölherdes 196. - Verwendung von Fern- oder Flüssiggas 925; Allgasherde, Bauarten 197; Flüssig-Gas-Herde, Bauarten 197. - Thermostatisch gesteuerte Gas- und Elektrogeräte 196; Elektro- und Gasküchenherde, Trennung von Herdplatten und Backrohr 500.
E l e k t r o - H e r d e: Stand der Technik 1105; Bauarten 197; Vergleich dt. und franz. Normvorschriften 337; gute Zugänglichkeit der Schaltorgane und übersichtliche Verdrahtung 596; Übersicht über Ausstattung 595; Standardausrüstung 1280. - Anschlußwerte 530; spezifischer Stromverbrauch 1105. - Jahresübersicht 1961 456; Übersicht von ca. 80 Modellen 929; Olympia-Schau 82; Verkaufs-Konferenz in Harrogate 341; Herde mit temperaturgeregelten Back- bzw. Bratröhren 452; Luxustypen-Reihe der AEG-Elektroherde 600; Herde von Elektrohelios 765. - "Einbau-Einheiten" 761; Einbau-Kochtisch 595; in Tischhöhe eingebaute Kochplatten 200. - Wirkungsweise einer automat. Kochplatte 930; Rohrkochplatten 595. - Auftauherde für Tiefkühlkost 452. - Kombination von Kühlschrank und Elektroherd: 82; "Duet" 761; kombiniertes Gerät "Dico-Ovenette" 761. - Neuzeitliches Elektroherdgeschirr 762.
M i k r o w e l l e n - H e r d e: 452; ökonomischer Nutzen, Brauchbarkeit und Grundbedarf 1281; Mikrowellen-Durchlaufgerät zur Erwärmung von Fertig-

gerichten 197.
Küchenmaschinen, sinnvoller Einsatz 449; Notwendigkeit und Gebrauch 451; Arbeitserleichterung im Landhaushalt 78. - Jahresübersicht 1961 456; Kölner Herbstmesse 1961 196, 339; Überblick über Geräte in England 760; Material und Formgebung 338; Energieverbrauch 925. - Rührgerät von Braun 765; Handrührgerät von Krups 765; Entsafter auf der Herbstmesse 1961 in Köln 196.
Küchenmesser, Material und Formgebung 338.
Kühlschränke s. unter Gefrier- und Kühlkonservierung.
Kühlturm, Wasserkühltürme zur Milchkühlung in der Farm 756.
Kühlung von Ställen durch Sonnenenergie 387. - Kühlung von Motoren s. unter: Dieselmotoren; Motoren.
Kükenaufzucht, Arbeitsaufwand 441; UV-Bestrahlung 119.
Kükenställe, Aufzuchthallen für 7500 und 15 000 Küken 656; Aufzuchtstall mit Warmluftglucken 264; Mast, Luftraten für Lüftung 644.
Künstliche Trocknung s. Trocknung; s. auch die einzelnen Ernteprodukte.
Kürbis, Frostschutz und Ernteverfrühung durch Folienzelte 210; Entwicklung der Mulchtechnik mit Plastfolien 204.
Kugellager s. unter Lager.
Kugelmörser für Laborzwecke 687.
Kultivatoren s. unter Grubbern.
Kulturbauten, Komplexserie ländlicher Kulturbauten für Neulandgebiete 392; Typen größerer ländlicher Gebäude 1359; Bau aus vorgefertigten Teilen, Bautechnik 520.
Kulturpflege s. unter Pflege von forstlichen Kulturen.
Kunstharze als Baustoffe im Stallbau 668; Kunstharzverbundlager für ungünstige Schmierbedingungen 139.
Kunststoffe, Methode zur Gewinnung von organisch-mineralischen Stoffen mit hoher Festigkeit 832; Struktur, physikalisches Verhalten und Prüfung 403+; Eigenschaften von PVC, Polyester und Polyäthylen 769; Eigenschaften und Anwendung 1043+; Lexikon 277+; Lit. über Alterung, Alterungsschutz, Stabilisierung 277+.
Verwendungsmöglichkeiten in Landwirtschaft, Garten und Weinbau 525+; Anwendung in der Landwirtschaft 276, 403, 833, 1041; Anwendung im Gartenbau 770, 1293; Verwendung von Polyäthylen für Gewächshäuser 769; Werkstoffe nach Maß 525+; Polymere in der mechanisierten Landwirtschaft 525+; Anwendung von Plasten im Wolgograder Traktorenwerk 19; Kunststoffkombinationen als Lagerwerkstoffe für ungünstige Schmierbedingungen 139; Verwendung von Plasten für die Instandsetzung von Lagerschalen 139; Plaststoffe anstelle von Ledermanschetten für Hydraulikzylinder 4; Fertigung von Teilen aus Polyamiden mittels Druckguß 277; Auftragung von Plaste auf Maschinenteile in quasiflüssigem Pulvermedium 834; Kunststoffbelag auf Streichblechen 164, 1071; Verwendung von Plasten bei Beregnungsaggregaten 419; Polypropylen als Werkstoff im Waschmaschinenbau 199. - Glasfaserverstärkte Kunststoffe: in Großbritannien, Einsatzgebiete 4; Verwendung von Formteilen an Landmaschinen 682; für Motorhauben 805; Großbehälter, Gehäuse und

Rohre 4.
Verwertung von Plasten im hydromeliorativen Bauwesen 551+; Dränung mit Rillen-Rippen-Rohren aus Hart-PVC 704; Verwendung biegsamer Polyäthylenleitungen für die Bewässerung 419; Kunststoffe in der Trinkwasserversorgung 122. - Kunststoffrohre: aus Polyäthylen 874; Wasserversorgung 813; Warmwasserleitungen 498; Warmwasserbeheizung des Bodens 946; Eignung von Polyäthylenrohren zur Bodenheizung 770; Wirtschaftlichkeit bei der Feldberegnung 34.
Verwendung von Gebläseschläuchen aus Plastik 294; Guttasyn-Gebläseschlauch 1262. - Berechnung schnellaufender Flachriementriebe 276; Elektrozaunpfahl aus "Iso-Elast" 70; Stallfenster 493; Nylon-Netze für Wildgatter 236. - Behälter aus verstärktem Polyester als Spritzbrühebehälter 466; Jauche- und Wasserfaß 922; Eimer 78; Kunststoff-Pflanztöpfe für den Gärtner 768. - Behandlung und Pflege von Kunststoffgegenständen 1105; Einfluß verschiedener Reinigungsarten und Mittel auf Milchschläuche aus Kunststoffen 588. - Kunststoffbeläge, Arbeitsaufwand für die Fußbodenpflege 341.
F o l i e n: Einsatz in der Landwirtschaft 5; finnische Erfahrungen mit Polyäthylenfolien 605. - Erfahrungen mit dem Folien-Hühnerstall 822; Einfluß des Deckenmaterials auf das Stallklima 1016. - Möglicher Einsatz bei der Lagerhaltung in Afrika 740; Kunststoffolien als Hilfe bei der Gärfutterbereitung 740. - Behälter für Verdunstungsbestimmungen 688. - Verwendung im Gartenbau 769; Lit. über die Verwendung im Gartenbau 1300+; Evaluation of plastic films in horticulture 1300+; Kongreß über die Anwendung im Gartenbau 93; Verwendung im Gewächshaus und Frühbeetbau 462; Anwendung für den Gewächshausbau in Amerika und Kanada 87; Gewächshäuser aus Folie 1118; Folien mit Trägermaterial als Glasersatz 1108. - Verfahren zur Anwendung von Polyäthylenfolie im Gemüsebau 462; Anwendung der Plastfolien im Gemüsebau in Rumänien 205; Eignung unterschiedlich gealterter Polyäthylenfolie für den Anbau von Frühgemüse unter Folienzelten 944; mech. Plastfolienmulchen von Gemüsekulturen 204; Kombine zur Bestellung mit Abdeckung des Saatbettes durch Kunststoffolien 715; Bodenbedeckung mit weißer Folie 349; Bodenbedeckung mit schwarzer Polyäthylenfolie 604; Einfluß von verschiedenen Mulchfolien auf die Wuchs- und Ertragsleistung des Melonbaumes 350; Verwendbarkeit der wichtigsten Plaststoffe für die Verpackung von Obst 355. - s. auch unter Gemüsebau.
Kupplungen. Drehmomentschwingungen in Kupplungen 860; Überlastkupplungen in Landmaschinen 682; Verwendung von Freilaufkupplungen in Landmaschinen 681; Selbstausrücken von Zahnradkupplungen in Getrieben 860; Kupplungselemente für die Fernbedienung von Schlepperseilwinden 201.
Kurzstand s. unter Anbindeställe.
Kutter s. unter Wassertransport von Holz.
Kybernetik. Regelungsvorgänge in lebenden Wesen 833+. - s. auch Regelung.

Laborkugelmörser, Konstruktion 687.
Laden, von Heu s. unter Heuernte; von Stallmist s. unter Stallmist; von Holz s. unter Holzverladen; Frontlader s. unter Schlepper; s. auch die einzelnen Ladegeräte.
Verfahrens- und Kostenvergleich 308; Maschinen zum Auf- und Entladen sowie zum Transport landwirtsch. Lasten 1065+; Auflade- und Entladetechnik und spezielle Gebläsetechnik in der DDR 293; Probleme der Mechanisierung in der UdSSR 546; Ablader, Übersicht in Frankreich 275; DLG-Bericht 1962 545; Anbaugeräte an Landmaschinen 641. - Lader "T 170": 1153; Arbeitszeitbedarf für Transportarbeiten in Gewächshauswirtschaften 343; Erdeförderung im Gewächshaus 1111. - Selbstfahrender Lader "T-172": 293, 997, 1290; Prüfbericht Potsdam-Bornim 447. - Verladegerät "T 215", Prüfbericht Potsdam-Bornim 28. - Hydraulischer Universallader 546; hydraulischer Schwenklader mit Greiferanlage 543; schlepperangebauter Greiferlader 543; Ladebühne für die Beladung von LKW 956; Lader mit Dungmischmaschine zur Kompostbereitung 546. - Schaufel- bzw. Schürflader von Allis Chalmers 1153; Auflader "McCormick" 291; Lademaschine "D-415" 1338; "Heck-Hubstapler" 94; "Hulo"-Ladesystem für das Laden von Einheiten mit einer Masse von 1 t 701; Anhänge-Lader "PPG-1,4", Einsatz zur Grünerbsenernte 89; selbstkippende Ladepritsche "PS-2" für Maschinenträger 21; Waggon-Be- und -Entladegerät "WEG 25" mit Kipperentladegerät "KEG 25", Prüfbericht Potsdam-Bornim 414; Auflader "ZMAJ" 291.
Rüben: Vorführungen von Reiniger-Ladern (cleaner-loader) 438; "T 272" zur Aufnahme und Verladung von Zuckerrüben und Zuckerrübenblatt 435; Verladeverfahren auf Bahnhöfen 58; Verladegeräte "SNT-2,1" und "SOT-40A" 434; Aufladen mit Hilfe der Gabelkörbe 733.
Ladekräne s. unter Kräne.
Ladepritsche für Maschinenträger 1215.
Läden, Typenprojekte 652.
Längsschwadköpfroder s. unter Rüben: Ernte.
Lärchen, Erfahrungen mit Nadelstreubeeten 99; Bodenlockerer mit Sävorrichtung 236; Lagerung nach der biologischen Trocknung 234.
Lärmbekämpfung s. unter Geräusche.
Läuterungsgeräte, Prüfung 224.
Lager, Erfolgsgeschichte der Kugellager im Landmaschinenbau 1043; Gleit- und Wälzlager, Jahresliteraturübersicht 833; Voraussage der Zuverlässigkeit von Wälzlagern 1042; geringste zulässige Schmierschichtdicke und Übergangsdrehzahl bei Gleitlagern 1042; Gleitlager in Kolbenmaschinen 840; Werkstoffe für ungünstige Schmierbedingungen 139; Verwendung von Plasten für die Instandsetzung von Lagerschalen 139.
Lagerbauten, Baunormen und -regeln (SNiP) 1361; Lagerhallen in Mastenbauweise 386; Zustandsänderung der Luft in Kühl- und Lagerräumen, Darstellung im i-x-Diagramm 284; Temperaturregelung 523. - Lagerhäuser s. auch unter: Gemüsebau; Kartoffeln; Obstbau.
Lagern, ländliche Vorratswirtschaft in neuzeitlicher Sicht 1092+; möglicher Einsatz von Plastmaterialien bei der Lagerhaltung in Afrika 740; Zusammen-

stellung DLG-anerkannter Maschinen 113; Buildings for the processing and storage of fodder 134+. - s. auch die einzelnen Erntegüter.

Laktodensiometer s. unter Milch.

Landesplanung. Luftbild als Hilfsmittel 1353; Gebietsplanung im westeuropäischen Raum 1177; Anwendungsmöglichkeit der Mathematik 119.

Landmaschinen

Gliederung: Hinweise
Allgemeines
Einsatz
Entwicklung, Gestaltung
Bauteile
Fertigung
Prüfung
Pflege

H i n w e i s e: Instandsetzung, Unfallschutz, Verschleiß, Werkstoffe s. dort. - s. auch die einzelnen Maschinen.

A l l g e m e i n e s: Maschinen der ČSSR 806; Grünes Buch 1962 137; Grünes Buch, Hauptausgabe 1963 1037; "Buyers Guide 1962" 137; Rotes Buch 1962 2; kurzes Nachschlagwerk (UdSSR) 997; Fach-Bezugsquellennachweis 830; Mitgliederverzeichnis der LAV im VDMA 275+; von Macchine & Motori Agricoli vorgestellte Neuheiten 1348. - Automatisierung 829; Ermittlung des Gebrauchswertes 280. - Landmaschinen und Sicherheit im Straßenverkehr 865. - Landmaschinenbuch 2+; Referatenblatt 680+; Landmaschinen und Geräte 275+; landwirtsch. Maschinenkunde 1202+; landwirtsch. Faustzahlen 1202+; Fachkunde für Schlosser 1223+; Tabulky shodných nýhradních dílu stroju národního podniku agrostroj pelhrimov 834+.

E i n s a t z: wirtschaftlicher Einsatz 6; Schlepper und Landmaschinen als Arbeitseinheit 846; Bedienung 1038+; Automatisierung der Arbeitsvorgänge 679; Arbeit bei erhöhten Geschwindigkeiten 549+; Probleme der Mechanisierung des Ackerbaues im Gebirge 548. - Einsatz auf Bauplätzen 1174.

E n t w i c k l u n g, G e s t a l t u n g: Standardisierung 1203; technologiegerechte Konstruktion und ökonomischer Nutzeffekt 833+; Lit. über systematisches Konstruieren 833+. - Festigkeitsgerechtes Konstruieren: 522; Forschungsarbeiten des Inst. Braunschweig-Völkenrode 831. - Konstrukteure nach dem VI. Parteitag der SED 1204; Konstruktions- und Anwendungsfaktoren für die Klebetechnik 1042; Konstruktion und Herstellung 1043+; Formgestaltung 1040; Berücksichtigung des arbeitenden Menschen bei der Konstruktion 601; Berücksichtigung der menschl. Anatomie bei Anordnung der Bedienungselemente und Form der Sitze 1044; Einfluß von Vibrationen auf Leistungsfunktionen und emotionales Verhalten 402; Stand von Konstruktionen für höhere Arbeitsgeschwindigkeiten 31; Berücksichtigung der Spannungsfelder bei der Konstruktion von Schweißverbindungen 523; Konstruktionslinien für die Einleitung von Kräften in dünnwandige Stahlrohre 523; Anwendung von Aluminiumlegierungen bei der Konstruktion 682; Anwendung der Vibration zur Senkung des Zugwiderstandes 551; Ver-

minderung des spez. Bodendruckes 539, 540. - Einfluß einiger Bauvorschriften der Verkehrsgesetzgebung 541.

B a u t e i l e: 525+; Gestaltung von Bauelementen 523; Spannungsuntersuchungen an immer wiederkehrenden Bauteilen 831; Untersuchung der Spannungen in den Einzelteilen und Baugruppen von Landmaschinen unter Feldbedingungen 1046; Drehmomentschwingungen in Kupplungen 860; Überlastkupplungen 682. - Ermittlung zweckmäßiger Trägerkonstruktionen 524; Widerstandsfähigkeit der "Leichtbauprofile" 1040; Verwendung von Plastmaterialien 110, 682; Verwendung glasfaserverstärkter Kunststoff-Formteile 682; Auftragung von Plaste auf Maschinenteile in quasiflüssigem Pulvermedium 834; Plaststoffe anstelle von Ledermanschetten für Hydraulikzylinder 4. - Kunststoffe an wartungsfreien Lagern 1041; Erfolgsgeschichte der Kugellager 1043; Voraussage der Zuverlässigkeit von Wälzlagern 1042; geringste zulässige Schmierschichtdicke und Übergangsdrehzahl bei Gleitlagern 1042; Berechnung schnellaufender Flachriementriebe 276; Automaten zur Herstellung von Rollenketten 847; Gelenkspieluntersuchungen 831; Federn mit konstanter Federkraft für hohe Leistung bei kurzem Federweg 1042. - Anwendung der hydraulischen Kraftübertragung 1; Ausrüstung fahrbarer komplizierter landwirtsch. Maschineneinheiten mit Elektroantrieben 839. - Regelungstechnik 523; Elektronik 680; automat. Regulierung und Steuerung 524+; automat. Lenkung 273. - Untersuchungen der Radialgebläse 1226. - Hydraulische Mutter ohne Torsionsbeanspruchung 524+.

F e r t i g u n g: Probleme der internationalen Zusammenarbeit bei der Produktion 1037; Bau in der SU 530; Produktion 1963 in der SU 829. - Mechanisierung und komplexe Automatisierung 847; Fertigungseinrichtung mit neuer Technologie für Hydraulikzylinder 847. - Vergleichende Funktionssystematik 275; Schäden durch Fehler bei Konstruktion, Fertigung und Montage 3; Lit. über Leichtbau 276+; Fertigung von Teilen aus Polyamiden mittels Druckguß 277; Definition und chem. Charakteristik der Elastomere 833; Einführung von Glaszement 329. - Zweckentsprechende Farbgestaltung anhand psychol. und physiol. Erkenntnisse 681; Farbanstrich 684. - Ausrüstung mit Sicherheitsleuchten 864. - Dubbel's Taschenbuch für den Maschinenbau 5+.

P r ü f u n g: Verbesserung des Prüfungswesens 141; objektive Beurteilung 281; Prüfung in europäischer Sicht 526; Rationalisierung des Prüfwesens in der DDR 280, 835; Prüforganisation der UdSSR 691; DLG-geprüfte Maschinen und Geräte 1955 - 1962 113, 138; Maschinenprüfung, Tagungsbericht 637; Prüfen von Muster-Geräten 1201. - Meßtechnik 281; hydraulische und mech. Meßgeräte 1206; Geräte des Inst. für Landtechnik der Univ. Pisa für die Erprobung der Landmaschinen 836; piezoelektrische Geräte zur Erforschung dynamischer Vorgänge 273; neue Berechnungsmethode der auf die Mechanismen von Landmaschinen einwirkenden Kräfte 832; Bestimmung der Eignung von Laufwerken, Meßverfahren 283; stationäre Tensometeranlagen für Festigkeitsuntersuchungen 836; Vorrichtung zur Bestimmung von Störungen in der Hydraulik 836; Überlastprüfung 280; Ultraschallgeräte zur Dichtebestimmung von Materialien 527.

P f l e g e: Verbesserung der Pflege, Wartung und Abstellung 684; Haltbarkeit und Verschleiß von Werkzeug- und Maschinenteilen 1204; Zeitaufwand für das Schmieren von Großmaschinen 684; Rostschutz 1203.

Landschaftsschutz in Niederösterreich 297.

Landtechnik. Entwicklungstendenzen 401; Jahresübersicht 1961 1; moderne Probleme 2^{+}; Problems of mountain farming 680^{+}; landwirtsch. Faustzahlen, Mittelwerte, Betriebszahlen und Begriffe 830^{+}; landwirtsch. Symbole 401; Brockhaus ABC der Landwirtschaft 1038^{+}. - Landtechn. Bezugsquellenverzeichnis 2^{+}. - Repertoire der in 94 Staaten vorhandenen landtechn. Institutionen 521. - Bibliographien 521^{+}; Bibliographie für die sozial. Landwirtschaft 1202^{+}; Bibliographie der poln. Bibliographien der Landwirtschaft 831^{+}; Verzeichnis des landtechn. Schrifttums in der BRD nach dem Stand vom 1.9.1963 830^{+}. - Voraussage der Bestandsentwicklung von landwirtsch. Maschinen mit Hilfe einer graphischen Methode 1040; Methode für die allg. Berechnung der Anzahl von Maschinen und Leistungen in neuen Technologien 1036; Aufgaben, Möglichkeiten und Grenzen der landtechn. Marktforschung 679.
Mechanisierung: der Landwirtschaft 521^{+}, 830^{+}; Entwicklungen in den nächsten 10 Jahren 637; Mechanisierung und Elektrifizierung der Landwirtschaft, Lehrbuch 531; ökonomischer Nutzeffekt der Mechanisierung der Landwirtschaft 679^{+}; Ökonomik - Technologie - Maschinensysteme 679; Problematik der landwirtsch. Automatisierung 1036; Übergang zu industriemäßiger Produktion in der Landwirtschaft 1035; L'aide technique de I'état aux travaux d'équipement rural 2^{+}; Basic concepts in connection with the economics of mechanization of agriculture 679^{+}; Mechanization of agriculture 679^{+}; Taschenbuch der landwirtsch. Mechanisierung 1038^{+}; Maschinenverwendung in der Landwirtschaft der BRD 1037; neue Technik und Technologie in der Landwirtschaft der ČSSR und der DDR 521^{+}; Beispielsbetriebe für die Vollmechanisierung der Landwirtschaft in der ČSSR 1037; Statistik der Mechanisierung und Elektrifizierung der Landwirtschaft der SU 830^{+}; Farm mechanization in the Soviet Union 830^{+}; poln. Landwirtschaft 830; Landtechnik in Schweden 805. - Techn. Einrichtungen des neuzeitlichen Bauernhofes 1038^{+}; landwirtsch. Stoff- und Maschinenkunde 2; Der junge Mechanisator 830^{+}.

Landwirtschaftliche Produktionsgenossenschaften. Verzeichnis der an der Hochschule für LPG Meißen vorgelegten Diplomarbeiten 2^{+}; Handbuch der Betriebsorganisation 140^{+}; techn.-wirtsch. Kennzahlen zur Planung der Arbeit 279^{+}, 835^{+}; Feststellung der Mechanisierungsstufe 279. - Pflege und Wartung der Technik 1043; LPG Schulenberg, Vorführung von Maschinen und Geräten 34; LPG Brehna, Energiebedarf des Wirtschaftshofes 499. - Erfahrungen beim Einsatz von Kaltbelüftungsanlagen 572; Speicherwirtschaft 1200^{+}. - Organisation der Rinderhaltung 659; Probleme der zwischengenossenschaftlichen Legehennenintensivhaltung 582. - Bauhandbuch 114; Baubrigaden 492; neue soz. Siedlungsanlagen in der DDR 120; Altbaunutzung im ländlichen Bauen 1168.

Langenbacher Pflegesäge. Jungbestandespflege 100.

__Langschere__ zur Fruchtholzverjüngung 461.
__Langstreckenseilkran-Anlagen,__ Einsatz und Bau 104.
__Lastenaufzugmodelle__ der Fa. Didsbury 294.
__Lastkraftwagen,__ Entwicklung von Landwirtschafts-LKW 292; Einsatz im landwirtsch. Transport 544; Selbstkosten der Kraftwagenlasttransporte, Wege zu ihrer Senkung 1065+; Ansteigen der Zahl in der ungar. Landwirtschaft 701; Eicher-Schnelltransporter 412; Verringerung der Wurzelbeschädigungen bei der Düngerausbringung durch Ausrüstung der Verteilergeräte mit Flugzeug-Bereifung 883; Getreidetransporter 155; LKW mit Ladegitter für Grünerbsen 59; Einsatz in der Rübenernte 370. - Kippeinrichtung zum Abladen von Rundholz 116; Luftkissen-Anbauvorrichtung 1216.
Holztransport: 960; Organisierung 480; Flößen oder Autotransport? vergleichende Kostenberechnungen 231, 629; Holztransport in Westafrika 233; Bestimmungen über Achs- und Drehgestelldruck sowie Bruttomasse in Schweden 359; Transport-LKW 790; LKW-Transport auf dem Eise 483; Bestückung mit einem Kran und einer Doppeltrommelseilwinde 1332; pneumatische Streuvorrichtung "AUSP-1" 481; "Dnepr-214" 358; "Gas-63" mit Beladeschild 472; "MAS-501" 232, 358; "MAS-535" und "M 5-LTA" zur Direktabfuhr des Holzes 373; Praga "S5T" 96; "Praga "V3 S" und Hänger "DA-5" 469; "T-110" mit 10 t Ladefähigkeit 359; Tatra "111" 469; Tatra "137" NT" 469; "ZIL-157" 790.
__Lattenhaspeln__ von Schwadmähern 311.
__Laufställe,__ Vergleich von Anbinde- und Laufställen für Milchvieh 255; Arbeitseinsparung der Laufstallhaltung gegenüber Anbindehaltung 638; Grundregeln der Laufstallhaltung 1188; Vorteile der Laufstallhaltung 655, 745, 998.
Bauforschung 1170; zweckmäßige Stalltypen 509; offene und geschlossene Ställe 127; geschlossene oder offene Ställe, Arbeits- und Investitionsaufwand 382; Genossenschafts-Ställe in Schweden 658; geschlossene Ställe für Milchvieh in Dänemark 399; Wettbewerbsprojekte 662; Ställe für Milchkühe, Richtlinien in der ČSSR 396; Ställe in den USA 1007; Versuchsstall für 400 Kühe im Gebiet Nowosibirsk 661; Stall für 400 Kühe mit Silo im Gebäude, Anwendung von Silikatbetonplatten 1171; Stall für 400 Kühe 127; Stall für 400 Milchkühe und 100 Kälber 1364; Stallprojekt mit Liegeställen für je 150 Kühe 1007; konstruktive Lösung des ganzmontierten Skeletts des Freilaufstalles für 160-550 Kühe 1189; unifiziertes Gebäude in Skelettbauweise 125; Stall mit innenliegendem Silo für 200 Kühe 256; Stall für 150 Kühe 127; Stall für Kühe 1362; Stall für die Haltung von Rindvieh auf Tiefstreu und mit rationierter Fütterung 662; Stall für 56 GV 396; Stall für 43 GV 396; Stall auf der Ausstellung in Jönköping, Schweden 826; Stall mit freitragendem Dach 805; Laufhofsystem mit Silageselbstfütterung und überdachtem Liegestall 1100; Laufhof in Schweden 320. - Laufstallhaltung von Milchkühen, Umbau von Gebäuden 662; Umbau eines Anbindestalles 586; Umbau eines 2reihigen Anbindestalles 1185; Umbau eines Anbindestalles in ein Laufhofsystem 1361. - Stall mit Melkstand, Baukosten 658; Stall mit automat. Fütterung 815; Stall mit rationierter Selbst-

fütterung 815; Harvestoranlage Albareto in der Poebene 1189; Mechanisierung der Fütterungs- und Entmistungsarbeiten 1271. - Planung elektr. Anlagen 530; ökonomische Beurteilung der verschiedenen Melk-, Entmistungs- und Fütterungsverfahren 508; Stall mit elektr. beheizten Selbsttränkebecken, Melkhaus, Milchkühlanlage 13. - Zweischichtige Arbeitsweise bei der Laufstallhaltung der Kühe 69.
Ställe mit Spaltenboden: 506, 1094; Herabsetzung des Streuverbrauches durch Lattenrostliegeflächen 1009; Laufstallhaltung auf Gitterrosten 1095; Bau 661; Zweiraumlaufstall mit Spaltboden 1189; Spaltenboden-Laufstall, schwed. Baulösungen 1363; streulose Rostlaufställe 127; Stall mit Spaltenboden und Melkstand, Arbeitsaufwand 8; Stall mit Bohlenroststand am Futterplatz 512.
Boxen-Laufställe: 1094, 1186; Boxenliegestall 255; Boxenliegestall mit getrenntem Freß- und Liegeplatz 747; Freß-Liegeboxenstall mit Tandemmelkstand 1011; Stall mit Liegeboxen 826, 1095; Stall mit Einzelliegeplätzen 1010; Hecklinger Boxenstall 1011.
s. auch Jungviehställe; Pferdeställe; Schweineställe.
Lawinenverbauung in Österreich 990; in den Pyrenäen 236.
Lebensmitteltechnik, Jahres-Lit.-Übersicht 930; 55.Jahrestreffen des ASAE 1962 in Massachusetts, USA 597; Leitfaden der Überwachung von Lebensmitteln tierischer Herkunft 1282+; Forderungen für die Aufbereitung und Konservierung 763; Verpackungsdichtigkeit und Haltbarkeit 81. - Konservierung s. dort.
"Leca", neuer Außenbaustoff 246.
Legen von Kartoffeln s. unter Kartoffeln.
Legeställe s. unter Hühnerställe.
Leguminosen, Annotationen der Lit. über Körnerleguminosen 1229+; Vorrichtung für die gleichzeitige Aussaat von Mais und Leguminosen mit der "SKGK-6V" 424; Seitenschneidwerk zur Ernte flachlagernder Leguminosen 892; Anwendung des pneumatischen Reinigungsgerätes "SSP-1,5" 182. - s. auch die einzelnen Arten.
Lehm, Fußboden in Bergeräumen, Haltbarkeit und Kosten 823.
Leichtbau auf dem Gebiet des Landmaschinenbaues, Lit. 276+.
Lein s. Flachs.
Leitern zur Forstsamengewinnung 222; zum Zapfenpflücken 222.
Lenkung von Schleppern s. unter Schlepper.
Leuchtstofflampen in Stall und Melkraum 530; für Beleuchtung in Gewächshäusern 772, 773; für Insektenfanggeräte 242.
Licht-Fanggeräte für Insekten 241, 242.
Lichttechnik s. unter Beleuchtung.
Liegeboxen s. unter Laufställe.
Lignit, Verwendung zur Kompostbereitung 1289, 1290.
Linde, Vorschläge zur Erhöhung der Keimkraft des Saatgutes 1137.
Linoleum, Arbeitsaufwand für die Fußbodenpflege 341.
LKW s. Lastkraftwagen.

Lochkartenverfahren. Erfahrungen mit Sichtlochkarten 1039; Auswertung von Schleppereinsätzen 693.

Löffeleggen s. unter Eggen.

Lößlehmboden. Adhäsion zwischen Boden und festen Werkstoffen 688.

Löweschere. Jungbestandespflege 100.

Lohnunternehmen. Formen und Wirtschaftlichkeit überbetrieblicher Maschinennutzung 403.

Losetransport s. die einzelnen Transportgüter.

LPG s. Landwirtschaftliche Produktionsgenossenschaften.

Lüftung von Gewächshäusern s. unter Gewächshäuser; von Obstlagern s. unter Obstbau: Lagerung; Belüftung von Getreide s. unter Getreide: Trocknung; Heubelüftung s. dort; s. auch Stallklima.
Bauforschung 1170; schlierenoptisches Sichtbarmachen feinster Luftströmungen in der wärmephysiologischen und raumklimatischen Forschung 1352; Untersuchung der Wärmeverluste durch Wände 1002; Abhängigkeit des Raumklimas von Sonnenschutz und Fensterlüftung 250; Luftdurchlässigkeit von Fenstern 388; Lüftung im Wohnhaus 1005; Lufttemp. und Luftfeuchtigkeit in Wohnungen 593; Lüftung von Haushaltsküchen 123, 929, 1358; Taschenbuch 1962 1353+. - Konstruktion und Arbeitsweise von Lüftungsgeräten für Wohnräume 929; Lüfter auf der brit. Verkaufs-Konferenz in Harrogate 341.
Lüftung von Stallräumen: 1002; Möglichkeiten und Grundsätze der Automatisierung der Stallüftung 1002; Lüftung zur Verbesserung des Stallklimas 644; Wärmehaushalt eines Stalles im Winter 1352; Stallbereiche mit vollautomat. Lüftungs- und Klimaanlagen 252. - Lüftung von Schafställen 669. - Lüftung von Stall und Lagerhaus mit Gebläsen 62; Lüftung in Kartoffellagerhäusern 134. - Techn. Bauhygiene für geschlossene Ställe 1176; Bauhandbuch für LPG 114; zoohygienische Erforschung der natürlichen Wärmeausgleichs-Durchzugentlüftung 645; Verwendung mikroklimatischer Unterlagen für Stallüftungsanlagen, Bewertung ihrer Wirksamkeit 820; verbesserte Einrichtungen zur Lüftung von Ställen 1176; Schachtlüftung 645; Asbestzementrohre bei der Stallentlüftung 247; Turbinen-Abzugsdeflektor 1002; Stallentlüfter, Anschlußwerte 530; Ventilatoren außerhalb des Stallraumes 810; Druckventilatoren 497; Verwendung von Elektromotoren für höhere Frequenzen 74.

R i n d e r s t ä l l e: Luftraten je GV 644; Verbesserung des Stallklimas durch Verstärkung der Wärmedämmung und Einbau eines Lüfters 1362; Belüftung von Kuhställen, begründet auf dem Prinzip der Regeneration der genutzten Wärme 660; Anbindeställe, neu entwickeltes Entlüftungssystem 1363.

S c h w e i n e s t ä l l e: 440, 668; Verwendung mikroklimatischer Unterlagen für Lüftungsanlagen 820; Luftraten je GV 644; Verbesserung 1192; billige und effektive Entlüftung 1352; Lüftungseinrichtungen für Mastanlage 259; Lüftung mit Ventilatoren 1015.

G e f l ü g e l s t ä l l e: 671, 1024; Probleme 442; Normen und Gütevorschriften für die Projektierung 513; Normen für Ventilatoren 672; Firstentlüftung mit verstellbarem Dachlukenventilator 1353. Hühnerställe: 132, 263, 442, 515, 1024, 1026; Luftraten 644; Normen 672; Saug- und Druckentlüftung mit Hilfe von Ventilatoren 1026; Zwangslüftung in Ställen mit Haltung auf Tiefstreu 264; Lüftung und Heizung vom Boden aus im Intensivstall 132; Be- und Entlüftung einer Legehalle 1025; Lüftung und Heizung von Legeställen 515; Lüftungsprobleme in einem Legehennenoffenstall in Taranaki 514; statisch wirkender Entlüfter "Aspirateur Scherrer" 133; Lüftung in Broilerställen 670; Luftschächte mit regulierbaren Ventilatoren 1027.

Luftbilder s. unter Kartographie.

Luftfilter, Lit. 286+; Auswahl der Zyklonkenngrößen für Luftreiniger 14.

Luftkissenfahrzeuge, Einsatz von Land-Rover-Luftkissenfahrzeugen "Hovertruck" 1056; schwebender Tankwagen "Hovertruck" zum Versprühen von flüssigem Dünger 1072; Zusatzanlage zum "Land-Rover" 21; Luftkissen-Anbauvorrichtung für Motorfahrzeuge 1216.

Luftwäsche s. unter Obstbau: Lagerung.

Lupinen, Krautberegnungsmaschine "UBD-3" 313.

Luzerne, Gerät zum Abbrennen der Seidepflanzen 1165; Samengewinnung, Kaltbelüftung 572; Trocknung von Heu mit Infrarotstrahlung 739; amer. Entwicklungen zum Brikettieren von Heu 430.

Lysimeter, automat. wiegendes Lysimeter 686.

Mähbalken s. unter Mähen.

Mähbinder, Einsatz in Europa 47; Einsatzgrenzen am Hang 30. - Getreideernte 311; Arbeitsaufwand und Kosten bei der Getreideernte 312; Einsatz des Zapfwellenbinders "E 154" auf Rieselland 1247; Körnermaisernte, Arbeitsaufwand 51; Einsatz in der Grassamenernte 48; Mähbinder für die Rohrernte 735; "Fella" mit Zapfwellenantrieb, Einsatz zur Rohrernte 180.

Mähdrescher

Gliederung: Hinweise
Allgemeines
Einsatz
Übersichten
Bauarten, Typen
Prüfberichte
Baugruppen

H i n w e i s e: Strohbergung s. unter Stroh.

A l l g e m e i n e s: Entwicklungsaufwand der Industrie 681; Voraussage der Bestandesentwicklung von landwirtsch. Maschinen mit Hilfe einer graphischen Methode 1040; Überlegungen vor der Anschaffung 176; optimale Leistungsgrenze 563; Bedingungen für den Kontakt-Mähdrusch 1083; Kontinuum-Druschverfahren 895. - Lit. über die Instandsetzung 1088.

E i n s a t z: Erntemethoden 48; Getreideernte 175, 431; Einsatz in Europa 47; Einsatz in der Erntekampagne 1961 in den Niederlanden 174; Einsatzgrenzen am Hang 30, 312, 563. - Anwendung großer Arbeitsbreiten bei der Getreideernte 723; Leistungseinstellung nach der Fahrgeschwindigkeit 523. - Arbeitsaufwand und Kosten bei der Getreideernte 312; jährliche Kosten in Abhängigkeit von der Erntefläche 555; Kostenberechnung in Abhängigkeit von der Mähdrescher- und Schlaggröße 431; Einfluß der Schlaggröße auf die Wirtschaftlichkeit 563; Bedeutung der Arbeits-, Konservierungs- und Verwertungsqualität im Rahmen der Kostenrechnung 279. - Arbeitswirtsch. Untersuchung des Absack- und Schüttverfahrens 1248; Großbehälter für den Korntransport 412.

Kornverluste, Beschädigungen: Beurteilung, Ergebnisse der internationalen Vergleichsprüfungen 892; Ursachen und Klassifizierung bei Getreide 49.

Mais: 176, 431, 892; Arbeitsaufwand 51, 727; "S-4", Zweiphasenernte 432.
Gräser: Einsatz in der Samenernte 48; Ergebnisse der MD-Großversuche im Grassamenbau 726.
Arbeit bei der Erbsenernte 735.
Raps 431; Sonnenblumen 431.
Ü b e r s i c h t e n: Jahresübersicht 1961 1; DLG-Ausstellung 1962 562; Entwicklung und Produktion in Ungarn 725.
B a u a r t e n, T y p e n: Aspekte für die Konstruktion 724; Typen und Arbeitsorgane 48; Selbstfahrer oder Anhängemaschine 273; Vergleich von gezogenem und selbstfahrendem Mähdrescher 311. - "ACD-330", Umbau für die Zweiphasenernte von Getreide 566; "Epple-Mobil 211-H" mit 2 Dreschtrommeln 893; "C-1" mit einer Aufsammelvorrichtung 175; "Claeys Landlord" 1166; "Cleaner C" 1166; J.F. Anbau-Mähdrescher 893, 894; "MD 31" und "MD 86" 431; "Ransomes 902", Großeinsatz in Syrien 894; "PK-2" 312; "Venty" 111; "Vistula" 1346; Ährenköpfdrescher für Schlepperaufbau 895.
Selbstfahrer: zum Ernten von Versuchsparzellen 1; Massey-Ferguson "400" 380, 381; Massey-Ferguson "500" 380, 381, 894, 1346; Kleinmähdrescher Massey-Ferguson "630" 83; "Armada" von Claeys 431, 893, 894, 1346; John Deere "95 Hi-Lo" 893; Claas "Matador Standard" 893; Claas "Merkur" 893; "SF 50. - "SK-3": 433, 567+; energetische Kennwerte 49; Automatisierung 565; Getreideernte mit erhöhten Geschwindigkeiten 430; Einsatz für die Maisernte 313, 1084; mit Maisschneidwerk "SCHEKN-2,6" 243; Einsatz zur Erbsenernte 59; Dreschen von Flachs 29. - "SK-4" Druschleistungen beim Schwaddrusch 562, 567+; Bewertungsstudien am "S-4M" und dem auf den Maschinenträger "SŠ-65" aufgebauten "NK-3" 565; "SZK-3", Anleitung zur Montage, Benutzungs- und Instandsetzungsanweisung der an einen Mähdrescher anschließbaren Sonnenblumenerntemaschine 1088+; Bautz "T 604" 893; "Viking S. 1000" 50; "ZMV" 1346.
Anhänge-Mähdrescher: der Fa. Fabr. 1083; "M60T" von Fahr 1167; Nordsten 893; "McCormick International B-64" 893; "T 200" von Braud 1167.
Mähdrescher für Maschinenträger: 151, 537; für "SŠ-45" 409; "KPN-2" 21;

"NK-4" 1215; "RAC" auf Triebsatz "UMA" 152, 244; "SMUN 240" für den "FkUS 50" 113.
P r ü f b e r i c h t e: Test-Verfahren 282; Nachdrescher für den Einsatz bei Mähdrescherprüfungen, Vergleichsprüfung 726. - Vergleichsprüfung: 49; "Allis-Chalmers Gleaner EA" 725, 893; "B-62" 725; "International B-64" 725; "Claas 106". 725, 893; "Kalasz" 725; "Ransomes 902" 725, 893. - ILR-Prüfberichte Wageningen: "Köla Combi" 726; Ransomes "902" 50. - "McCormick International B-64", NIAE-Test 725. - Prüfberichte Vollebekk: Aktiv 7 vom Typ "M 2 S" 1248; "Thermänius" 1248; Fella "Jupiter FSM" 1248. - Claas "Matador", Prüfbericht Ultuna 1249.
B a u g r u p p e n: Verwendung glasfaserverstärkter Kunststoffteile 682. - Höheneinstellung bei Schneidwerken 523; Seitenschneidwerk zur Ernte flachlagernder Leguminosen 892; Zusatzeinrichtung "Ljupin" für den "SK-3" und "SK-4" bei der Futterhülsenfruchternte 60. - Automat. Regelung des Durchsatzes 432, 564; automat. Regulierung des Arbeitsprozesses beim "SK-3" 895; elektr. Regelung des technologischen Vorganges bei "SK-3" 564. - Automat. Steuerung 431; automat. Lenkung 273. - Grundsätzliche Fragen bei Schlagleistenerprobungen 1083; Untersuchungsergebnisse der Arbeit einer Schlagleistendreschtrommel 724; Druschbelastungen bei Sonderkulturen 1247; Versuche mit Gebläsen zur Reinigung des Erntegutes 726; Getreidewaage für Einbau 1249; zusätzliche Absackvorrichtung für das Ernten von Feinsämereien 175. - Aufsatztrockner 65, 562.
<u>Mähen</u>, Leistungserhöhung, Möglichkeiten 1079; Steigerung der Arbeitsgeschwindigkeit 145, 171; Mähen mit dem Schlepper, Steigungsgrenzen am Hang 427, 428; Hangtauglichkeit des "RS 09" 30. - Anmähen bei liegendem Getreide, Arbeitsanleitung 174; Mähen und Zetten in einem Arbeitsgang, Arbeitsanleitung 1079.
Mähmaschinen: Übersicht in Frankreich 275; Begründung der Typenabmessungen für die Zweiphasenernte 1082; Maschinen mit kurzen Schnittbalken für die Urbarmachung 1069; Universalgerät "ŽNU-3,2" 59; Anhängemaschine "CP-2,1" 558; Mähmaschine "VT-3,6" 175. - Hülsenfruchtmäher "ŽBA-3,5" 59; Arbeitsbedingungen der Ährenheber bei der Mahd von Hülsenfrüchten 1078. - Getreidemähen, Arbeit mit erhöhten Geschwindigkeiten 534; Ge-

treidemähmaschinen "ŽRP-4,2" und "ŽRN-3,6" 563; Mähmaschine "ZRB-4,9", Getreideernte mit erhöhten Geschwindigkeiten 430. - AMJ's kurzer Führer durch Grasmähmaschinen 769; optimale Geschwindigkeit der Schneidwerke von Grasmähern 719; Grasmäher "Heli-Swiff" 357; selbstfahrende Grasmähmaschine "KSF-1,0" 719; Heckanbau-Einachs-Grasmäher "KZN-2,1" für erhöhte Geschwindigkeiten 44. - Vergleichsprüfung von 18 Rasenmähern, Prüfbericht Vollebekk 939; Neuerungen an Rasenschnittgeräten 350; Rasenmäher "Tripole Model II" 357; Mähgerät für Rasenschnitt 350; vollautomat. Rasenmäher-Schleifmaschine 357. - "Perfect" 94; Mäher "Votex" 94; "Humus" 94.

A n b a u - M ä h w e r k e: Einsatzbereich von Heck- und Zwischenachsmähwerk 719; Anbringung in der Schleppermitte 556; hydraulisch angetriebener Zwischenachs-Anbau-Mäher 1242; Zwischenachs-Anbau-Mäher "UFK" 244; Zwischenachs-Anbau-Mäher von Kuhn Frères 294. - "E 143/1", Prüfbericht Potsdam-Bornim 720; "Busatis"-Doppelmessermähwerk 109; Mähbalken für Grünerbsen 59; Hülsenfrucht-Mähvorrichtung "PB-2,1" 736. - "KN-14" und "KE-14", Elektroantrieb 839; "ŽEAN-12", Elektroantrieb 839.

M o t o r m ä h e r: Entwicklung motorisch angetriebener Kleingeräte 457; Einsatz in Hanglagen 2, 294; Vergleich verschiedener Motormäher auf Bergwiesen 559; Einachs-Motormäher "LM 5", Prüfbericht Vollebekk 429; Einachs-Motormäher der Fa. Auto-Mower 357; "Auto-Triple" 357. - Mähen von Rohr mit einachsigem Motormäher 735; einachsiger Motormäher "Rapid" mit angebautem Binder "Excelsior", Einsatz in der Rohrernte 180. - Elektr. Rasenmäher 1107; Motorrasenmäher "Spritze" 605.

B a u g r u p p e n: Mähschneidwerke 719; Vergleich von Finger-, fingerlosem und Mulch-Schneidwerk beim Mähen von Riesellandgras 309; Mähbalken von Grasmähern, Bestimmung der Lebensdauer 309; Lit. über fingerlose Mähbalken 47+; Prüfung des fingerlosen Doppelmessermähwerkes der Fa. Busatis 2; Doppelmessermähwerk mit genuteten Messern 556; Gras-Schneidwerke (10 km/h) 18; Entwicklung und Konstruktion eines 10-Fuß-Mähwerkes 719; Mähbalken "ŽR-4,9" und "ŽB-4,6" 60; Probleme selbstschärfender Mähmesserklingen 831. - Einfluß der Haspel auf den Mähvorgang 311. - Zusatzgerät "PB-2,1" für den Mähbalken "KS-2,1" 59.

Mähhäcksler s. Feldhäcksler.

Mählader, Einfluß des Bodenzustandes und der Bodenart auf den Zugwiderstand 1218; für die Einmannernte von Grünfutter 45; Buttergräserernte in Norwegen 44; Arbeitsaufwand bei der Zwischenfruchternte 308. - Mähladen mit Fuderlader, Feldhäcksler und Frontlader in Hanglagen 427. - Test-Reports 1961 des NIAE 282; "SK-1,8" 721; "E 0/62", vollmechanisierte Spinaternte 465.

Mäuse, Bekämpfung in der Landwirtschaft 992.

Magnetband-Türverschluß an Kühlschränken 764.

Mahlen s. unter Futterzubereitung: Zerkleinern.

Maikäfer, Flugzeugeinsatz zur Bekämpfung 986.

Mais

Gliederung: Hinweise
Anbau
Säen
Pflege
Unkrautbekämpfung
Ernten von Körnermais
Ernten von Silomais
Transportieren
Reinigen, Sortieren
Trocknen

Hinweise: Silieren s. dort; s. auch Feldhäcksler.

Anbau: Mechanisierung 296+, 703+, 1229+; Möglichkeiten der Mechanisierung in Großbetrieben 156; Mechanisierung in Rumänien 29; Ermittlung der Mechanisierungsstufe in bulg. LPG 279; Betriebsgrößen von Maisfarmen in USA 279; Silomais in der Futterwirtschaft der Rindviehhaltung 1227. - Komplette Maschinenprogramme für den Körnermaisanbau 109; Maschinenkomplex für Hybridisierungsfelder 313.

Säen: Vorführung von Maschinen und Geräten 34; Saatbettbereitung und Dibbeln in einem Arbeitsgang 829, 6-reihige Maissämaschine "FKV-6" 244. - Reihensaat in Verbindung mit dem Bandspritzverfahren 34; Vorrichtung für die Dibbelmaschine "McCormik 350" zur Einbringung von Herbiziden 423. -

Vorrichtung für die gleichzeitige Aussaat von Mais und Sojabohnen 423; Vorrichtung zur gemeinsamen Nestaussaat von Bohnen und Mais 887. - Pneumatisches Sägerät 1238. - Einzelkorn-Gleichstandreihensaat 34; Aussaat mit Einzelkorn-Drillgerät am Vielfachgerät 1074; Aussaat mit der kombinierten Legemaschine "2SPC-2" 29.
Quadratnestaussaat: Samenverteilung im Nest 40; Ursachen für die ungenaue Aussaat 1238. - Quadratnest-Sämaschinen, Vergleichsprüfung 168. - "SKGK-6V": 34, 40; Zusatzvorrichtung für Aussaat bei erhöhter Geschwindigkeit 424; Vorrichtung für die gleichzeitige Aussaat von Mais und Leguminosen "SKGK-6V" 424; Vorrichtung zur Einbringung von Mineraldüngern 166. - Anbau-Drillmaschine "SKGN-6A" 1238; "SKNK-6" 168.
P f l e g e: Hilfsmittel 887; Pflegegeräte für große Reihenentfernungen 243; Zwischenreihenbearbeitung mit erhöhten Fahrgeschwindigkeiten 534, 555; Hackmaschine mit rotierenden Messersternen für die erste Hacke 554; Hacken, Hangtauglichkeit des "RS 09" 30. - Bewässerung 158. - Bekämpfung von Busseolafusca 380.
U n k r a u t b e k ä m p f u n g: Fragen der mech. und chem. Unkrautbekämpfung 107; Vernichtung der Unkräuter mit mittelschweren Eggen 552; Pflege mit Flammenwerfern 829. - Chem. Schädlings- und Unkrautbekämpfung, Mittelübersicht 485; Spritzgerät "K.E.F.-Flamingo" 239; Bestimmung der Grundabmessung der Maisherbizidspritze 1341.
E r n t e n v o n K ö r n e r m a i s: Reifesicherung von Körnermais des Gebietes um Halle auf der Grundlage landtechn. Maßnahmen 1229+; Mechanisierung 296+, 1229+, 740; Arbeitsverfahren 51; Ernteverfahren, Arbeitsaufwand 176, 727; Kosten für Ernte, Trocknung und Lagerung 896; Zweiphasenernte 432; Harvesting and storage of grain maize 157+. - Maschinelle Neuheiten 110; Erntemaschinen auf der DLG-Ausstellung 1962 in München 996; Vor- und Nachteile der Ernte mit dem Picker und Mähdrescher 727; Erntemaschine "KB-1" 177, 244, 312; Anbau-Erntemaschine "KKCH-2" 243; "KKH-3", Vergleichsprüfung 312; Erntemaschine "KKON-3" für Maschinenträger 243; "Chersornec-3" bei erhöhten Geschwindigkeiten 1250; Anbau-Reihenmähmaschine "POK-1,2" mit Anhänge-Wagen 313. - Verwendung glasfaserverstärkter Kunststoffteile bei Erntemaschinen 682;

über das Abreißen der Maiskolben in Erntemaschinen 1084; Untersuchung von Kolben-Abreißwalzen 313.

Vollerntemaschinen: Verwendung des Elektroantriebes für Erprobung von Arbeitsteilen der Maiskombine 1085; Vollautomatikmaschine "Chersoneo" 568+; Aufsattel-Kombine "KKCh-2" 313; "KKCh-3", Arbeit von Schlepperaggregaten mit erhöhten Geschwindigkeiten 31; Kombine "KON-3" für Maschinenträger 1215; Erntemaschinen "KU-2" und "KU-2a" 567.

Mähdrusch: 431; Maisernte-Vorrichtungen der Mähdrescher 562; Einsatz des "SK-3" 1084; "SK-3" mit Mähschneidwerk "SCHEKN-2,6" 243; umgerüsteter "SK-3" mit Getreidemäher "ZKN-2,6" 313; Mähdrescher "PK-2" 312; Mähdrescher mit Tank 892.

Picker, Arbeitsweise 51; mech. Ernte mit dem Maispflücker 1084; Kolbensammler "CS-2" 29; Maschine zur Entfahnung von Mais bei der Hybridsaatguterzeugung aus der DDR 728; transportabler Entliescher "SP-5" 243; Kolbenbruch-Schälmaschine "No.2-ME", Vergleichsprüfung 312; Kolbenbruch-Stengelschneider "KK-3", Vergleichsprüfung 312. - Ausdruschuntersuchung an Maiskolben durch Oszillogramm mit Zeitlupenaufnahmen 1241. - Vorrichtung zum Unterpflügen der Erntereste 163; Zerschlagen von Stengeln mit Rotorschneider 875.

E r n t e n v o n S i l o m a i s: 51; Kombine "CST-2" 558; Kombine "SK-2,6" bei erhöhten Geschwindigkeiten 1250; Vorrichtung für die "SK-2,6" zur Einbringung von Karbamid in das Silogut während der Ernte 559; Kombine "SKN-2,6" für Maschinenträger 243, 1215. - Vorführung von Schlegelerntern und Feldhäckslern 1243; Einsatz des Schlegelernters 310, 559; vor dem Schlegelernter angebrachte Zuführeinrichtung 721.

T r a n s p o r t i e r e n: Probleme des Transportes in der Silomaisernte 1063; Vielzweckwagen für den Transport von Körnermais 293; Laden mit Frontlader 1079, 1222; Auflader "ZMAJ" 291; Abladegebläse "Transit", DLG-Prüfbericht 574.

R e i n i g e n, S o r t i e r e n: Anbau-Kolbenreiniger "UOPJa-4" 1090; Spezialreiniger für Mähdruschgetreide 740; Anwendung des pneumatischen Reinigungsgerätes "SSP-1,5" 182; Kalibriermaschine "OSM-3U", Wirkungsgrad verschiedener Siebreinigungsvorrichtungen 64.

T r o c k n e n: Vollmechanisierung 740; Arbeitsaufwand 727; Kosten 896; Trocknungstemp. 823; Analyse der Trocknungskurve für geschälten Mais 1263; Analyse der Trocknungskurve von entlieschtem Mais 741; Kontakttrocknung von geschältem Mais 906; Einfluß der Trocknungsgasmenge bei der Trocknung 317. - Bau eines Trockenschuppens 271; Trockner 65; Warmluft-Satztrockner 740; Schachttrockner 65; Trockner "Farmer" 244; fahrbare Trocknungsanlage "ZSPŽ-8" 1264; Bodenbelüftungstrocknung 740. - Kolben: Belüftungstrocknung 438; Vorrichtung zum Trocknen von Kolben mittels Abgas 1199; Belüftung mit der transportablen Anlage "VP-300" mit Lufterwärmer 675; Luftwärmer zum Kolbentrockner 1091; Heißlufttrocknung 438; Getreidetrocknungsanlage "ZPM-1,5" 437.

Malathion, Vorratsschutz gegen Getreideschädlinge 1343.

Mandeln, Anbaugerät zum Aufsammeln 776.

Marktforschung, Aufgaben, Möglichkeiten und Grenzen der landtechn. Marktforschung 679.

Markthalle der nat. Interessengemeinschaft in Agen 1370.

Marokko, Einsatz von Pflanzenschutzgeräten 779.

Marschgebiete, Baugrundsätze für den Wirtschaftswegebau 1152.

Maschinenhallen s. unter Einstellräume.

Maschinenmelken s. unter Melken.

Maschinenschuppen s. unter Einstellräume.

Maschinensysteme, Methodik zur Erarbeitung technologisch begründeter Maschinensysteme 1041; Ausarbeitung forstlicher Maschinensysteme auf Grund technol. und ökonomischer Kennziffern 783; Ökonomik, Technologie 679; Anpassung an landwirtsch. Gebiete 5; Arbeitsketten, Wechselwirkung mit pflanzenbaulichen und züchterischen Maßnahmen 1035; Prüfung in der UdSSR 870. - Studium der Güterbewegung 1201; Transportmittel der tschechoslowakischen Landwirtschaft 26; Entwässerungsarbeiten 1229⁺. - Gemüsebau 344; Vollmechanisierung des Rübenanbaues 295; Kartoffelernte 729. - Vollmechanisierung von großen Geflügelställen 323.

Maschinenträger, Entwicklungstendenzen in der SU 243; selbstfahrende Erntemaschinen auf der Basis eines Maschinenträgers 151, 537; "SŠ-45" 21, 695; "SŠ-45" mit Anfbau-Erntemaschinen 409; "SŠ-75", Perspektiven für den

Einsatz 1215; "SŠ-65" und "SŠ-75", Einsatz in der Waldsteppenzone der Ukraine 1215. - s. auch Triebsätze.

Maße, von Pfund und Zoll zu "Kilogramm und Kilopond" 5+.

Massivställe s. unter Stallbauten; s. auch die einzelnen Stallarten.

Mastenbauweise s. unter Bauweisen.

Mastleistungsprüfung, Beziehungen zwischen Stalltemp. und Mastleistungen bei Schweinen 321, 322.

Mastställe s. unter: Anbindeställe; Hühnerställe; Jungviehställe; Offenställe; Schweineställe.

Maschinen-Traktoren-Stationen, Grundlagen der Organisation 140+.

Mathematik, Anwendung von mathematischen Methoden in der Untersuchung der landwirtsch. Produktion 1204+; statist. Auswertung von Versuchsergebnissen 680; mathematische Methoden bei der rationellen Organisation der Holztransporte 1333; Anwendung in der Gebiets-, Stadt- und Dorfplanung 119. - Mathematik für Ingenieure und Physiker 5+; landwirtsch. Rechnen für Schule und Praxis 5+; bes. Berücksichtigung von Physik und Technik 402+.

Maulwurfdränung s. unter Dränage.

Mechanik und Festigkeitslehre 522+; Grundlagen 833+.

Mecking-Dränverfahren s. unter Dränage.

Medizinische Einrichtungen, Typenprojekte 1181.

Mehltau, Bekämpfung mit Beregnungsanlagen 612; Bekämpfung im Weinbau mit kleinen Flüssigkeitsmengen 1314.

Mehrzweckbauten, Entwicklung 827; Vorzüge 245; Typenprojekte 249; fabrikmäßig hergestellte Gebäude 1176; Gebäude aus Stahl, Al und großformatigen Betonelementen 382; Verwendungsmöglichkeiten stützenfreier Mehrzweckhallen 1003; Bauten nach dem "Regenschirm"-Typ 1003; Beispiel für Wechselnutzungsgebäude 1353; Mehrzweckhalle für Kälber und Schweine 252; Umbau einer ehemaligen Fruchtscheune 1182. - Mehrzweckgebäude als gesellsch. und Handelszentrum des Dorfes 389.

Meißel, Elektromeißel "I 158 B" 801.

Melioration, Stand der Mechanisierung 1229+; landwirt. 888+; Mechanization of land clearance 717+; Mechanisierung der hydromeliorativen Arbeiten 551+; Verwertung von Plasten im hydromeliorativen Bauwesen 551+; landwirtsch. Meliorationswesen in Österreich 870; Erfahrungen in der Nord-

westzone 1077+; Praha 1962 162+. - Melioration und Waldumwandlung 217+; forstliche Maschinensysteme 783. - Handbuch 1077+; Fertigung von Meliorationsmaschinen in Polen 1230. - s. auch: Bodenmeliorationen; Dränage; s. auch unter dem Arbeitsvorgang.

Melkeimer "P. 77" 447.

Melken

Gliederung: Allgemeines
Maschinenmelken
Melkmaschinen
Baugruppen
Reinigung

A l l g e m e i n e s: Melken und maschinelles Melken 924+; Melklehre 335+; Einfluß der Melkmethode auf den Milchfluß 333; Milking methods and milking machines 194+; Namelken met de hand of met de melkmaschine 1279+. - Arbeitszeitverkürzung durch bessere Arbeitsorganisation 753; Arbeitszeitaufwand und -bedarf im Anbindestall 909; Melken in Anbindeställen 745; Melken auf der Weide 193.

M a s c h i n e n m e l k e n: 193, 441; laktationsphysiologische Grundlagen 754; Beitrag zur Eutergesundheit unter bes. Berücksichtigung des Gelben Galtes 1279+; Säuerungsprozeß in der Milch, Förderung durch die Melkmaschine 923; Arbeitszeitverkürzung in der Tierhaltung, Melkintervallprobleme 579; Organisation und Handhabung 192; Arbeitsverfahren und Arbeitsbedarf für das Melken in Melkständen 76; Mech. des Melkprozesses bei Stall- und Weidehaltung 76; Mechanisierungsmöglichkeiten im Warmstall 657; Melken im Anbindestall 1100; Melken bei der Laufstallhaltung 1100; Melken mit Rohrmelkanlage, Arbeitsanleitung 335, 755.

M e l k m a s c h i n e n: Grundsätze der Konstruktion 334; Erhöhung der Leistungsfähigkeit 754; Anschlußwerte 530. - Stand der Verwendung in der BRD 333; Übersicht über westdeutsche Fabrikate 113; Melkanlagen auf der DLG-Ausstellung 1962 in München 996; Einsatz in Frankreich 1095. - Einrichtung von Melkanlagen 1279+; Melkmaschine oder Melkanlage? 922; Grundkonzeption für Weidezentralen mit Rohr- und Kannenmelkanlagen 257, 441; Melkanlagen für Schafe 184; Melkzeug-Kombinationen 76; Kannen-

Melkanlagen 439; vollautomat. Stallmelkanlage zum gleichzeitigen Melken einer größeren Anzahl von Kühen 1101; Zweitakt-Melkmaschinen "DPR-2 Riga" 69; transportables Melkaggregat 447; Euterviertelmelkmaschine "M 901" 997.

Rohrmelkanlagen: 245, 447; im Anbindestall 745; Grundkonzeption für Weidezentralen mit Rohr- und Kannenmelkanlage 257, 441; Beobachtungen an Pipelinemelkanlagen bezüglich ihres Einflusses auf die Milchsäuerung 587; Anlage des VEB Elsterwerda 660; "Impulsa" 1276; "Diabolo" 335; Absauganlage mit Milchtank 508. - Vorrichtung zur Dosierung der Kraftfuttergabe 488.

Prüfung: Eignung der Pulsfrequenzmethode zur Prüfung der Arbeit von Melkmaschinen 754; Messung der Taktverhältnisse bei der Prüfung 334; Vakuumschreiber zur Bestimmung der Güte einer Melkmaschine 588; Gerät für die Registrierung der Melkgeschwindigkeit "Melk-O-Graft" 1346. - Meßverfahren der Spitzenbelastung des Menschen bei der Arbeit 680; Aufstellung der von der DLG geprüften Maschinen 333. - DLG-Prüfberichte: Miele-Melkmaschine "Export" 1277; "Senior" 1277.

B a u g r u p p e n: Spezialpulsator als Anschlußstück an die Vakuum- und Milchleistung 586; elektronisches Pulsatorsystem für Versuchszwecke 589. - Unterdruckpumpe "H 29", DLG-Prüfbericht 589; Westfalia Vakuumpumpe "M 7001" und "M 7011", ILR-Prüfbericht Wageningen 193; Verwendung des Vakuumpumpen-Asynchronmotors als Notstromgenerator mit Antrieb durch Verbrennungsmotor 335; Vakuumpumpen, Verwendung von Elektromotoren für höhere Frequenzen 74; Anschlußadapter für Rohrmelkanlage "V.M.P." 756; handlicher Melkbecher 586.

R e i n i g u n g: und chem. Desinfektion 194; Einfluß milchsteinartiger Niederschläge auf die Qualität der Sterilisation 448; Sterilisation von Gummiteilen 448; Einfluß der Gummiteile auf die bakterielle Verseuchung 590; Einfluß verschiedener Reinigungsarten und Mittel auf Milchschläuche aus Kunststoffen 588; Wasch- und Desinfektionsgeräte 922; Reinigung im Ringspülverfahren 1101; beschleunigte Zirkulationsspülung 77. - Kessel für die Warmwasser- und Dampfbereitung 1101.

Melkhäuser, Baunormen und -regeln (SNiP) 1361; Melkhaus der Offenstallanlage Groß-Lüsewitz 127; Melkplatz mit einer kombinierten Heißwasser- und Heizungsanlage 183; Reinigung der Melkräume 446; Abwasserbeseitigung 922.

Melkkarussell s. unter Melkstände.

Melkstände, Arbeitsverfahren und Arbeitsbedarf für das Melken 76; Gewinnung von Qualitätsmilch 381; Maschinenmelken bei der Laufstallhaltung 1100. - Übersicht in Frankreich 275; Einzel- und Doppelstände 76; Stände für Laufstallanlagen 1363; Verbesserung der ortsfesten Melkstände 192; Stand mit hydraulischem Antrieb der Anlagen 1277; versenkbarer Melkstand 805; Stand mit 2 x 4 Melkbuchten 1185; Stand mit Kraftfutterfütterung 396. - Melkstand für Schafe 184. - Planung 1014; Bauberatung 245; Bau von Melkschuppen 665; unifizierte Stahlbetonfertigteile 1362; Ausbildung des Fußbodens 1014; erhöhte Melkstände, Methode zum Umbau herkömmlicher Anlagen 258. - Elektroboiler mit Warmwasser-Mantel "F 351", Prüfbericht Potsdam-Bornim 1278; elektr. fahrbarer Eisbankkühler und Wassererhitzer 586.

Fischgrätenmelkstände: 69, 76, 129, 192, 256, 320, 586, 655, 661, 662, 747, 817, 1013; Bau, Einrichtung und Betrieb 258; Typenbauten mit komplett mitgelieferter Mechanisierung 1169; Typenprojekte mit 16 Ständen 664; Stand mit 16 Ständen 448, 745; Stand mit 12 Ständen 825. - Anlage in Fischgrätenform "601-16 FM nach WV 344", Prüfbericht Potsdam-Bornim 129; Weidemelkstandanlage, Prüfbericht Potsdam-Bornim 1013; verbesserte Weidezentrale mit stationärem Stand 665. - Stände aus Stahlbeton-Montageteilen 665; Stand mit automat. Kraftfuttergabe je nach der Milchmenge 826; Stand für Laufställe 399; Stand "Elocka" 755. - Richtige Nutzung 755, 923; Warmwasserversorgung 664.

Tandem-Melkstände: 76, 192, 661; Stände mit 6 Boxen 69; 3/3-Stand 911.

Karussellmelkstände: 664, 1192, 1364; im Gebiet Omsk 1365; Bau und Arbeitsweise 1191; Typ "Omicka", "KDUE-16" 755; "KDU-16" 922.

Melkwagen, Weidemelkwagen und -melkstände 193; geschlossener Durchlaufmelkwagen mit 2 Ständen 111; "Diesel-Melk-Expreß" 333.

Melonbaum, Einfluß von verschiedenen Mulchfolien auf Wuchs- und Ertragsleistung 350.

Melonen, Wassermelonensaat in tiefen Furchen 1114; Entwicklung der Mulchtechnik mit Plastfolien 204.

Meßbügel mit induktivem Wegaufnehmer "W 1 E/S" 535.

Meßinstrumente und -verfahren, Gedanken zur Entwicklung 835; Forschungsarbeiten des Inst. Braunschweig-Völkenrode 831; Stand in Ungarn 404; bei Energie- und Stoffumwandlungsprozessen 835; bei Umformungs- und Fertigungsprozessen 835. - Elektr. und elektronische Meßverfahren 1206; elektr. Messung mech. Größen mit Trägerfrequenzgeräten 836; hydraulische und mech. Meßgeräte für die Landmaschinenuntersuchung 1206; Geräte des Inst. für Landtechnik der Univ. Pisa für die Erprobung der Landmaschinen 836. - Spitzen- und Spannbandlagerung bei bewegten Teilen von Meßgeräten, Vergleich 687; Erfahrungen mit Hartschaumstoffen als Temperaturisolierung von hydrologischen und meteorologischen Meßinstrumenten 836+. - Elektronische Meßgeräte 273; Paraffin-Standards zur Eichung von Neutronen-Meßgeräten 9. - Meßgeräte für die Arbeit mit Isotopen 273; radioaktive Isotope in der Betriebsmeßtechnik 283+; Messungen mittels einer elektrotensiometrischen Anordnung 416; wattmetrischer Karren 1206; Ultraschallaggregat "UZIS-6" 527. - Meßeinrichtungen zur Durchführung und Auswertung von Pflugversuchen 164; Vorrichtung zur Bestimmung von Störungen in der Hydraulik 836; für Schlepper und andere landwirtsch. Zugmaschinen 836; Messung der Drehbewegungen von Kolbenringen im Motorenbetrieb und deren Einfluß auf die Abdichtung 1048; messender Schraubenschlüssel mit hydraulischer Drehmomentbegrenzung 527. - Messung der Ausflußmengen körniger Güter mit Blenden und Düsen 282; Versuchswerte des Exponential-Sprühers, statistische Sicherung 934; pH-Registrierregler, Gerät zum Messen, Registrieren und automat. Regeln von pH-Werten 836; halbautomat. Gerät zur Auswertung von Eichdiagrammen 1206. - Messung der Fruchtgröße von Erdbeeren 1283. - Gerätesatz "KAR-1", Regelung von Beleuchtungsstärke, Lufttemperatur und Bodenfeuchtigkeit 273; Vorrichtung für die gleichzeitige Registrierung der Wasseraufnahme durch das Wurzelsystem, der Transpiration und der Gewichtsänderung der Grünmasse 404. - Lichtsummenmesser 933; Gerät zum Messen der wirksamen Bestrahlung von Pflanzen 933; Gerät zur Intensitätsbestimmung von UV-Strahlen 527. - Elektr. Feinwaage "EFW 10/61" mit Einkanalverstärker "TF I/61" 12; automat. wiegendes

Lysimeter 686. - Zeitbasisgerät für den Schleifen-Oszillograf "Oszillomat" 1206; elektr. Sekundenzähler 836.

K r a f t m e s s u n g: Meßgerätesystem nach dem Prinzip von elektr. Dehnungsstreifen 1207; hydraulische Dreipunkt-Zugkraft-Meßeinrichtung 1206; hydraulische Zugkraftmesser 836; hydraulischer Zugkraftschreiber 1206; hydraulischer Zugkraftschreiber VISCHOM 141; hydraulische Bremsdynamometer für Motoren 836; Messungen der Zugkräfte am Maulwurfdränpflug "KNU-1" mittels einer elektrotensiometrischen Anordnung 416; Gerät zur Darstellung des Druckverlaufs im Einlaß von Verbrennungs-Motoren 144; stationäre Tensometeranlagen für Festigkeitsuntersuchungen an Landmaschinen 836; Anlage zur Eichung von Torsionsdynamometern 1206. - Reißlackverfahren zur Ermittlung auftretender Spannungen 1046; Untersuchung der Spannungen in den Einzelteilen und Baugruppen von Landmaschinen unter Feldbedingungen 1046. - Wandler für sehr kleine Druckunterschiede 686; Meßgerät für Drucke in Rohrleitungen für fließfähiges Schweinefutter 1206; Druckwaage für Verdunstungsversuche 11. - Vervollkommnung des Reifemeßgerätes 934; Festigkeitsmessung von Zwiebeln mit einer Druck-Prüfmaschine mit Druckschreiber 934.

Drehmomentmessung: Lit. 283+; Zugkraft- und Drehmomentmessungen an Schlepper-Anhängemaschinen 1218; hydraulische Zugkraft- und Drehmoment-Meßinstrumente des Ungarischen Inst. für Landmaschinenentwicklung 141; Drehmomentmesser 1046; Drehmomentmesserprüfstand 1206; Drehmomentmeßgerät für zapfwellengetriebene Maschinen 2; Gerät zum Messen und zur Registrierung der Motorauslastung 21; dynamometrischer Karren "DT-2" 1206; Torsionsdynamograph "RDZ II" 1206.

T e m p e r a t u r m e s s u n g: Temperatur-Fernmesser "ETS-25" 273. - s. auch unter Gewächshäuser.

Arbeitsphysiologische Messungen s. unter Arbeitsphysiologie. - Bodenuntersuchung s. unter Boden; Feuchtigkeitsbestimmung s. dort. - s. auch Landmaschinen; Schlepper.

Meßrahmen für Energiemessungen an Anbaugeräten 1206.

Metalle, Metallkunde, VDI-Verlag 525+; zyklische Verschleißfestigkeit 834+; Klebeverbindung 115. - s. auch die einzelnen Metalle.

Methylpolymethacrylat, Eigenschaften 769.

Mieten, Zudeckgerät 439; Anbau-Zudeckgerät "TKU-0,9" 873; Abräumgerät 415; Entnahmegerät 439; Entnahmegerät "K-2" 415.

Mikrowellenherde s. unter Küchenherde.

Milch, Möglichkeiten zur Einsparung von AK bei der Gewinnung 1093; Mechanisierung der Arbeiten in der Milchwirtschaft 1101+. - Behandlung und Verarbeitung 441; Behandlung und Weiterverarbeitung im Betrieb 192; Qualitätsmilch, richtige Erzeugung und Behandlung 924+; Milchverarbeitung, Baunormen 1351; the "Yard and parlour" system in milk production in the United Kingdom 193+; Manufacturing-grade milk production in the Piedmont of Georgia 1279+. - Milchkontrolle in Holland 924+. - Milchgeräte: auf der DLG-Ausstellung 1962 in München 996; Zusammenstellung DLG-anerkannter Maschinen 113; "Royal Dairy Show" 1962 in London 685; Spülwannen aus Kunststoffen 403. - Radioaktivität 753; Entfernen radioaktiver Rückstände 597. - Aräometer "Laktodensiometer" 447. - Gefriertrocknungsversuche 339. - Melken s. dort.

Milchgeräte-Reinigung und chem. Desinfektion 194; z.Z. zugelassene Reinigungs- und Desinfektionsmittel 1279; Einfluß der Wasserhärte 590; Verwendung von Nachtstrom-beheizten Warmwasserspeichern 77; Netzbelastung durch elektr. Wassererhitzer für die spez. Zwecke der Milchwirtschaft 589; Kessel für die Warmwasser- und Dampfbereitung zur Reinigung und Sterilisation 1101; Thermosyphon - Heißwasserbereitung 589.

Milchhaus s. unter Milchwirtschaftsräume.

Milchkammer s. unter Milchwirtschaftsräume.

Milchkannen s. unter Milchsammlung und -transport.

Milchkühlen 597; Verfahren auf dem Bauernhof 194, 335; Einrichtung eines Milchschafbetriebes 184; Kühlung im Karussellmelkstand 664; Kühlanlage 1276; Arbeitsweise von Anlagen 756; Kauf von Anlagen 924; elektr. Anlagen 77; Anschlußwerte 530; Kühlvorrichtungen, Übersicht in Frankreich 275; Anlagen für Milchhaus 819. - Kühltanks: 591, 1363; doppelwandige Tanks, Kühlzeit, Kühlwasserverbrauch, Wärmeleistungskoeffizient und Kühlkosten 1278; Ausrüstung der Farmen in England 591; Untersuchungen an der Kältespeicheranlage "KSA 500 L" 923. - DLG-Prüfberichte: Kühl-

gerät "Lister" "Tk 4" 924; "S 8" Modell 1962 für acht 20-l-Kannen 1279. - "Kylo 3", Maschinenprüfbericht Ultuna 756. - Gerät zur Kühlung während des Melkens 924; Begutachtung der Kühleinrichtung "Milchprämie" System Lübbert 1279; Wasserkühltürme zur Milchkühlung in der Farm 756. - Kannenkühler 922; Kannenkühler mit gekühlter Rührwerkschlange 1278; Kannenkühlanlage von Linde 1278; Tauchkühler von Linde 1278; Alfa-Laval-Tauchkühler 1278. - Kühlung in Kühlwannen 512; Kühler "OMT-38" 183.

Milchleitungen 399; Rohre aus Kunststoffen 403.

Milchmeßgerät aus Plastik 586.

Milchpumpe, leicht zerlegbar 586.

Milchsammlung und -transport, Analyse der Güterbewegung 1201; Förderung 274. - Anlage und Einrichtung einer Milchsammelstelle 512; Verwendung von Tanks an Stelle von Kannen 76; Sammeln in Tanks 320; Temperatursteigerung von gekühlter Milch bei Tanklagerung 1101; Bakteriengehalt von Tankmilch im innerstaatlichen Schifftransport 587. - Sammeln und Transportieren in Tanks in Schweden 591; Ausrüstung der Farmen mit Kühltanks in England 591; Hofmilchtank-Tanksammelwagensystem und Qualitätskontrolle in den USA 590; doppelmantelige Milchtanks 922; Tank mit Tauchkühler und Verdampfungskühler 447; Tank ohne Eis- und Wasserbedarf 586; Tanks für Milchhaus 819; fahrbare Tanks für Anbindeställe 745; Tanks im Karussellmelkstand 664. - Milchanfuhr zur Molkerei in Tankwagen 512, 1279; Milchtanker mit 7900 l Fassungsvermögen 924.

Milchtransport über Rohrleitung in die nahegelegene Molkerei 399. - Kannen: Temperaturdifferenzen beim Transport unter subtropischen Bedingungen 448; Transport mit Elektrolaufkatze 183; Milchkannenkarre 183.

Milchschafe s. unter Schafhaltung.

Milchseparieren, Milchzentrifuge 447; elektr. Betrieb 1101+; Verwendung von Elektromotoren für höhere Frequenzen 74.

Milchviehhaltung s. unter Rinderhaltung.

Milchwerk, Hallenbauweise 503.

Milchwirtschaftsräume, Grundkonzeption für Weidezentralen mit Rohr- und Kannenmelkanlagen 257; Milchhaus für das Rohr- und Kannenmelken 819; Milchkammer, Planung 397.

Mischen, "D-370" 1338. - von Futtermitteln s. unter Futterzubereitung.

Mischfutter, Homogenität und Losetransport, maschinentechn. Probleme der Mischfutterherstellung in der Schweiz 72; Entmischung von Trockenmischfutter während des Transportes vom Futtermischwerk zum Verbraucher 72.

Mist s. Stallmist; Entmisten s. dort.

Mittellangstand s. unter Anbindeställe.

Mixen, Handmixer, sinnvoller Einsatz 449; Handmixer auf der Kölner Herbstmesse 1961 339; Mixer auf der Kölner Frühjahrsmesse 1963 1107; Mixer als Bestandteil der Anbaumöbel 200; Handrühr- und Mixgerät "RG 3" 1106; Handmixer der Fa. Krups 79.

Möhren s. Mohrrüben.

Mohn, Dreschmaschine 1087.

Mohrrüben, Mechanisierung der Ernte 354, 355+, 468, 776, 1301; Erntemaschinen 1251; Einsatz der Vollerntemaschinen 776; zapfwellengetriebene Möhrenernter 1303; Umrüstung von Kartoffelrodern für die Wurzelgemüseernte 1123; Einsatz des Kartoffelsammelroders "E 675" zur Ernte von Spätmöhren 1303. - Mietenlagerung in Kisten 674; Gefriertrocknung 199.

Molke, Transport durch Rohrleitung von Molkerei in Schweinestall 512.

Molkereien, Bauten 501; Bauplanung und maschinelle Einrichtung 502; Planung und Bauausführung 502; Planung und Bauausführung einer Genossenschafts-Molkerei 503; Einfluß der maschinentechn. Einrichtung auf Planung und Bauausführung 502; elektr. Ausrüstung, Planung und Bauausführung 503; Baunormen 1351; Milchwerk in Hallenbauweise 503; Glas als Baustoff 504; Fliesen 504. - Säureschutz 504; Wasser und Abwasser 503. - Molkereimaschinen, Fach-Bezugsquellennachweis 830. - Molkereiprodukte, Zustandsänderung der Luft in Kühl- und Lagerräumen, Darstellung im i-x-Diagramm 284.

Mollier-i, x-Diagramm 284; Berechnung von Trocknungsvorgängen 12.

Molybdendisulfid, Verwendung für feste Schmier-Schutz-Überzüge 1043.

Moorbeetkulturen s. unter Zierpflanzenbau.

Moorgebiete, Baugrundsätze für den Wirtschaftswegebau 1152; Be- und Entwässerungsnormen für Niederungsmoore 870; Bearbeitung von Moorböden mit Fräsen 36.

Moorpflüge s. unter Pflügen.

Moorsanddeckpflug s. unter Pflügen.

Moshay, Probleme der Planung in Israel 1178.

Mostereien, Baunormen 1351,

Motoren

Gliederung: Hinweise
Allgemeines
Bauarten, Typen
Fertigung
Betrieb
Baugruppen
Verschleiß

H i n w e i s e: s. auch Dieselmotoren; Elektromotoren s. Elektroantriebe; s. auch unter Schlepper.

A l l g e m e i n e s: Theorie, Konstruktion und Berechnung von Schlepper- und Automobil-Motoren 1049+; neues Verfahren der Drehschwingungsmessung 285.

B a u a r t e n, T y p e n: Jahresübersicht 1961 1; Smithfield-Schau 1961 380; Grünes Buch 1962 137; Rückblick auf interessante Motorenentwicklungen an der TH Stuttgart 1048; Entwurf einer Typenreihe für die Jahre 1966 - 1970 in der SU 844. - Hybrid-Motor, Kombination von Otto- und Dieselmotor 1210; MAN-M-Vielstoffmotor mit partieller Abgasrückführung 1210; Butan- oder Propanmotoren für Beregnung 298.

Ottomotoren: 17+; Ottos Vierzylinder-Viertaktmotor von 1861 15; Werkstoff- und Gestaltungsmöglichkeiten für den Leicht-Ottomotor 1048; abgasturboaufgeladene Ottomotoren in USA 841; MAG-2-Takt-Benzinmotor "1020-SRB", Prüfbericht 285; Leistungssteigerung beim Benzin-Anlaßmotor "PD-10M" 143.

F e r t i g u n g: Fertigungsanlage für Bimetall-Lagerschalen 847; Oberflächenhärtung von Kurbelwellen 1048; induktives Oberflächenhärten von gegossenen Kurbelwellen 1048. - Automat zur Fertigung von Ventilen 847; Automat zur Herstellung von Ölabstreifringen aus Stahlguß 847; Lit. über Herstellung von Zündkerzen und Untersuchung der Durchschlagsicherheit von Isolierstoffen 286+.

B e t r i e b: Korrosion, Schmierung und Temperaturkontrolle 840; Schaubild zur Beurteilung des Verbrennungsablaufes in Kolbenkraftmaschinen 1048; Indikatorendiagr. zur Ermittlung von Kennziffern über polytrope Verdichtungen und Ausdehnungen 839; Gerät zur Darstellung des Druckverlaufes im Einlaß von Verbrennungs-Motoren 144. - Darstellung der Leistung hydraulischer Motoren 3. - Vorwärmevorrichtung "T-120" 359; Vergaservereisung und ihre Verhütung 689, 1209; Schmierölpumpen beim Kaltstart von Verbrennungskraftmaschinen 689.

B a u g r u p p e n: Berechnung der Formzahlen von Kurbelwellen 689; Messung der Drehbewegungen von Kolbenringen im Motorenbetrieb und deren Einfluß auf die Abdichtung 1048; Gleitlager in Kolbenmaschinen, Berechnung 840; Lit. über Pleuelstangen aus Aluminium 286+; Auslegung von dämpfungsgekoppelten Drehschwingungsdämpfern für Kolbenmotoren 689. - Lit. über Luftfilter 286+. - Kühlwasservorwärmer für Verbrennungsmotoren 841; vom Fahrerhaus abschaltbarer Kühlerventilator 840.

V e r s c h l e i ß: Lit. 286+; Verschleißmessungen mittels radioaktiver Isotopen an Kolbenringen und Gleitlagern 841; Anwendung der Bezugsmarken- und Abdruckverfahren für Verschleißmessungen bei Kolbenmaschinen 1048; Verschleiß, insbesondere bei Kaltbetrieb 841; Lit. über Zylinderverschleiß 286+; Verschleiß an Zylinderlaufbüchsen aus Schleuderguß 285; Lit. über Kolbenringverschleiß 286+; Lit. über Ventilverschleiß 286+.

<u>Motorhacken</u> s. unter Hacken.

<u>Motorheuer</u> s. unter Heuernte: Schwaden, Wenden.

<u>Motorkettensägen</u> s. unter Motorsägen.

<u>Motormäher</u> s. unter Mähen.

<u>Motorsägen</u>

Gliederung: Allgemeines
Einsatz
Bauarten, Typen
Baugruppen
Instandsetzung

A l l g e m e i n e s: Historische Entwicklung der Forsttechnik 212; Unfallverhütung 213.

E i n s a t z: physiol., hygienische und ökonomische Fragen der Arbeit 224; arbeitspsychol. und arbeitshygienische Gesichtspunkte beim Einsatz 367; körperlicher Energieverbrauch bei der Arbeit 370; Einwirkung auf die physiol. Kräfte des Menschen 790; physiol. Bewertung der Qualität verschiedener Arten und Typen 367; physiol. günstigste Art der Handhabung beim Fällen und Einschneiden 616; körperliche Belastung beim Tragen der Motorsägen unter diversen Terrainbedingungen 102; Lärmbelastung 975. - Standard "Fällen und Einschneiden mit der Einmannmotorkettensäge" 957; Schnittglätte beim Schneiden mit Motorsägenketten 226; Steigerung der Arbeitsproduktivität durch techn. Verbesserungen 368; Leistung der Hand- und Motorsägen im Durchforstungsbetrieb 368; Durchführung von Pflegehieben in Jungbeständen 1325; Zeitaufwand und Kosten bei Hiebsflächensäuberung und Jungwuchsläuterung 365. - Holzeinschlag und Holzausformung 367; Arbeitsaufwand beim Fällen 211; rationeller Einsatz beim Einschnitt schwacher Sortimente 791; Fällen von schwachen Bäumen 474; Entasten 369. - Einsatz der Benzinsäge in der UdSSR 368; Einsatz in Finnland 1329.

B a u a r t e n, T y p e n: Übersicht in Frankreich 275. - Zweimannmotorkettensägen: "DMP-80", "MP-50" und "DEP" 367; "Motos", "DMP-80" und "MP-50" 367; "Dolmar" und "Stihl", Reparaturkosten 370; "MP-50", körperlicher Energieverbrauch beim Fällen 370; Partner "X-II" 104.

Einmann-Motorkettensägen 472, 1141; "AS 5" 94; "AS 5 Super" 1141, - Verbesserte Elektro-Motorkettensäge "CHIIMÉ-K6": 225; Leistung bei Durchforstung 368. - "Danarm DD. SF Mark II" 102. - Fa. Dolmar: 104; "CF" 624, 990, 1141; "CH" 1141; "CX", "CX 80", "CL", "DSH" 237; "Taifun" 94, 225, 990. - Benzinmotorsäge "Družba": 358, 472, 790, 1322; Leistung bei Durchforstung 368; "Družba-4" 623; "Družba" mit Sägekette "PCU-1" 1321; "Družba-60" mit Sägekette "PCU-1", Leistung 1325; "Družba-60" und "Družba-60M" 789; Vorrichtungen zur Verbesserung des Kettenschärfens 225. - Einsatz der "ES-35" bei der Fällung 1142. - Homelite "7-19" 224, 1141. - Jo-Bu "Tiger" 225, 237, 1141; "JMP-40" 367, 469, 1142; "JMP-54" 367; Jonsereds "XF" 237; "Kama" 789. - McCulloch: "Super 44 a", Prüfung durch FPA 624; "BP-1" mit automat. Schärfvorrichtung 1141; "BP 1-52" 1141; "1-52", "1-42", "1-70" und "1-50" 990. - "Minneapolis" 225; "MP-100" 789. -

Partner: 1323; "R 11": 225; Prüfung durch FPA 624; "X21" 225, 1141. - Pionier "610" 623. - Remington: "Super 75 A" 237; "Super 75 A", Maschinenprüfbericht Ultuna 1325; "Super-75" 225, 623, 1141. - Rex "125", "70" 225. - Schefenacker "AS 5" 225. - Solo: 1142; Prüfung durch FPA 624; Maschinenprüfbericht Ultuna 225; "A 25" 94; "125" und "70" 237. - Stihl: körperlicher Energieverbrauch beim Fällen 370; "07" 225, 237, 1141; "BLK" 1141, 1142; "Contra" 102, 225, 227, 1141; "Contra 1106", Prüfung durch FPA 624; Solo 1141. - "Ural-10" 623, 789, 801.

B a u g r u p p e n: konstruktive Neuerungen an Sägeketten 369; Heißphosphatieren von Sägeketten 369; zahnarme Kette für die "ES 35" beim Kieferneinschlag 1142. - Einsatz von Stahlbuchsen am Schienenkopf der "Faun" 369; hochgezogener Haltebügel an der "ES 35" 369.

I n s t a n d s e t z u n g: Reparaturanleitung 783; Anweisung zur Instandsetzung und Pflege 474; Reparaturkosten im Holzeinschlag 370; Reparatur der Zündung bei der "Družba" 974. - Nietarbeit 974; Nietarbeit mit dem Stihl-Rollnieter 1325; Ent- und Vernieten von Ketten mit Nietbolzen 791. - Kettenschärfvorrichtung "UZS-5" 358; Verwendung von Altöl zur Kettenschmierung 226.

<u>Motorverstäuber</u> s. unter Stäuben.

<u>MTS</u> s. Maschinen-Traktoren-Stationen.

<u>Mücken.</u> Thermoaerosolgenerator "GBA-25" 482.

<u>Mühlen.</u> Baunormen 1351.

<u>Müll.</u> Müll- und Klärschlammverwertung unter Berücksichtigung der Kompostierung 937; Bereitung von Müllkompost 348.

<u>Mulchen.</u> AMJ's kurzer Führer durch Grasmähmaschinen 769; Mulchgeräte zum wiederholten Grasschnitt in Obstanlagen 939; Gerät zum Mulchen bei der Unkrautbekämpfung mit chem. Mitteln 1115. - Schwarzgefärbte Mulchfolien 403; mech. Plastfolienmulchen von Gemüsekulturen 204; Reaktion von solo papaya 350.

<u>Muldenselbsttränke</u> s. unter Tränken: Geflügel.

<u>Multitopf-Platten</u> s. unter Jungpflanzenanzucht.

<u>Musterbauordnung.</u> Inhalt 496.

<u>Muttern</u> s. unter Landmaschinen: Bauteile.

<u>Mylar.</u> Verwendung für Gewächshäuser 769.

Nachdrescher s. unter Mähdrescher.

Nachrichtenübermittlung per Funk, Draht und durch HF-Verbindung 273.

Nachtstrom-Raumheizung s. unter Heizung von Wohnräumen.

Nadelhölzer, Vorschläge zur Erhöhung der Keimkraft des Saatguts 1137.

Nadelmehl, fahrbare Anlage zur Gewinnung von Vitamin-Nadelmehl 986.

Nadelstreubeete, Bau und Behandlung 787; Anzucht von Fichte, Lärche und Douglasie 99.

Nagelbrett, Hilfsmittel zur Jungpflanzenanzucht 203.

Nagelzaun s. unter Zäune.

Nahrungsmittel s. Lebensmittel.

Natursteinstraßen s. unter Straßenbau.

Nebelkühlung im Gewächshaus 773.

Nebeln, Einsatzbereich im Obstbau 1311; im Straßenobstbau 781; Nomogramme für Aerosolbehandlungen 1344; Manual of fumigation for insect control 1165+; Sprühtests mit tragbarem Nebelblaser gegen Pissodes strobi Peck 234; Entwicklungsperspektiven der Aerosolapparaturen 1344; Aerosolapparate mit mech. und thermischer Wirkung 636; Nebelgerät "APG-1" 986, 1335; Automist zur Vernebelung von Desinfektionsmitteln 109; Raumnebelgerät "HKN 2", Prüfbericht 379, 1339; Helma-Kompressor-Nebelgerät "HKN 58" 107; Helma-Zusatz-Nebelgerät für Hanglagen, Prüfbericht 380, 1339. - Prüfberichte Vollebekk: Hardanger Rückenspritz- und Nebelgerät 240; Solo-Rükkenspritz- und Nebelgerät 240. - Thermoaerosolgenerator "GBA-25" 482; Nebel- und Schnellspritzgerät "Jumbo" 956; Aerosol-Sprühgerät "OAN-2" 782; Anbau-Nebelgerät "S 014" 107; Anbau-Nebelgerät "SO 14/1" 997.

Nebraska-Teste, Rotes Buch 1962 2. - s. auch die einzelnen Maschinen und Geräte.

Nelken, Jungpflanzenanzucht im Jiffy-Topf 768; selbstfahrende Hack- und Pflanzmaschine "Russolia" 93; Kosten der Beregnung unter Glas 206; CO_2-Begasung von Nelkenhäusern 1298.

Nematoden, Gerät zur Bekämpfung 1339.

Netzverladeanlagen für Zuckerrüben 58.

Neuseeland, Schlepperbesatz 1; Maulwurfdränung 871; Kühlkonservierung von landwirtsch. Rohprodukten und von aufbereiteten Lebensmitteln 597.

Neutronen-Meßgeräte zur Ermittlung der Bodenfeuchtigkeit 9, 405, 529.

Niederlande, Atomenergie, Preservation of soft fruit by ionizing radiation in the Netherlands, a feasibility study 690+; Mechanisierung in der holl. Landwirtschaft 1167; Mechanisierung des Zuckerrübenanbaues 30; Mechanisierung des Futterbaues 307; Wasserverbrauch und Kosten der Beregnung in Noord-Brabant 159; Arbeitssaison des Mähdreschers 174; Ernten von Rohr 735; Zwiebelernte 1087; Heubelüftung 1962 60. - Milchkontrolle in Holland 924+. - Entwicklung der Kompostbereitung 348; Kühlkonservierung von landwirtsch. Rohprodukten und von aufbereiteten Lebensmitteln 597; Tiefkühlung von Gartenbauerzeugnissen 356+. - Ländliche Straßen 120. - Ausstellungen s. dort.

Nord Carolina s. unter USA.

Normung, Einführung techn. Normen in der landwirtsch. Produktion 1206+; Lit. 276+; Baukastensystem in der Technik 4, 524+; "Svenska Elektrotekniska Norma" (SEN) 13; Fachnorm ON 13-229-61 "Elemente der Kupplung landwirtschaftl. Anhänger mit Radschleppern 0,6-1,4 t" 413; Normvorschrift "GOST 3878-47" zur Prüfung der Motorenölqualität 531; Normierung des Kraftstoffverbrauches bei Pflugarbeiten 284. - Normung für Obst und Gemüse, Sortierung und Verpackung 355. - Norm für das Rupfen von Hühnchen 324. - Baunormen und -regeln (SNiP) "Produktionsgebäude und -anlagen für landwirtsch. Betriebe" 1351; Projektierungsnormen der Bauten für landwirtsch. Nutztiere 125; Normung des Anbindestalles 1363; Normen und Gütevorschriften für die Projektierung von Geflügelfarmen 513.

Norwegen, Eignung landwirtsch. Betriebe für eine Mechanisierung 112; Bodenkartierung 284; Schlepperbesatz 1; Futtergräserernte 44; Lagerung von Winterkohl 778. - Landwirtschaftl. Betriebsgebäude 510.

Notzoneggen s. unter Eggen.

Nylon-Netze für Wildgatter 236.

Obstbau

Gliederung: Hinweise
Allgemeines
Bodenbearbeitung
Pflege
Schädlingsbekämpfung
Ernte
Sortieren
Transportieren
Verpacken
Lagerung
Verarbeitung

H i n w e i s e: Frostschutz, Nebeln, Spritzen, Sprühen s. dort.

A l l g e m e i n e s: Arbeitsaufwand in der UdSSR 344; Obstbau im Großbetrieb 202+; der moderne Großbetriebs-Obstgarten 203+; Einfügung des Erwerbsobstbaues in den bäuerlichen Betrieb 84+; moderne Vermarktung 1031. - Arbeitsbedarf in Spindelbuschanlagen 1109; Dränage 766, 936; Düngung 767; Maßnahmen gegen Witterungsunbilden bei der Arbeit 940.

Mechanisierung: 202, 942; Lit. 1292+; Überblick über derzeitige Mechanisierungsmittel 1287; Zusammenstellung DLG-anerkannter Maschinen 113; Maschinen aus Rumänien 203; neue Geräte 766; Vorführung von Maschinen 468; Einsatz von Einachsschleppern 20; Pflanzmaschinen für Obststräucher 938.

Standardobjekt für Wirtschaftsgebäude 467; Befestigung der Hauptwege in Obstanlagen 948. - Lexicon of terminology used in the fruit and vegetable trade 200+.

B o d e n b e a r b e i t u n g: Verbesserung flachgründiger Böden 936; Komplexmechanisierung 1113; Bodenbearbeitung vor der Pflanzung von Bäumen 767; Wirksamkeit verschiedener Kulturmaßnahmen vor dem Auspflanzen von Gehölzen 602. - Bodenbearbeitungsgeräte: 468, 1115; Arbeitsweise und Konstruktionen 202; "Halb-Anbau-Rahmen" für die Kettenschlepper "KD 35" und "DT 54" 460; vergleichende Untersuchung mit Scheibenegge, Grubber und Kreiselegge in Obstanlagen 346; an den Bäumen ausweichende Boden-

bearbeitungsgeräte 1315; Einsatz von seitlich ausladenden Hackfräsen zur Bearbeitung des Bodens in den Baumreihen 351; Gerät für die Arbeit zwischen Baumreihen 956; Baumscheibenfräsgerät "SWO-2" 348; Fräse "FS-09" 344. - Zapfwellengetriebene Rotationshacken 939; Beerenobstquartiere, Motorhacken mit stufenlosem Getriebe 1288; Spatenkrümler 1288; Kultivator für Baum- und Beerenobstanlagen 936; Kultivator von Vicon 1292; Rotationseggen (selbstrotierend) 939; "Kwikmulder" der dänischen Fa. Dethlefsen 1288. - Erd- und Pflanzlochbohrgeräte 1115.

P f l e g e: Methoden der Bodenpflege 1287; Bodenpflegearbeiten in den Baumreihen, Versuchsgeräte 1286; Vorrichtung für den Obstkultivator zur chem. Unkrautbekämpfung 1115. - Mulchgerät zum Mulchen bei der Unkrautbekämpfung mit chem. Mitteln 1115; Mulchgeräte zum wiederholten Grasschnitt 939. - Beregnung: 1113; Beregnungsversuche bei Kern- und Steinobst 942; Mechanisierung der Bewässerung 457. - Kalken der Stämme und Leitäste als Schutzmaßnahmen gegen hohe Temp. 92.

Obstbaumschnitt: Ermittlung des Schnittenergiebedarfes mit einem Pendelschlagwerk 346; Schnittversuche 1283; Verminderung des Schnittaufwandes in Niederstammpflanzungen 346; Maschine zum Beschneiden von Obstbäumen 610; Langschere zur Fruchtholzverjüngung 461. - Pflückschlitten im Einsatz beim Schnittholzsammeln 939; Schlegelernter "Fl 140" als Buschhäcksler 461; Holzzerkleinerungsmaschinen der Fa. Beva 956.

S c h ä d l i n g s b e k ä m p f u n g: 1311; Bedeutung des Pflanzenschutzes im zukünftigen Intensivobstbau 954; Technik 779; vergl. Untersuchungen von Pflanzenschutzgeräten 210; Einsatz vorhandener Regenanlagen 1311; Verregnung von Pflanzenschutzmitteln mit einer Perrot-Anlage 1312. - Auszubringende Spritzbrühenmenge in geschlossenen Anlagen 210; Nebel- und Schnellspritzgerät "Jumbo" 956.

E r n t e: Stand der Mechanisierung in den USA 1305; Fortschritte der Mechanisierung 1302; Mechanisierung der Kernobsternte 108; Citrusernte durch mech. Verfahren 949; Untersuchungen über mech. Eigenschaften von Obst unter bes. Berücksichtigung einer maschinellen Ernte 355; Widerstandsfähigkeit von Äpfeln gegenüber Beschädigung 948.

Plattform zur Ernte von Tafelobst 776; Plattform für Ernte und Schnitt 468;

Pflückschlitten und Pflückwagen 948; Pflückgerät für "Dichtanlagen" 949; Arbeitsgerüst mit zwei höhenverstellbaren Körben 1305; Kernobst, Einsatz der fahrbaren Pflückbühne 108; Einsatz eines mech. Pflückers und einer Flutlichtanlage in einer Kirschenplantage 1307; Einmann-Pflückbühne für die Citrusernte 208; Maschine zum Ernten von Baumobst 610. - Leichtmetall-Pflückkörbe 948; Plastik-Eimer als Pflückgefäße 90.

Pneumatische Baumobsternte 1124, 1306; pneumatische Ernte, theoretische Analyse der Vorgänge beim Lösen einer Frucht vom Fruchtholz 1125. - Erfahrungen bei der Mechanisierung des Schüttelns 89; Schüttelmaschine für die Ernte von Sauerkirschen 208; Schüttler für die Pflaumenernte 1306, 1346. - Schwingungsweite der Rüttler 776; Obstrüttelgeräte in Kombination mit Auffangvorrichtungen 1305; Rüttler zur Aberntung von Straßenobstbäumen 1308; Sammelgerät für Falläpfel 466. - Maschinelles Ernten der schwarzen Johannisbeere 1304.

Ernten in Großkisten 207; Großkistenverwendung bei Äpfeln 1126; Rationalisierung der Obsternte durch den Einsatz von Paletten 1122.

S o r t i e r e n: 1308; Grundlagen 837; Sortierung, Kalibrierung und Verpackung, Normung 355; Sortier- und Aufbereitungsraum 467. - Sortiermaschinen: 778, 1308; Stand des Entwicklungsprogramms in Holland 1126; Übersicht in Frankreich 275; "Hermes"-Sortiermaschinen, Röllchenbahn und Transportbänder 950; "Hermes" mit zwei Bahnen, DLG-Prüfbericht 1126; "Greefa Modell AT" 950; "Unifruct" 1286; "Unifruct III" 1308.

T r a n s p o r t i e r e n: Mechanisierung 1308; Transportfluß und Arbeitsplatzgestaltung bei gemeinsamer Obstaufbereitung 777; Arbeitsverfahren beim Transport von Äpfeln vom Baum zum Lager 1304. - Wagen zum Abtransport des Obstes 948; Tiefladeanhänger 1111; einachsiger Tiefladeanhänger 766; Tiefladeanhänger "T 015" 108, 997. - Ladebühne für die Beladung von LKW 956; Entladen der Fahrzeuge mit Klemmkarren, Hubwagen oder Hubstapelwagen 948; Gabelhubwagen "Typ 101" 1308; Förderband "RH-Farmer 40" 156.

Verwendung von Palette und Großkiste im Erwerbsobstbau 1302; Vergleich von Palette und Großkiste 1123; Einsatz von Paletten 1022, 1285; Amortisation des Paletten- und Hubstaplereinsatzes 778; innerbetrieblicher

Transport auf Paletten mit Hubstaplern 950; Einsatz der Hubgabel beim Palettenverkehr 343. - Obstlager: Vertikaltransport, Elektro-Gabelhubstapler in Verbindung mit Paletten 1308; Horizontaltransport, Paletten mit Gabelhubwagen, Gabelhubstapler, Klemmkarren und Röllchenbahnen 1308. - Transport und Handhabung von Großkisten 465; Großkistenverwendung bei 'McIntosh'-Äpfeln für den Frischmarkt 1304; Gabelstapler, Anbaugeräte für den Obstkistentransport 468.

V e r p a c k e n: Verpackungsmaterialien 81; Normung 355; Standardization of packaging for fruits and vegetables 953^{+}; Bedeutung der Plaststoffe für die Verpackung 355; Verpackungsgefäße, PVC-Beutel, Netze und Foodtainer 1310; Verpackungsprobleme beim Tafelobst 1127; Stand und Problematik der verlorenen Verpackung bei Frischobst 1127; Tafelobst in Kartonverpakkung 1309; Verpackung von Äpfeln 209; Holzverpackungen 1309; Faltverpakkungen 1309. - Technik der Vorverpackung 1310; Vorteile der Vorverpackung 1310. - Kleinverpackungen für Weichobst 209; Abfüllvorrichtung für Kleinverpackung 1126.

L a g e r u n g: Einfluß von Standort, Umweltfaktoren und Kulturmaßnahmen auf den Lagerungserfolg 90; Grundsätze erfolgreicher Lagerung 1127; bestimmende Faktoren für die Größe von Obstlagern 1310; universelle Lagerhalle 1030; Aufbereitung und Lagerung in der Obstgenossenschaft in Saint-Andiol-Bouches-du Rhône 1030; Obststationen in Vaucluse 611; Lagerräume, Raumklima 825; Lagerung in ventilierten Lagerhäusern 1310; Lagerraum mit separatem Maschinenraum 467. - Lagerung von Äpfeln in verpacktem Zustand 90; Großkistenverwendung und Lagerung von Äpfeln und Birnen 1125; Behandlung von Obst in Kisten mit "stop scald"-Lösung 1312.

Konservierungsversuche in Gas- und Dauerkühlräumen mit Kernobstdauersorten 954; Gerät zur Einstellung der Gaszusammensetzung im CO_2-Lager 778; Entfernung von CO_2 durch Wasser in Lagerhäusern mit kontrollierter Atmosphäre 952; Erfahrungen mit Luftwäschegeräten bei der Kühl- und Gaslagerung von Äpfeln 952; Einfluß der Luftwäsche auf den Keimgehalt und die Zusammensetzung der Atmosphäre 952; Luftwaschanlage "Sigma" 356.

Kühlprobleme 1031; Kühltechnik in den USA 356; Kühltechnik in Lagerhäusern 1311; Bauverfahren und Einrichtungen für die maschinelle Kühlung 951;

Kühlhaus 1031; Kühllager, Luftwaschtürme "System Thor" 950; Kühlraum in Frankreich 145; Klimaturm 1278; Messung und Kontrolle der rel. Feuchtigkeit im Kühllager 951.

V e r a r b e i t u n g: Obst- und Gemüsetechnologie 202+. - Bauten, Baunormen 1351; Aufbau einer Apfelaufbereitungsstation 209; Aufbereitung in Südtirol 1308; Obstpresse "Willmes ABC" 210. - Kühlkonservierung 597; Gefrierkonservierung 339, 597; Kleinkühlgeräte und Kleinwärmeausstrahler für die Verwertungsgewerbe 779; Tiefkühlung von Gartenbauerzeugnissen in Holland 356+.

Ölfeuerung, Verwendung von Schweröl für die Gewächshausheizung 206. - Ölofen für Geländebeheizung s. unter Frostschutz; s. auch unter Heizung von Wohnräumen.

Ölherd s. unter Küchenherde.

Ölmühlen, Baunormen 1351.

Österreich, Boden- und Landschaftsschutz in Niederösterreich 297; landwirtsch. Meliorationswesen 870; Lehre und Forschung auf dem Gebiete der Wasserwirtschaft 870; Wildbach- und Lawinenverbauung 990. - Mechanisierung des Zuckerrübenanbaues 30; landwirtsch. Trocknung 904; Apfelwicklerwarndienst 612. - Unfallschutzanordnungen 213. - Steckerfertige geschlossene Gefriergeräte für die Landwirtschaft 81+.

Offenställe für Rinder

Stallklimatische Untersuchungen in verschiedenen Haltungssystemen 657; Bauhandbuch für LPG 114; Mastenbauweise 386; Schneeeinwirkungen 248; Wirkung von Windkräften 249. - Ställe mit überdeckten und freien Futterplätzen 911; Ställe in Montereau 69. - Rationalisierung der Arbeit bei kleineren und mittleren Beständen 910.

f ü r K ü h e: 510; Vergleich der Milchviehhaltung im Anbinde- und Offenstall 746, 1008; Vergleich der Produktionskosten für Milch bei verschiedenen Stalltypen 1188; Hygiene und Gesundheit der Tiere 1187; Haltung von Kühen unter den klimatischen Verhältnissen der Schweiz 817; Probleme der Offenstallhaltung in den Gebirgslagen der DDR 818; Formen der Wärmeregulierung im Winter 399; Erfahrungen in Schweden 125, 400; Offenställe in Italien 256; Haltung in offenen Laufställen in den USA 1269.

Lage-mäßige, bauliche und betriebstechn. Lösungen 1185; Erfahrungen beim Bau 397; Möglichkeiten des Aufbaues 1186; Vergleich der Gesamtkosten eines Tierplatzes in Offen- und Geschlossenställen 125; Baukosten und Arbeitszeitaufwand 1186; Taktverfahren im Bauprogramm 1959 511; Großanlagen in der DDR 510; schwedische Baulösungen 658, 1187, 1188, 1363; Kaltställe in Mastenbauweise, 120 Kühe 399; Stall für 70 bis 80 Kühe in Stahlskelettbauweise 825; Anlage Groß-Lüsewitz 127; Anlage in Dittersbach 255; Anlage für 576 Kühe 656; Stall für 120-140 GV 509; Anlage für 180 Kühe im Gebirge 128; Offenstall als Anbindestall für alpenländische Betriebe 254. - Boxenliegestall 398; Stall mit getrenntem Freß- und Liegeplatz 659; Freßplatz eines Stalles mit Spaltenboden 816; Dornburger Stallprofil, Anwendung in Offenstalltypen 255.

Komplettierung der Anlagen: 396, 398, 511, 663, 816, 818, 1189; Einrichtung von Liegeboxen 399, 510, 817, 1267; Einrichtung des Typen-Offenstalls 10,50 m als Boxenlaufstall 398. - Regenwasserableitung und Kotentfernung 511; Vorrichtung zum Festhalten der Kühe bei der Fütterung 444.

f ü r J u n g v i e h: 128+, 396; Offenlaufstall mit Selbstfütterung 580; Zweiraum-Laufstall 1010; Kälberoffenstall 656; Wirtschaftlichkeit der Kalbzucht im Freistall 185+. - Ökonomischer Vergleich der Jungbullenmast im Anbinde- und Offenlaufstall 69. - Zwischennutzung von Offenställen für die Entenmast 133.

Ställe für Schweine s. unter Schweineställe.

Oliven, Mechanisierung des Anbaues in Italien 202; Flugzeugeinsatz zur Schädlingsbekämpfung 1343. - Mechanisierung der Ernte 735, 1302; Maschine zur Ernte 610; U-förmige Erntezange und Sammelgeräte 776.

Orangen, Trägheitsschüttelgerät 949; Lagertemp. und Luftfeuchtigkeit in Indien 80.

Ottomotoren s. unter Motoren.

Paletten, Transport von Sackgütern 545, 701; Einsatz im Gartenbau 1284. - s. auch unter Obstbau.

Pappel, Tiefpflanzung 968.

Paprika, Nest-Streifenverfahren bei der Aussaat 349; Jungpflanzenanzucht im Jiffy-Topf 768; Handhydrobohrer für Pflanzlöcher 349; Vergleichsprüfung von Pflanzmaschinen 41. - Einfluß der Bodenerwärmung im Freiland 774; Entwicklung der Mulchtechnik mit Plastfolien 204. - Vollmechanisierung der Pflege 460; Pflege mit dem Kultivator "KRN-2,8" am "DT-14" 202.

Paraffin-Standards zur Eichung von Neutronen-Meßgeräten 9.

Parunin, Wärmeaustausch-Entlüftungssystem 645.

Pasteurisiergebäude für einen Champignonbetrieb 93.

Patentschriften, dokumentationstechn. Verarbeitung 679.

Peltierkühlung s. unter: Kältetechnik; Gefrier- und Kühlkonservierung.

Penetrometer zur Beurteilung der Bodenstruktur 528.

Permutit, Wasserenthärtung 347.

Peronospora, Flugzeugeinsatz zur Schädlingsbekämpfung 1343; P. tabacina, Spritz- und Sprüheinrichtung zur Bekämpfung 239.

Pestwurz, chem. Bekämpfung auf Grünland 237.

Pferdeställe, Baunormen und -regeln (SNiP) 1361; Normen und Gütevorschriften für die Projektierung 507; Richtlinien für den Bau 396; zusammensetzbare Stahlbetonkonstruktionen 115; Laufstall für 4 Pferde 320. - Luftraten für Lüftung je GV 644. - Umbau zum Schweinestall 1365.

Pferdewagen und -geschirr in der VR China 155.

Pfirsiche, physik. Messungen als Grundlage für pneumatische Ernteverfahren 1124; Ernten in Großkisten 207.

Pflanzen

Gliederung: Allgemeines
Pflanzmaschinen
Gartenbau
Forstwirtschaft

A l l g e m e i n e s: Lehrbuch 531; Pflanzen von Rübenstecklingen in Furchen 1114; Auspflanzen von Zuckerrüben, die in Erdballen angezogen wurden 1239; Lit. über Getreidetiefpflanzverfahren 306^{+}; Kosten beim Tabakpflanzen von Hand und mit Maschinen 306.

P f l a n z m a s c h i n e n: 1241^{+}; Arbeit von Schlepperaggregaten bei erhöhten Geschwindigkeiten 31; Berücksichtigung der menschl.Anatomie

bei Anordnung der Bedienungselemente und Form der Sitze 1044; selbsttätige Nachführung von Arbeitselementen an einer Leitlinie 523. - Maschinen zum Stecklings- und Pflanzensetzen 297; Vergleichsprüfung 41; Gerät auf der DLG-Ausstellung 1962 887, 996. - "Robot", NIAE-Test 42; "SKNB-4" 42; "SRNM-4" und "NRM-6", Anbau-Kopfdüngevorrichtung 422; Quadratnest-Pflanzmaschine "SU6-VITIM" 169; "SUP-4" und "RPU-4" 41; "Super Prefer" und "Nardi" 425; Scheiben-Sämlingspflanzmaschine "TP-4" 169+; Steckrübenpflanzmaschine "TP-r" 169+; "VPG-4" für Rübenstecklinge 314.

G a r t e n b a u: Maschinen- und Geräteprüfung 1283; "A 811" 349. - "A 821": 349, 602; Pflanzenbedarf bei Gemüse 603, 1113; für Junggehölze in Baumschulen 766. - "Pfl 5" 602; "Pfl 5" mit Gießaggregat 460; "Pfl 5 A/Kfl 4", Prüfbericht Potsdam-Bornim 1291; "Pfl 5", "PF 7" und "A 821" zum Pflanzen der Obstgehölze 1113. - "RPS-4" 938; "RSM-4" 202, 460; selbstfahrende Hack- und Pflanzmaschine "Russolia" 93; "SKN-6" 938; "SKNB-4" 938; SRDN-2" 938; "SRN-2", Pflanzen von Frühtomaten 202; "SU-4" 938.

F o r s t w i r t s c h a f t: Zeitaufwand auf ehemaligem Acker- und Weideland 1137; Bohrhackenpflanzung 220; Vergleich von Bohrhackenpflanzung und Winkelpflanzung 1138; Anwendung der Winkelpflanzung im StFB Annaberg 1138; Winkelpflanzung, Erfahrungen im StFB Bautzen 1138; Pappel-Tiefpflanzung 968. - Ballenpflanzverfahren 364; Pflanzen von Douglasien-Topfballenpflanzen 968. - Zusatzvorrichtung zum Pflug "PKL-70" 215; Pflanzzange "PT-303" 364; "SFI"-Pflanztasche zum Transport und zur Aufbewahrung von Pflänzlingen 967.

Pflanzmaschinen: Maschinensysteme 96, 783; Einsatz in der kanadischen Forstwirtschaft 361; Maschine für Schlepperzug im Kriechgang 99; "B 812" 212; "Robot" und "Ackord" 361; "LMD-1" 962; T.M. Lowther 788; "SBN-1" 215; "SLČ-1" 361; Maschine von VNIILM 965.

<u>Pflanzenphysiologie.</u> Forschungsarbeit über Verdunstungsvorgänge im westlichen Nord Carolina 687; Behälter für Verdunstungsuntersuchungen an lebenden Pflanzen 688; Vorrichtung für die gleichzeitige Registrierung der Wasseraufnahme durch das Wurzelsystem, der Transpiration und der Gewichtsänderung der Grünmasse 404.

Pflanzenschutz, Lehrbuch 531.

Pflanzgruben, Sprengen mit Sicherheitssprengstoff 767.

Pflanzliche Produktion, Arbeitsorganisation bei Einführung der komplexen Mechanisierung 1066; komplexmech. Produktionsgruppen und Brigaden 870+; Empfehlung für den Zuckerrübenanbau 1963 1066. - Probleme des industriemäßigen Anbaues der Hauptkulturen in der SU 1227; Mechanisierungsstand verschiedener Arbeitsbereiche der westdeutschen Landwirtschaft 1066; Anbautechnik im mittelalterlichen Polen 1229+.

Pflanzlochbohrer, Erd- und Pflanzlochbohrgeräte 1115; Hydro-Pflanzlochgeräte für das Pflanzen von Gemüse 1291; hydraulischer Pflanzlochbohrer "GVN-2" 938; Anbau-Wasserstrahl-Bohrer für das Pflanzen von Rebstöcken 938; Pflanzlochmaschinen "BAAS", "KPJA-1" und "Trivella", Prüfung 603. - Bohrer für Gehölzpflanzung 297; Bohrer für große Setzlinge "KPN-100" 344; Bohrer mit Zuschüttevorrichtung 96; transportabler motorisierter Erdbohrer "PMB-1" 471; elektr. Bohrgerät 605; Anbau-Frässchnecke 873.

Pflasterung, Verwendung von Beton 246.

Pflaumen, physik. Messungen als Grundlage für pneumatische Ernteverfahren 1124; mech. Schüttelgeräte oder Vibratoren 1305; Schüttler für die Ernte 1306, 1346; Ernten in Großkisten 207. - Geeignete Sorten für die Gefrierkonservierung 778.

Pflege

s. auch: die einzelnen Maschinen und Geräte; die einzelnen Kulturen; unter dem Arbeitsvorgang.

l a n d w i r t s c h. K u l t u r e n: von Macchine & Motori Agricoli vorgestellte Neuheiten 1348; Typentabelle für Maschinen der BRD 30.

f o r s t l. K u l t u r e n: Maschinensysteme 783; Maschinen und Geräte für Baumschulen 216; Geräte für die Pflege von Zwischenfurchen 221; Durchführung von Pflegehieben in Jungbeständen 1325; maschinelle Hiebsflächensäuberung und Jungwuchsläuterung 365; Kulturpflege mit der Bodenfräse 969; Rücken-Motoraggregat "RA-1" 1136; Gerät "MGKŠ-5" zur Bodenpflege innerhalb der Reihen 968.

Pflückbühne s. unter Obstbau: Ernte.

Pflückschlitten s. unter Obstbau: Ernte.

Pflügen

Gliederung: Allgemeines
Untersuchungen
Einsatz
Schlepperpflüge
Forstwirtschaft
Baugruppen

A l l g e m e i n e s: 1; Ansprüche der Fruchtarten 34; Überblick über die Entwicklung des Pfluges 1070; Typologie und Nomenklatur 1070. - Royal-Smithfield-Show 1962 996; Wereldkampioenschap ploegen 717⁺.

U n t e r s u c h u n g e n: Bewertungsmethoden 36; Meßmethodik für die Pflugarbeit 111; Geräte und Meßeinrichtungen zur Be- und Auswertung des Arbeitseffektes von Pflugkörper 164; Bodenbearbeitungsversuche 1071; Ursachen der Bodenverdichtung in der Sohle der Pflugfurche und deren Vermeidung 881; Anwendung von radioaktiven Düngemitteln zur Erkennung der Pfluggrenze im Boden 34. - Bestimmung der Kräfte an Schlepper und Pflug bei regelndem Kraftheber 163; Abhängigkeit des Zugwiderstandes von der Bodenart 1218.

E i n s a t z: Einfluß von frühem und spätem Pflügen auf den Boden 878; Leistungsvergleiche 709; Arbeitsnormen 1233; Steigerung der Arbeitsproduktivität beim Pflügen durch stärkere Schlepper 709; Einfluß von Abmessungen und Einstellungen auf die Schlepper-Pflugarbeit bei der Zugwiderstandsregelung 1070; Senkung des Energiebedarfes 709; Normierung des Kraftstoffverbrauches bei Pflugarbeiten 284. - Regelung der Furchentiefe 36. - Einsatz im italien. Obstbau 202. - Pflugarbeit am Hang 881; Erprobung einer Spillwinde zum Einachsschlepper-Triebachszug 1219. - Schnellpflügen s. bei Schlepperpflüge.

S c h l e p p e r p f l ü g e: im VEB BBG entwickeltes Baukastensystem für Pflüge 710; standardisierte Reihe in der ČSSR 879; Anforderungen an Pflüge in Zusammenhang mit der automat. Schlepperlenkung 24, 710; Mechanismus der Programmsteuerung des Schleppers "Bops 60" 1051; Anbau- und Aufsattel-Pflüge für schwere Schlepper 879. - Automat. Pflug 1070; automat. Pflug "Agri Robot" von Sieling 421, 708, 878, 880. - Regel-

hydraulikpflug, konstruktive Voraussetzungen 710; Schälpflug, Stoppelbearbeitung im Mähdruschbetrieb 708. - Pflüge zum Auflockern und Entfernen von Wurzeln und Wurzelstücken 1069; 8-Furchen-Pflug mit Spornrad zur Aufsattelung 110; Arbeit mit dem Hopfenpflug für 3-m-Anlagen 880; Baumschulrodepflug "B 176" für Seilzug 461; Anhänge-Schälpflug "DF 16" 34; Anbau-Pflug von Domsch 878; 4-Furchen-Aufsattel-Pflug "FR-TS-78" 109; "Gligan" 460; 6-Furchen-Pflug "Hexatrac" 380; Spatenpflug von Howard 878; Anbau-Pflüge "KE-230" und "UFE-230" 244; Pflüge von Mèlotte 1346; "Mouldboard"-Pflug 1232; "P-5-35MA", "P-4-35M", "P-3-P" 1115; "P-4-ZOPU" 460; Plantagenpflug "PP-50P" und "PP-50PG" 344; Anbau-Plantagenpflug "PPL-50" 304; Plantagenpflug "PPU-50A" 304; "PT-3-30S" und "PT-3-30" 29; Anbau-Pflug "PW-3-35r", Bewertung technologischer Kennwerte 1236; 3-Furchen-Wechselpflug "Ransom FR.TS.83" 1166; "TE-3" und "TE-4" 244.
Schnellpflügen: 18, 31, 164; Versuche zur Erhöhung der Pfluggeschwindigkeit 35; agrotechn. Bewertung 421; Auswirkung der Steigerung der Pfluggeschwindigkeit auf Zugkraftbedarf und Bodeneigenschaften 301; Einfluß erhöhter Arbeitsgeschwindigkeiten auf die Leistung 551; ökonomische Beurteilung höherer Arbeitsgeschwindigkeiten 709; Stoppelschälen bei erhöhten Geschwindigkeiten 31; Pflügen mit 9,7 km/h Geschwindigkeit mit J.D.-Riesenschlepper 1070. - Schnellpflüge 18; Entwicklung von Bodenbearbeitungsgeräten für höhere Geschwindigkeiten 302; Pflüge für höhere Geschwindigkeiten mit halbschraubenförmigen Streichblechen 29; Spezialpflug für höhere Geschwindigkeiten der Fa. Gebr. Eberhard 31; Pflug mit Pflugkörper "PS-15" für höhere Geschwindigkeiten 31, 243; "P-5-35 MG" 534; "PP-3-30M" und "PP-3-30V", Einfluß der erhöhten Geschwindigkeit 162.
Beetpflüge: 876; Vergleichsprüfung von Anhänge-Pflügen mit Untergrundlockerern 302; Anhänge-Pflüge "B 187" und "B 187/1" 710; "B 187", Prüfbericht Potsdam-Bornim 711. - Anbau-Pflug "B 110/3" 34; Anbau-Pflüge "B 125", "B 125/1" und "B 126" 710; "DZ/25" 34.
Kehrpflüge: Pflug für den "Triple-D"-Schlepper 1233; verbesserte Kehr-Rollpflüge 879.
Drehpflüge: Rückentwicklung von Winkeldrehpflug zum Volldrehpflug 876; Test-Reports 1961 des NIAE 282; Winkeldreh-, Dreh-, Wechsel- und Beet-

pflüge 876; Anbau-Drehpflüge 243; Anbau-Winkeldrehpflug 711; Anbau-Winkeldrehpflug "B 158", Prüfbericht Potsdam-Bornim 303; Mèlotte Winkeldrehpflug "QM 14P", ILR-Prüfbericht Wageningen 303; 2-Furchen-Anbau-Drehpflug "FR TS 82" 109; 2-Furchen-Drehpflug "P75R1" 302; Drehpflug "PRP-2-35" 29.
Moorpflüge: Grundlage zur Berechnung 717+; Internationale Vergleichsprüfung 416; "AOZ-100M" 1066.
Weinbergpflüge: schleppergezogene Pflüge 1289; Sitzpflüge 203, 458; "SZEK" 203+.
Tiefpflüge: Vergleichsvorführung von Sandbodenmeliorationspflügen 303; Anhänge-Moorsanddeckpflug "B 177" 711; Anhänge-Sandbodenmeliorationspflug "B 185" 711; "AOZ-100M" für die Urbarmachung 162; Tiefkulturpflug "CE-24" 303; Pflug mit Tiefenlockerungsscharen 767.
Scheibenpflüge: Anbau-Pflug "B 130/3", Prüfbericht Potsdam-Bornim 163; Anbau-Pflug "B 137" 34, 710; Zwillingsscheibenpflug 1232; Scheibenpflug "DKB-4" 415; Scheibenlockerer "RLD-2" 619. - Scheibenschälpflüge: Vorteile und Einsatzbereich 878; Stoppelbearbeitung im Mähdruschbetrieb 708; Arbeitsweise bei erhöhten Geschwindigkeiten 37.
F o r s t w i r t s c h a f t: Rationalisatorenvorschläge zur Vervollkommnung der Pflüge für Bodenvorarbeiten auf ungerodeten Kahlschlägen 966; Waldpflüge als Aufsattelgerät zum "TDT-40" 618; Anhänge-Pflug zur Bodenbearbeitung bei der Pflanzung 787; Pflug mit 2 Streichblechen für den Kahlschlag 363; Vollumbruchpflug "A 175" 212. - Vollumbruchpflug "B 175": 711, 997; Zugkraftbedarf 1319. - "CE 24" 619; "PBN-2-54" ("60") 619; Anhänge-Pflug "P-5-35", Verbesserung der Konstruktion 1318; "PBN-75" techn.-ökonomische Bewertung 965; "PBN-2-54" 965, 966; Scheibenpflug "PDB-4" als Aufsattelgerät zum "S-80" 618; "PKB-54" 619, 962; Pflugplaggen mit dem "PKB-56" 1319; "PKL-70" 360, 965, 1319. - "PL-70": 966, 619, 1318, 1319; als Aufhängegerät zur streifenweisen Bodenbearbeitung 358; Umbauvorschläge 217; Vorrichtung zum "PL-70A" für die Lockerung des Bodens in den Furchen 218. - Pflug "PLN-3-30" mit Sävorrichtung 218; Waldpflug "PLN-140B" 618; "PLP-135" 358, 363, 965, 1319; "PN-3-30R" 966; mit Stahlschneide versehener Tiefpflug "PP-50" 218; Plantagenpflug

"PP-50P" 619, 1137; Anhänge-Pflug "PR-8" 98; "PRL-70" 966; Entwicklung des Gebirgspfluges "T-34" 96.

B a u g r u p p e n: Pflugkörper: konstruktive Berechnungen mit Hilfe elektronischer Rechenautomaten 35; Lit. über Formen 422+; Wendelform 876; neuer Pflugkörper von Ventzki 1070; Versuchs-Pflugkörper für hohe Geschwindigkeiten 145; Schnellfahr-Pflugkörper der Fa. Eberhardt 711. - Pflugschare: Untersuchungen im IfL Potsdam-Bornim 711; morphologische Beobachtungen 882; Erprobung von Scharen aus Stahl "L-65" 303; gezahntes Schar für feste Böden 709; organische und mineralische Stoffe zur Herstellung und Beschichtung von Scharen und Streichblechen 1071; Silikat-Schare, Versuchsergebnisse 1071; Schare und Streichbleche mit Hartemail-Überzug, Versuchsergebnisse 1071; Kunststoffe als Überzüge über Schare und Streichbleche 1042. - Streichbleche: Formen für höhere Geschwindigkeit 111, 881; Pflug mit Rollen-Streichblech 879; Streichbleche aus Glas, Versuchsergebnisse 1071; Kunststoffbelag 164, 1071; Wasser-Streichblechschmierung 709. - Funktion und Anordnung der Vorarbeitungswerkzeuge 876; Anbauvorrichtung für Scheibenseche 787; Vorrichtung zum Unterpflügen von Maiseernteresten 163; Konstruktion der Koltermesser an Waldpflügen 966. - Ergebnisse der Prüfungen von Kapronbuchsen 712. - Überlastsicherungen 876. - Hydraulisches Hubsystem für 3-Scheiben-Schälpflug 25; Scharpflüge hydraulisch betätigt, ausweichende Pflugkörper 457. - Höheneinstellungen, Regelungsprobleme 523; "Hanomag-Pilot"-Tiefensteuerung für 2-Furchen-Kehrpflug 110; Pflugfurche, selbsttätige Nachführung von Arbeitselementen an einer Leitlinie 523. - Einfluß des Stützrades auf Arbeitsleistung und Wirtschaftlichkeit des Aufsattel-Aggregates 163; Aufsattel-Kopplung zum Schlepper "Belarus" 302; Anhängevorrichtung "NZ-2" für 2-Scharpflug "PKL-70" 619.

<u>Pflugschare</u> s. unter Pflügen: Baugruppen.

<u>Photometer</u> "PPF-UNIIZ" und "FP-1" 273.

<u>Photorelais</u> "SevNIIP" 1327.

<u>pH-Registrierregler,</u> Gerät zum Messen, Registrieren und automat. Regeln von pH-Werten 836.

<u>Phyllocoptruta oleivora Ashm.,</u> Versuche mit Sprühgeräten in tragfähigen

Citrus-Plantagen 1343.

Physik, Grundlagen der Mechanik 833+; physikalische Grundlagen, Chemie-Ingenieur-Technik 5+; Messen und Rechnen, Grundlagen der Größeneinführung und Einheitenfestlegung 402+; Physik für Unterricht, Forschung und Technik 5+; Umsturz im Weltbild 5+; Unités de mesure des grandeurs physiques 5+.

Phytophthora infestans, Bekämpfung vom Flugzeug aus 1060, 1061.

Phytotron, australisches Phytotron von CERES 943.

Picker s. unter Mais: Ernten von Körnermais.

Pikieren s. unter Jungpflanzenanzucht.

Pissodes strobi Peck, Sprühtests mit tragbarem Nebelblaser 234.

Planieren s. unter Bodenbewegen.

Plankenkettenförderer zur mech. Beschickung der Futterautomaten 331.

Plantagenegge s. unter Eggen.

Plaste s. unter Kunststoffe.

Plattengefrierer, Aufbau und Arbeitsweise 199.

Plattenformlastaufzug zum Sacktransport 545.

Pleuelstangen aus Al, Lit. 286+.

Polen, Anbautechnik im Mittelalter 1229+; Analyse des Bedarfs an landwirtsch. Transporten 544; Fertigung von Meliorationsmaschinen 1230; Stand der Folienverwendung im Gemüsebau 1117; forstliches Bauen 236.

Polikliniken, Typenprojekte 1181.

Polyäthylen s. unter Kunststoffe.

Polyamide s. unter Kunststoffe.

Polyester s. unter Kunststoffe.

Polymere s. unter Kunststoffe.

Polypropylen als Werkstoff im Waschmaschinenbau 199.

Porree, Gefriertrocknung 199.

Prachtkäfer, chem. Holzschutz für das im Walde lagernde Nadel- und Laub-Rundholz 106.

Pralldüsen s. unter Spritzen.

Pressen, jährliche Kosten in Abhängigkeit von der Erntefläche 555. - "PLO-5" zum Pressen von Ästen in Bündel 472; hydraulische Pressen für

Reparaturwerkstätten 278.
Pressen für Heu s. unter: Heuernte; Heupreßlinge. - Sammelpressen s. dort; Pressen von Futtermitteln s. unter Futterzubereitung.

Preßluftgeräte, Einfluß von Vibrationen auf Leistungsfunktionen und emotionales Verhalten 402.

Projektierung, Fotomodellprojektierung 1170. - s. auch die einzelnen Bauten.

Prüfwesen, Tätigkeitsbericht der Bundesversuchs- und Prüfungsanstalt für landwirtsch. Maschinen und Geräte 1961 2. - Einblick in die bei der Prüfung forstlicher Maschinen und Geräte auftretenden Schwierigkeiten 1134. - Prüfung von Landmaschinen s. unter Landmaschinen; s. auch die einzelnen Maschinen und Geräte.

Pumpen, Beregnungspumpen s. unter Beregnung; s. auch unter Bewässerung; Güllepumpen s. unter Gülle; Pumpen für Melkmaschinen s. unter Melken.

Übersicht in Frankreich 275; Grünes Buch 1962 137; Schlepper-Anbaupumpen, Test-Reports 1961 des NIAE 282; Einrichtungen für die dörfliche Wasserversorgung 251; Anschlußwerte für Wasserpumpen 530. - Darstellung der Leistung hydraulischer Pumpen 3; Lit. über hydraulische Widder-Stoßheber 869+. - Zentrifugalpumpen, DLG-Prüfberichte: fahrbare Eisele-"Rheinstrom" 547; fahrbare "Pfalz 636" 547; "ZP 4" 547. - Kreiselpumpen: für Flüssigkeiten und Gase 547+; Drei-Stufen-Pumpe zur Wasserförderung 665; Suntetorp "GL 1" 869; Pumpe mit Zapfwellenantrieb von "Unimog" 32; "2K-6" 188. - Pumpenmotoren, Anwendungsmöglichkeiten der Elektronik 272. - Handpumpe "NR-3,5" 183.

Weidepumpen: ortsveränderliche Anlage 329; Anlagen für das Tränken von Schafen 188.

Puten s. Truthühner.

Putzen, Lit. über maschinelles Putzen 810+.

PVC s. unter Kunststoffe.

Pyrethrum, "Robot"-Pflanzmaschine 42; Trockner, NIAE-Test 953; Lindeteves Drycom-Trockner, NIAE-Test 953.

Quadratnest-Pflanzmaschine s. unter Pflanzen.

Quadratnestsaat s. unter Säen.

Quecksilber-Quarzlampen, Anlage zur UV-Bestrahlung von Geflügel 75.

Querschwadroder s. unter Rüben: Ernte.

Quetschmaschine für Zuckerrohr 60.

Quetschzetter s. unter Heuernte.

Radiation s. unter Isotope.

Radiographie, Prüfung von Lötstellen 142.

Radionucleide s. unter Isotope.

Radio-Teleaktograph zur Kontrolle des Verdauungsapparates von weidenden Schafen 273.

Radiothelemetrische Anlagen, Untersuchung der Spannungen in den Einzelteilen und Baugruppen von Landmaschinen unter Feldbedingungen 1046.

Radschlepper s. Schlepper; Einachsschlepper s. dort.

Räucherschränke, Bau und Verwendung 340.

Räumschnecken s. unter Grabenräumung.

Rammgerät s. unter Forststraßen.

Raps, Mähdrusch 431; Gerät zum Fang von Coleopteren 1345.

Rasenpflege, Ausstellung von Parkpflegegeräten 1961 357. - Rasenmäher s. unter Mähen.

Rasenschmiele, chem. Bekämpfung auf Grünland 237.

Rat für gegenseitige Wirtschaftshilfe, techn.-wiss. Zusammenarbeit beim landwirtsch. Bauen 827; 15. Tagung des RGW 1961, Einführung fortschrittlicher Typenprojekte für Stallanlagen 828; Motorleistung als Hauptkennwert des Maschinensystems für die Vollmech. der Landwirtschaft der RGW-Länder 843.

Rationalisierung und Familienbetrieb 7.

Ratten, Bekämpfung in der Landwirtschaft 992.

Rauhfutter, Ernte s. Heuernte, Stroh; Ernteaufbereitung und Lagerung s. unter Heubelüftung; Silieren s. dort. - Transportkosten bei verschiedenen Transportmitteln 26.

Raumfahrt, Forschungen, Ernährung und Technologie der Nahrungsmittel 763.
Raumklimatisierung s. unter Klimaanlagen; s. auch Stallklima.
Raumpflege, Arbeitsaufwand 77; Fußbodenpflege 1281; Reinigung und Pflege der Fußböden, Arbeitsaufwand 341; Staubsaugen und Bohnern 599. - Lit. über die Mechanisierung der Fußbödenreinigung 600+; Lit. über elektr. Fußboden- und Teppichreinigungsgeräte 765+; Energie- und Leistungsbedarf von Elektrogeräten 758; Staubsauger- und elektr. Bohnertypen, Übersicht 82. - Vergleich der Reinigungsmethoden für Teppiche 200; elektr. Teppichklopfgeräte 932; "Omega"-Teppichklopfer 1106. - Staubsauger s. dort.
Raupenschlepper s. Kettenschlepper.
Rebholzzerkleinerer s. unter Weinbau: Pflege.
Rechenanlagen, Kommandosystem der universalen automat. Zahlenmaschine "BESM-2" 833+. - Elektronisches Rechnen in der Forschung 522+; elektron. Rechenmaschinen, Anwendungsmöglichkeiten in der Landwirtsch. 273; Nachahmung eines Dieseleinspritzvorgangs auf einem elektron. Analogrechner 842; Pflugkörper, konstruktive Berechnungen mit Hilfe elektron. Rechenautomaten 35. - Bedeutung programmgesteuerter Rechenlocher für die Forstwirtschaft 1316; Elektronen-Rechenmaschinen im Dienste der Holzversorgung 222. - Anwendung der Mathematik in der Gebiets-, Stadt- und Dorfplanung 119.
Rechtswesen, rechtliche Fragen des landwirtsch. Flugzeugeinsatzes 542. - Baurecht s. dort.
Referatenblatt für Schlepper und Landmaschinen 680+.
Regelung, Vorgänge in lebenden Wesen 833+. - Regeltechnik: Grundprobleme 281; Benennung und Begriffe 833+; Forschungsarbeiten des Inst. Braunschweig-Völkenrode 831; Lit. über Steuerungs- und Regelungstechnik 833+; Handbuch techn. Regelvorgänge 833+.
Regner s. unter Beregnung.
Reiben, Material und Formgebung 338.
Reihendüngung s. unter Düngen.
Reihenspritzung s. unter Spritzen.
Reihenzieher für landwirtsch. Feldversuche 715+.
Reinigen von Erntegütern s. unter den einzelnen landwirtsch. und gärtn.

Produkten; von Milchgeräten s. unter: Milchgerätereinigung; Melken; von Maschinen s. unter Landmaschinen; von Wohnräumen s. unter Raumpflege; von Geschirr s. Geschirrspülen.

Reis, Vollmechanisierung des Anbaues 736+; Flugzeugeinsatz zur Düngung 1072; Längen- bzw. Seiteneinstellungen bei Aufnahmevorrichtungen 523.

Reisighacken s. unter Holzaufbereitung: Zerkleinern.

Reißer "R 125" 1286. - Reißer von Futtermitteln s. unter Futterzubereitung.

Reißlackverfahren zur Ermittlung auftretender Spannungen 1046.

Reithallen, offene Reitplätze, Richtlinien für den Bau 396.

Reparatur s. unter Instandsetzung.

Reparaturwerkstatt 1200; Anwendung von Silikatbetonplatten 1171.

Restaurieren von alten Gebäuden 643.

Rettich, Mechanisierung der Ernte 1301.

Reutern s. unter Heuernte.

RGW s. Rat für gegenseitige Wirtschaftshilfe.

Rhizinus, pneumatisches Sägerät 1238.

Rhodesien, Schweineställe 667.

Riementriebe, Jahresliteraturübersicht 833.

Rieselland, Mechanisierung der Getreideernte 1247.

Rigolen, Einfluß auf die Bodenstruktur 84.

Rillenziehen, Hilfsmittel zur Jungpflanzenanzucht 203.

Rilsan, Eigenschaften 769.

Rinde, Standardisierung 1320. - Entrinden s. unter Holzaufbereitung.

Rinderfütterung

Gliederung: Allgemeines
Futtertransport, -verteilung
Selbstfütterung
Automatische Anlagen

A l l g e m e i n e s: Mechanisierung 1271; Mechanisierung im Warmstall 657; Möglichkeit verschiedener Fütterungsarten im Anbinde- und Laufstall 751; Füttern in Laufställen 508; Füttern in Offenställen in Italien 256. - Fütterungstechnik: Stand und Entwicklungstendenzen 1098; Einfluß auf den Kapitalaufwand/GV 815. - Arbeitswirtsch. Überlegungen 330; Arbeitsaufwand

verschiedener Methoden 184; Arbeitszeitaufwand und -bedarf im Anbindestall 909; Arbeitsverfahren bei Milch- und Mastvieh 184; leistungsfähiges Konservierungs- und Fütterungssystem 916; Arbeitsablauf der Heulagegewinnung und der Fütterungstechnik 1098. - Organisation und Anlage von bodenbefestigten und überdachten Futterständen 910; Preßgitter für Anbinde- und Laufställe 1272; Vorrichtung zum Festhalten der Kühe im Offenstall 444.
F u t t e r t r a n s p o r t, -v e r t e i l u n g: Mechanisierung der Futterverteilung 327, 330; Preßplatz- und Fütterungseinrichtungen in Laufställen 127; Versuchsanlagen für Offenställe 1097; mech. Futterzubringung in einer Offenstallanlage 825, 826; Kraftfutterverabreichung für Milchvieh in Offenställen 750; Kraftfutterverteiler 187. - Mech. Fütterung von Silage in Offenställen 69; mech. Futterzubringer für Grünfutter und Silage 395; Transportschnecke zur Futterverteilung 320; Schneckenförderer für Silage 320; befahrbare Futtertenne 395; befahrbarer Futtertisch, halbautomat. 396; fahrbare Futtertische 747, 815. - Futterverteiler 918; umlaufende Futterketten mit Mitnehmer 1268.
Futterverteilwagen: 439, 751, 815; Einsatz in Anbindeställen 508, 580; Anhänge-Wagen 183; zweirädriger Futterverteiler 661; selbstentladender Wagen 1268; Grünfutter-Wagen 1095; Wagen "RM-5" 1266; Wagen "RM-10" 1266. - Seilzug-Futterwagen 183; seilwindengetriebener Futterwagen 660; seilgezogene Futterwagen bzw. Förderbänder mit Abstreifern 1266.
Verteilung mit Hilfe eines Schleppers 321; Frontladereinsatz 659.
S e l b s t f ü t t e r u n g: im Laufstall 1363, 1364; Offenställe, Rauhfutter und Silage in Selbstfütterung 1266; Einrichtung und Betrieb der Silage-Selbstfütterung 917; Selbstfütterungsversuch am Fahrsilo 316; Selbst-Fütterung und Speicher-Fütterung von Jungvieh und Schlachtvieh 1012. - "Elektronisches Euter" für Fütterung von Kälbern 919. - Silagefütterung s. auch unter Gärfutterbehälter.
A u t o m a t i s c h e A n l a g e n: 448; amer. mech. Systeme zur Silageentnahme aus Hochsilos und Verteilung der Silage 73, 1272; automat. Silagefütterung aus Hochsilos mit Hilfe von Futterschnecken 1268; vollmech. Fütterung von Heusilage und feucht geerntetem, siliertem Getreide 911. - Harvestore-System: 326, 396, 745; Anlage Albareto in der Po-

ebene 1189; Jungbullen-Mast mit im Harvestore silierter Körnergerste 917; Nachteile 751. - Silage, Futterverteilertröge und -rohre mit Förderschnekken und Dosiervorrichtungen 1227. - Fütterungshalle mit automat. Futterstrecken 1184; Automatisierung der Fütterung von Milchkühen im Anbindestall mit Mischfutter 583; Jungbullenmastanlage im Laufhofsystem mit Automatenfütterung 663; Verwendung von Kraftfutterautomaten bei der Jungbullenmast 69. - Automat. Anlage für Entnahme und Verfütterung von Ballenheu 918; Vorrichtung für Rohrmelkanlagen im Melkstand zur Dosierung der Kraftfuttergabe 488.

Rinderhaltung. Vollmechanisierung in der UdSSR 439; in den USA 1268; Haltung bei verschiedenen Technisierungsstufen und Bauformen 6; Mechanisierung der Arbeitsprozesse 579; Maschineneinsatz in Rinderfarmen 747. - Versuch zur einstreulosen Haltung 506. - Organisation in den LPG 659; Arbeitszeitverkürzung 753. - Engl. Großmastanlage 747. - "Zwitter"-Lederhalsband für Bullen, DLG-Prüfbericht 581; Stände zur Klauenpflege bei Zuchtbullen 190; Zwangsstand für Massenuntersuchungen 257.

Milchviehhaltung: Verbesserung 1268; Grundkonzeption für Weidezentralen mit Rohr- und Kannenmelkanlage 441; Intensivhaltung von Schlacht- und Milchvieh 253. - Arbeitserleichterungen 662; Herabsetzung der Arbeitszeit 579; Steigerung der Arbeitsproduktivität in den Milchfarmen der UdSSR 746; Arbeitsaufwand in der Milchviehhaltung in den USA 1007; zweischichtige Arbeitsweise bei der Laufstallhaltung 69. - Vollmechanisierung einer Milchviehfarm 183; Mechanization of dairy farms 185+. - Einstreulose Haltung der Kühe auf Gummimatten 490; Winteraufstallung von Milchvieh auf schwerem, feuchtem Boden 910; ultraviolette Bestrahlung von Kühen in Laufställen 119; Enthornung von Kälbern und Kühen 74.

Rinderställe. Abkalbeställe s. dort; Jungviehställe s. dort; Anbindeställe s. dort; Laufställe s. dort; Offenställe s. dort; Fütterungseinrichtungen s. unter Rinderfütterung; Tränkanlagen s. unter Tränken; Entmisten s. dort.

Analyse der Beziehung zwischen den Betriebsgebäuden und der Betriebsorganisation 745; Ställe mit neuer Fütterungs- und Haltungstechnologie 1185; vollautomat. Kuhstall 320; Experimentalställe für 180 bis 750

Milchkühe 1184; automat. Rundstall für 22 Kühe 126; Nutzung von Altbauten für die Großproduktion 1008; Rindermastanlagen für 1000 und 2000 Tiere 257; Ställe für Intensivhaltung von Schlacht- und Milchvieh 253; moderne Milchviehanlage in Großbritannien 448; Stall und Ausrüstung für Stoffwechseluntersuchungen mit Kühen 1359; Liegematten aus Plasten für die strohlose Aufstallung 1095. - Ställe mit einem elastischen Spachtelbelag 506.

Spaltenfußböden: 256, 506, 745, 815; Bedeutung und Anlage von Böden 507; Kuhstall mit Kotrostaufstallung 1185; Rostbodenaufstallung mit Schwemmentmistung 826.

Bau: Baunormen und -regeln (SNiP) 1361; Richtlinien für den neuzeitlichen Stallbau 658; Vergleich der Gesamtkosten eines Tierplatzes in Offen- und Geschlossenställen für Milchvieh 125; Erweiterungsfähigkeit 397; Planungsrahmen für die Bemessung in bäuerlichen Betrieben 252; Lösungen für die Ausführung, Kalt- und Warmbau 396; Stallbaufragen für Milchkühe 657; funktionsgerechte Gebäude für Milch- und Mastvieh 1184; Einfluß von Aufstallungsart, Arbeitsverfahren und Futterrationen auf die Gebäudegestaltung 396; Bau und Mechanisierung von Rinderfarmen im Gebirge und Vorgebirge 1013; Errichtung in industrieller Bauweise 1175; Typenbauten mit komplett mitgelieferter Mechanisierung 1169; zusammensetzbare Stahlbetonkonstruktionen 115; Milchviehställe in Montagebauweise 815; Stall für 200 Kühe, Bauteile 384. - Berücksichtigung der Transportprobleme 655; Jaucheableitung von Bullenständen 512. - Wärmedämmung 250.

Arbeitswirtschaft: Arbeits- und Methodenstudien 1007; ökonomische Beurteilung der verschiedenen Melk-, Entmistungs- und Fütterungsverfahren 508; Einfluß von Aufstallungsarten und Entmistungssystemen in der Milchviehhaltung auf die Arbeitsproduktivität 1267; Arbeitsersparnis durch zweckmäßige Umbauten und Mechanisierung 8; Rationalisierung in alten Ställen 580.

Stallklima: Untersuchungen in verschiedenen Haltungssystemen 644, 657; vergl. stallklimatische Untersuchungen mit bes. Berücksichtigung der Abkühlungsgröße 644; zoohygienische Erforschung der natürlichen Wärmeausgleichs-Durchzugentlüftung 645; Wärmehaushalt eines Stalles im Winter

1352; Luftraten für Lüftung je GV 644; Belüftung von Kuhställen, begründet auf dem Prinzip der Regeneration der genutzten Wärme 660; Verbesserung des Stallklimas in einem Rinderstall durch Verstärkung der Wärmedämmung und Einbau eines Lüfters 1362; Einfluß der Baustoffe auf das Stallklima 657. - s. auch Lüftung.

__Ringeln,__ Messerkopf für die Benzinsäge "Družba" 792.

__Ringelwalze__ s. unter Walzen.

__Ritzen,__ Einrichtungen zum mech. Verletzen der Samenoberfläche 968.

__Robinien,__ Vorschlag zur Erhöhung der Keimkraft des Saatgutes 1137.

__Roden__ von Kartoffeln s. unter Kartoffeln; von Rüben s. unter Rüben; Geräte für Baumschulen s. unter Baumschulen.

Stockrodesammler, Internationale Vergleichsprüfung 416; Wurzelroder "VK-1,7" 415.

F o r s t w i r t s c h a f t: Anforderungen an Rodegeräte 98; mech. Rodung von Kahlschlägen 1137; Maschinensysteme 783; Rodemaschine "K-1A" 360, 362; hydraulischer Heber "K-2A" 362; Klöckner-Humboldt-Deutz-Planierraupe mit spez. Rodegerät 98; Kaelble-Planierraupen 98.

Stehendrodung: 964; Vorteile gegenüber der Stockrodung 963; Methoden 104; Rodung mit Schlepper 471; Rodung mit Ketten- oder Radschlepper 964; Großversuche mit dem "S-100" mit Räumschar und Vibrohämmer "VM-3-10" 1318; Gerät zur Rodung, zum Rücken und zum Verladen starker Bäume, Grundlage des "S-100" 1318; Zug- und Hebegerät "Greifzug" 98.

Stockrodung: mit Planierschild, Stumper oder Wurzelrechen 964; Stubbenrode- und Stubbensammelmaschinen, Maschinensysteme zur komplexen Mech. 96; Hanomag-Kettenschlepper mit Wurzel- und Steinrechen "75 L" 98; Rodung und Vollumbruch 1963 in den StFB des Bezirkes Neubrandenburg 1319; Gerät "D-210" 1137, 1318. - Gerät "D-210B": 618, 989; techn.-ökonomische Bewertung 965. - Roder "D-210G" 786; Geräte "K-1-A" 989, 1318; Stockrodegerät "K-1-A" und "K-2-A" 1318; Rode- und Sammelgerät "KS-100" 97.

__Roggen,__ Schwadmähversuche 173; Arbeitsweise von Siebreinigungsvorrichtungen 64; Trocknungstemp. 823.

__Rohholz__ s. unter Holz.

__Rohr__ s. unter Schilf.

Rohrbiegemaschine "TRT-24" 385.

Rohrbrunnen s. unter Brunnen.

Rohre aus glasfaserverstärkten Kunststoffen 4; Rohrleitungen, Heizbänder gegen Wärmeverluste 449. - s. auch unter Beregnung; Bewässerung; Dränage.

Rohrheizkörper, Vorteile 78.

Rohrkettenförderer zur mech. Beschickung der Futterautomaten 331.

Rohrkochplatten s. unter Küchenherde: Elektroherde.

Rohrmatten, Einfluß des Deckenmaterials auf das Stallklima 1016.

Rohrmelkanlagen s. unter Melken.

Rohrschlittentränke s. unter Tränken: Schweine.

Rohrschuppen, Bau 458.

Rollenbahnen, Einsatz im Gartenbau 1284; Röllchenbahnen, Einsatz beim Obsttransport 950, 1308.

Rollenketten, Automaten zur Herstellung 847; Verschleißversuche 831.

Rollhacken s. unter Hacken.

Rollspatenegge s. unter Rotierende Bodenbearbeitung.

Rosen, Kosten der Beregnung unter Glas 206; Aufbewahrung in Lagerräumen mit direkter Kühlung 612.

Rosenkohl s. unter Kohl.

Rostböden s. unter Stallfußböden.

Rostschutz s. unter Korrosion.

Rotes Buch 1962 2.

Rotierende Bodenbearbeitung 164; Lit. 38+; Geräte auf der DLG-Ausstellung 1962 887. - "Rotary Slasher", Test-Report 1961 des NIAE 282; "Under-Tree-Rotavator" 380. - Rotorpflüge: 876; Helical-Rotorpflug 712; Kreiselpflug 876; Kreiselpflug von Raussendorf 876, 878; Kreiselpflug "Kombinus", Stoppelbearbeitung im Mähdruschbetrieb 708. - Spatenmaschinen 876; Spatenpflug von Vicon 878; Rotorspaten "Vicon Rotaspa" 1166; Spatenkrümler, Einsatz in Obstanlagen 1288. - Fahr-Spatenegge für Zapfwellenantrieb 882; finnische Rollspatenegge, Stoppelbearbeitung im Mähdruschbetrieb 708; Vibrationsegge, Einsatz in Obstanlagen 1288; Rotoregge "Rotavette" 296; Kreiselegge 202; Rotationseggen 939. - Rotorkrümler, Einsatz im italien. Obstbau 202; Rotorschaufelkultivator "Rotadigger" 296; rotierender

Arbeitskegel für die Unkrautbekämpfung 42.
Rotationshacken: 1315; Vorführung von Maschinen 1961 in Jodoigne 179; Einsatz in Obstanlagen 1288; Rollhacken 426; "P 108", Prüfbericht Potsdam-Bornim 459; "Motohak", NIAE-Test 165; "EM-12" 351; Hackgerät "SR-4,5" 29.

Rotoreggen s. unter Rotierende Bodenbearbeitung.

Rotorhacken s. unter Rotierende Bodenbearbeitung.

Rotorkrümler s. unter Rotierende Bodenbearbeitung.

Rotorpflüge s. unter Rotierende Bodenbearbeitung.

Rotorschneider, Einsatz 471.

Rüben

Gliederung: Hinweise
Anbau
Säen
Pflege
Ernte
Köpfen
Roden
Vollernte
Blattbergung
Transportieren
Reinigen
Lagern
Samenbau

H i n w e i s e: Silieren, Vereinzeln s. dort.

A n b a u: Mechanisierung 870+; Mechanisierung, 2. DLG-Berichtsheft 1347; Mechanisierung im Ausland 30; Empfehlungen für 1963 1066; Fließbandtechnologie bei Anbau und Ernte 296; Probleme des industriemäßigen Anbaues in der SU 1227; industriemäßiges Anbauverfahren in der LPG Teutschenthal 1229; Untersuchungen zur Einsparung an Vereinzelungsarbeit 555. - Anbaugrenzen am Hang 30. - Maschinen 1066+; Maschinensystem für die Vollmechanisierung 295; Maschinen auf der Ausstellung der DLG in München 548; Frühjahrsvorführung 1962 von Maschinen 295; Schlepper-

Vergleichsprüfungen für Zuckerrübenbetriebe 146; Mehrzweck-Geräterahmen "SKR-18M" und "SKRN-12V" 296. - Kostenabrechnung als Grundlage für die Planung von Betriebsorganisation und Arbeitswirtschaft in Hackfruchtbaubetrieben 835. - Arbeitsanleitung für die Saatbettvorbereitung 1233; Auspflanzen von Zuckerrüben, die in Erdballen angezogen wurden 1239. - Arbeitseinsparung im Futterrübenbau 731; Mechanisierung des Anbaues von Stoppelrüben 549.

S ä e n: Bestellung und Pflege 886; Bodenbearbeitung vor der Aussaat mit erhöhter Geschwindigkeit 165; Zusammenhänge zwischen Saatgut und Saatstärke bei Aussaat mit Drillmaschine und mit Gleichstandssägeräten 39; Fragen der Mechanisierung bei der Bereitung des Monogermsaatgutes und der Einzelkornaussaat 168; Verwendung von Monogermsaatgut 295; Untersuchungen zur Einsparung an Vereinzelungsarbeit im Zuckerrübenbau 555. - Drillmaschinen: Maschinen für exakte Saat 889+; Drillmaschinen, Gleichstandgeräte und Einzelkorndrillmaschinen, Vorführung 1961 in Jodoigne 179; Eignung verschiedener Sämaschinen und Einzelkornsägeräte für die Aussaat von Monogerm-Samen 887; 6-reihige "6-SeCN-450" 113; Sämaschine "SK-12" 295; pneumatisches Sägerät 1238; Einstellung von Drillmaschinen für geringe Aussaatnormen 305. - Quadratnestsaatverfahren: Sämaschine "SKGS-6" 295; Anleitung zum Umrüsten der Maislegemaschine "SKGK-6 W" und Aussaatverfahren 886.

Einzelkornsaat: 179, 887; Verfahren 886; Längsverteilung von Rübensamen in der Saatrinne 1236; Gleichstandsaat, Prüfung von Sämaschinen mit mech. und pneumatischer Ausbringung 168; Erfahrungen bei Zuckerrüben 1237; Einzelkornsaat und Ausdünnen von weißen Rüben 423; Einsatz von Geräten 295; Arbeitsanleitung für das Säen 1238; Maschinen auf der 47. DLG-Ausstellung 548; "A 765" 1237; "Monodrill" 887; Schrittpflanzer 716; "Stanhay" 43, 426; "SKRN-12" 295, 1238.

Kombinierte Maschinen: Bandspritz-Drillkombination 238; Einzelkornsämaschinen "Monodrill" und "Stanhay" mit Reihenspritzvorrichtung 111; Anbau-Einzelkorn-Drillmaschine mit Düngerausbringung, Vorrichtung zur Bodenlockerung und zum maschinellen Auslichten 40; Drillmaschine "2 SPS-6" mit einer Vorrichtung zum Ausdünnen 40; Aussaat mit Einzelkorn-Drill-

geräten am Vielfachgerät 1074. - s. auch unter Säen.
P f l e g e: Bestellen und Pflegen 1073; neue Arbeitsmethoden 43, 426; Hilfsmittel 887; 13. Nationale Vorführung von Pflegegeräten 1239. - Hacken: Vereinzeln und Jäten mit Ausdünnern, Hackwerkzeugen und langer Hacke, Arbeitsanleitung 1076; mech. Hacken, Praxisergebnisse 42; Frontanbau-Steuerhacke "Ugerless" 295; Heckanbau-Steuerhacke J.C.L. 295; Zwischenachs-Hacke von C.Rule 295; Zwischenachs-Anbau-Hacke "Mid-Power" 295. - Bandspritzverfahren: und Bandspritzgeräte zur Unkrautbekämpfung 1341; Stand der Gerätetechnik 378; Erfahrungen im Zuckerrübenbau 635; Bau eines Bandspritzaggregates 109; Bandspritzgerät für die Unkrautbekämpfung 402. - Mech. Unkrautbekämpfung in Zucker- und Futterrüben 426; Eggen von Zuckerrüben mit Unkrautegge, Arbeitsanleitung 1077; chem. Unkraut- und Schädlingsbekämpfung bei Zuckerrüben 485; Unkrautbekämpfung mit Kalkstickstoff und chem. Mitteln 295. - Flugzeugeinsatz zur Schädlingsbekämpfung 1343; Blattlausbekämpfung im Sprühverfahren vom Hubschrauber aus 487. - Reihendüngung 167.
E r n t e: Lit.-Übersicht 637; Organisation 434; Erfahrungen aus der Großproduktionstechnologie 1962 1086; Stand der Mechanisierung in der BRD 1066; Mehrmaschinensystem 1255; Arbeitsstudien von Zeitmessungen bei Einmaschinen- und Zweimaschinenernte 1255. - Arbeit mit Schlepperaggregaten bei erhöhten Geschwindigkeiten 31. - Mechanisierung der Speiserübenernte 901; Stoppelrübenziehmaschine, Zusatzgerät für die Futterrübenernte 731.
Erntemaschinen: 55; DLG-Bericht 1962 730; Landesvorführung 1962 der Landwirtsch.-Kammer Schleswig-Holstein 730; 16. englische Vorführung 899; Vorführung 1961 in Jodoigne 179; neue Maschinen für die geteilte Ernte 56; umlaufende Trennvorrichtung für Hackfruchterntemaschinen 899.
Futterrübenernte: vereinfachte Ernte der Futterrüben 731; Arbeitsaufwand für das Ernten von Futterrüben bei verschiedenen Arbeitsmethoden 901.
K ö p f e n: konstruktive Auslegung von Köpfelementen 1256; Berechnung der Köpfwerkzeuge 900; Höheneinstellungen bei Köpfmessern 523. -

Köpfschlitten und Köpfschwader, Beurteilung der Köpfqualität 1256; Anbau-Köpfschlitten "2-OCN.1" 56; Köpf-Gerät mit Blattablage im Querschwad 1348; Köpfer "2-OCN 1" 1086; Futterlader mit 3-reihigem Köpfer 110. - Form und Gebrauch von Köpfschippen 901; Köpfschippe für Futterrüben 1254.

R o d e n: von Futterrüben mit 3-reihigem Bodengerät 1254; Arbeitsaufwand 899; vergelijkenae tijd- en verliesstudie bij de verschillende suikerbietenrooiprocédés 58+; Längen- bzw. Seiteneinstellungen bei Rodeelementen 523. - Rübenheber, Abhängigkeit des Zugwiderstandes von der Bodenart 1218; Roden mit einem U-förmigen Messer, das am Schlepper angebracht wird 1114; Roden mit Frontlader 901.

V o l l e r n t e: Lit. über die Aussonderung von Steinen 55+. - Maschinen: 1301; Stand der Technik 435; Entwicklungsrichtung 1257; Forderung nach selbstfahrenden Maschinen 1086; Theorie des Aufbaues der Arbeitswerkzeuge 315+; Abhängigkeit der Arbeitsqualität verschiedener Typen von der Stellung der Rüben in den Reihen 179; unregelmäßiger Stand, Einfluß auf die Verluste 402. - Jährliche Kosten in Abhängigkeit von der Erntefläche 555; Bedeutung der Arbeitsqualität im Rahmen der Kostenrechnung 279. - Maschinenvorführung 732, 900; Vorschau auf 16. Vorführung 732; Vorführung von Maschinen 1961 in Elst 370; Vorführung von Maschinen 1961 in Gelchsheim 56; Vorführung in Teutschenthal 1087. - Selbstfahrende Erntemaschinen 56; Sammelernter 1087; Maschinen mit selbstentladendem Rübenbunker 899. - Entwicklung des Köpfroders 435, 732; Bunkerköpfroder 56, 548, 732; Querschwadroder 732; Einsatz des Längsschwadköpfroders 1258; Wagenköpfroder 732, 1258; Vollerntemaschine für Maschinenträger 151; ungar. Vollerntemaschine 179 - Stoll-Köpfroder "B 20" mit Bunker oder Förderband 56; Mads-Amby-Köpfroder "BB" mit Hangsteuerung für Schichtenlinienarbeit 56; Schmotzer "BK 2" mit Eigenbunker 56; "BK 3" mit Rübenförderband 56; "BK 4" als Einmannmaschine 56; Bunkerroder "Bully" 1257, 1347; Catchpole "Cadet" 56, 733; selbstfahrende Erntemaschine von Dyson Harvesters 1258; Längsschwadköpfroder "E 710/4" 1255; Wagenköpfroder "E 710/4", Zusatzeinrichtung "E 723" zum Längsschwadköpfroder "E 710" 902; Vollerntemaschine "Forcaster" der Fa. John Salmon 57;

Overum-"Hilleshög-Minor"-Vollerntemaschine 56; 2-reihiger Sammelroder von Holbaek 899; Einmann-Erntesystem "JF" 732. - Bunkerroder von Kleine 1257; Kleine "KRS-G" für Querschwadablage und "KRX" mit Bunker 56; "KS-2" 434; Kombine "KS-3" 434, 900; Ernte mit den "KS-3" und "KS-2" nach dem Fließbandverfahren 370; "KSZ-1" 435; "Master Tanker" 380; selbstfahrende Vollerntemaschine "Parma 1962" 315; "Rapide" 57, 381; Köpfroder Belinroth-"Rustica","RK-I-25" mit Bunker und "RK I-U" mit Elevator 56. - Bunkerroder von Schmotzer 1257; Kombinen "SKEM-3", "SKEM-3G" und "SKN-2" 434; "SKN-2P" 434; "SPK-3" mit Ablage des Blattes im Schwad 296; Peter-Standen-Vollerntemaschine mit Längsschwadablage und Sammelbunker 56; 2-reihiger Wagenroder von Stoll 1257; Köpfroder von Stille 56; Bunkerroder von Stoll 1257; Stoll Roder "ZS", ILR-Prüfbericht Wageningen 902. - "Vicon" 43, 56, 426, 1257; einreihiger "Vicon steketee", NIAE-Test 733; Bunkerroder "Vicon Super" 1257. - 2-reihige Anhänge-Erntemaschine "2-VCZ" 56.

B l a t t b e r g u n g: Einsatz des Schlegelernters 559, 899, 901; Ernterotor-Duplex 1079; Rivierre-Casalis Sammelpresse "NRA 2-075", ILR-Prüfbericht Wageningen 891; Laden mit Frontlader 1222; Frontlader "T 150" zum Geräteträger "RS 09", Prüfbericht Potsdam-Bornim 154. - Lit. über die Aussonderung von Steinen 55⁺; Lit. über Wascheffekte 68⁺; Lit. über Vorrichtungen zum Vor- und Abtrocknen 68⁺.

T r a n s p o r t i e r e n: Analyse der Güterbewegung 1201; Förderung 274; Probleme des Transportes 1063. - Transportkästen zum Aufbau auf Schlepper 295. - Aufladegeräte 291; Zuckerrübenaufladen mit Hilfe der Gabelkörbe 733; Rüben- und Blattauflader "NR-120" 58; Anhänge-Schwadlader "T 1963" 1255; Lader "T 172", Prüfbericht Potsdam-Bornim 447; kombinierter Einbaulader "T 272", Prüfbericht Potsdam-Bornim 435; Laden mit Frontlader 1222; hydraulischer Lader von Pesci für Heckanbau 154. - Zusätzliche Reinigung beim Verladen 295; Vorführungen von Reiniger-Ladern (cleaner-loader) 438; Lader und Reiniger "Todd Super" 732; Rüben-reinigende Gabel für Frontlader 903. - Verladeverfahren auf Bahnhöfen 58; Verladegeräte "SNT-2,1" und "SOT-40A" 434; Förderband, Test-Report 1961 des NIAE 282; Förderband "RH-Farmer 40" 156; Stalldungstreuer "A.V.3" mit kombiniertem Hackfrucht- und Silageelevator 732; Einrichtung zum Entladen von Wurzelfrüchten 1087.

R e i n i g e n: Lit. über Wascheffekte 68^{+}; Lit. über Vorrichtungen zum Vor- und Abtrocknen 68^{+}. - s. auch bei Transportieren.

L a g e r n: Anlage belüfteter Mieten 1371; Belüftung von Zuckerrübenmieten 744^{+}; Mietenzudeckgerät und Mietenentnahmegerät 439. - Bergeräume 127; Keller mit Förderband 1182.

S a m e n b a u: Mechanisierung 314; Komplexmechanisierung 415. - Rübenstecklinge: Mietenabräumgerät 415; Mietenentnahmegerät "K-2" 415; Pflanzen in Furchen 1114; Pflanzmaschine "Pfl 5 A/Kfl 4", Prüfbericht Potsdam-Bornim 1291; Pflanzmaschine "VPG-4" 415. - Schwadmahd-Schwaddruschverfahren zur Ernte von Samenträgern 1254. - Kaltbelüftung von Samen 572; Samenputzmaschine 1346; Saatgutreinigungsmaschinen für Kalibrierung 319; Saatgut-Saugsichter 1090.

Rücken von Holz s. unter Holzrücken und -bringen.

Rückenbügel im Kuhstall 919.

Rückensprühgeräte s. unter Sprühen.

Rühreggen s. unter Eggen.

Rüttelzetter s. unter Heuernte: Zetten.

Rumänien, Stand der Mechanisierung 843; Transportmechanisierung in der Landwirtschaft 543; Mechanisierung des Maisanbaues 29; Einbringung und Lagerung der Futterpflanzen 558. - Anwendung der Plastfolien im Gemüsebau 205, 1117; Maschinen für den Obst- und Weinbau 203. - Systematisierung der Dörfer 646.

Rundholzabwerfer s. unter Holzaufbereitung.

Rundsilos s. unter Getreide: Trocknung; Gärfutterbehälter s. dort.

Rupfen von Hühnchen, Norm 324.

Saatgut s. unter Sämereien.

Sacktransport, Plattformlastaufzug in Baukastenweise 545; hydraulischer Sackheber und -werfer 701; Sackheber für den Kartoffeltransport 569; Förderband "RH-Farmer 40" 156; Transport von Sackgütern durch Paletten und Hubstapler 545.

Sacktrockner für Zwiebeln 207.

Säen

Gliederung: Hinweise
Allgemeines
Drillmaschinen
Kombinierte Maschinen
Gleichstand- und Einzelkornsaat
Quadratnestsaat
Forstwirtschaft

H i n w e i s e: Maschinen und Geräte für Gemüse s. unter Gemüsebau; für Mais s. unter Mais; für Rüben s. unter Rüben. - s. auch die anderen Fruchtarten.

A l l g e m e i n e s: Lehrbuch 531. - Bodenbearbeitung vor der Aussaat mit erhöhter Geschwindigkeit 165; Erhöhung der Schleppergeschwindigkeiten 18; Arbeit von Schlepperaggregaten bei erhöhten Geschwindigkeiten 31; Leistungsaufwand und Arbeitsqualität in Abhängigkeit von der Fahrgeschwindigkeit 553; Schnelldrillen, Bewertung technologischer Kennwerte 1236. - Elektronische Fernsteuerung von Schleppern 24. - Säen vom Flugzeug aus 542, 1060, 1061. - Samenzählgeräte 788.

D r i l l m a s c h i n e n: 1241^{+}; Einfluß des Bodenzustandes und der Bodenart auf den Zugwiderstand 1218; Steigerung der Arbeitsgeschwindigkeit 145, 534. - Förderschnecke zum Saatgutladen in Drillmaschinen 546. - Zusammenstellung von Neuentwicklungen 113; Zusammenstellung DLG-anerkannter Maschinen 113; DLG-Ausstellung 1962 in München 996; Übersicht über westdeutsche Fabrikate 113; Test-Reports 1961 des NIAE 282; Maschinen auf der Smithfield-Schau 1963 1212; moderne Maschinen 1073; Maschinen für den Schlepperbetrieb 1074. - Getreide-Drillmaschine für hohe Geschwindigkeiten 1236; Maschine für 18 km/h 31; "SZN-24A" für erhöhte Arbeitsgeschwindigkeiten 243. - Untersuchung der pneumatischen Drillvorrichtung 423; pneumatische Drillmaschinen (bis 20 km/h) 18; pneumatisches Gerät für Rhizinus, Sonnenblumen, Mais, Soja und Zuckerrüben 1238. - Neuartige Maschinen-Type 1074; Maschine mit automat. Vorgabe der Samen 358; Punktsämaschine für enthaartes und behaartes Baumwollsaatgut 1239; sowjet. Gras-Sämaschine 1227; motorisierte Parzellensämaschinen 83. - "A 182", Einsatz im Feldgemüsebau 348; "A 187" 602; Anbau-Maschine "A 188" 204, 348, 602; Zwischenachs-Maschine "A 561" 348; "Europlex" von Saint-Hubert 1346; "H.C." 967; "6-SeCN-450" 716; "SK-12" 295; "SKGS-6" 295; Anbau-Leindrillmaschine "SLN-48" 41; "SON-2,8" 345; "SOSŠ-2,8" 202; "UTV-24" und "KTV-24" 244. - Untersuchung der Säapparate der Getreidedrillmaschinen 554; Theorie der Säscharbewegung 424; Schlupfgröße der Antriebsräder 1075.

K o m b i n i e r t e   M a s c h i n e n: Gerätekombination "GSD-1,4" 296; "H-C Furrow seeder" für Herstellung des Saatbettes, Aussaat und Behäufeln der Samen 621; Bestellkombine "KAS-2,7" mit schwingenden Scharen 715; Kombine zur Bestellung mit Abdeckung des Saatbettes durch Kunststoffolien 715. - Kombinierte Drill-Kultivator-Dünge-Maschine "SKRN-12"

168; Hassia-Drillmaschine mit Düngerstreuvorrichtung für Reihendüngung 167; kombinierte Düngerstreu-Sämaschine für den "KTV-24" 889+; Vorrichtung an der Maislegemaschine "SKGK-6V" zur Einbringung von Mineraldüngern 166. - Australische Kultivator-Drillmaschine 1073; Verwendung des Bodenlockerers "RLD-2" in Verbindung mit einer Sävorrichtung 217. - Bandspritzung beim Überdrillen 239; Bandspritz-Drillkombination 238; Einzelkornsämaschinen "Monodrill" und "Stanhey" mit Reihenspritzvorrichtung 111. - Aufbaugeräte für den Motormäher "Rasant" zur Rasenansaat 87.

Gleichstand- u. Einzelkornsaat: 168; Prüfung von Sämaschinen mit mech. und pneumatischer Ausbringung 168; techn. Formen der Einzelkornablage 1074; elektron. Abzählen der Samenkörner in Einzelkorndrillmaschinen 680; Kontrolleinrichtung für die Einzelkornsämaschine, Überwachung der Säapparate 1074; Einzelkorn-Sävorrichtungen und Anbaudrillen 548, 887; Einzelkornsaat und Ausdünnen von weißen Rüben 423; Einzelkornsämaschinen auf der 47. DLG-Ausstellung 548; sowjet. Einzelkornsämaschinen "SKRN-12", "2SPS-6", "SKRN-12M", "2SDN-6", "2STSN-6", Prüfung 305; Baumwolle, Gleichstandsämaschine "STVCh-4" 157; Einzelkornaussaat mit der Maislegemaschine "SKGK-6V" 40; "SKRN-12" für Einzelkornsaat 295; Stanhay-Einzelkornsägerät 43, 426; Einzelkornsämaschine "Schrittpflanzer" 716. - Vorrichtung für die Dippelmaschine "McCormik 350" zur Einbringung von Herbiziden 423; motorgetriebene Dibbelwalzen 83; Weihenstephaner Dibbelbrett 83.

Quadratnestsaat: Samenverteilung im Nest 40; mech. Vorrichtungen, die bei der Quadratnestsaat den Meßdraht ersetzen 40; diagonales Verlegen des Meßdrahtes bei kleinem Nestabstand 1075. - Arbeiten von Schlepperaggregaten bei erhöhten Geschwindigkeiten 31; Aussaat von Baumwolle mit erhöhter Geschwindigkeit 716; Zusatzvorrichtung zur "SKGK-6V" für Aussaat bei erhöhter Geschwindigkeit 424. - Vergleichsprüfung von Sämaschinen 168; Maislegemaschine "SKNK-6" 168; Steuerung der "SKGK-6V" 169; Umrüstung der "SKGK-6V" zur Aussaat von Futterbohnen 554; Vorrichtung für die gleichzeitige Aussaat von Mais und Sojabohnen mit der "SKGK-6V" 423; Vorrichtung für die gleichzeitige Aussaat von Mais und Leguminosen mit der "SKGK-6V" 424; Vorrichtungen zur gemeinsamen Nestaussaat von Bohnen und Mais 887; Anbau-Drillmaschine "SKGN-6A" 1238; Zusatzvorrichtungen zu den Maschinen "SVKG-6" und "SKGN-6", Streuen von Herbiziden 379.

Forstwirtschaft: Mechanisierung der Aussaat 1321; mit Flugzeugen durchgeführte Nadelholzsaat 220; Freisaat von Schottischer Kiefer 220. - Maschinen und Geräte für Baumschulen 216. - Internat. Prüfung für Baumschulen: Schleppersämaschine "SL-SCH-8" 620; Gespann-Sämaschine "K-43" 620; Handsämaschine "SL-5-1300" 620; Handsämaschine Hedelei 620. - Sämaschine für Forstkulturen 96; Säapparat zur Aussaat von Kiefern- und Fichtensamen 621; Sämaschine "MLTI" für die Reihen- und Nestersaat von Eicheln 99; Säen von Eicheln mit dem Gerät "3 SLC-1" 967; Zusatzvorrichtungen zu der Sämaschine von Okulow zum Ausbringen von Dünger 966. -

Pflug "PLN-3-30" mit Sävorrichtung 218; mech. Aussaat der Kiefer und Fichte mit dem Pflug "PKL-70" 1319; Gerät "PST-2A" zur Bodenverwundung mit Vorrichtung zum Aussäen von Kiefernsamen 99; Bodenlockerer mit Sävorrichtung "PST-2A" 236.

Sägegatter s. unter Holzaufbereitung.

Sägen, Motorsägen s. dort. - Historische Entwicklung der Forsttechnik 212; Leistung der Hand- und Motorsägen im Durchforstungsbetrieb 368; Einmannsäge, Übersicht über westdeutsche Fabrikate 113; kombinierte automat. Kappsäge 475; Schlepper-Sägevorrichtung 226; Schneideorgan für spanlosen Schnitt 475; Sägen als Anbaugerät zur Motorsäge 224; Bügelsäge "Sandvik 21" 990; Säge zum Entfernen des Rindengürtels bei der Harzung der Fichte 101. - Elektrokontakthärten von Sägezähnen 227; Schärfen einer Hobelzahnsäge 101.

Kreissägen: Motorsäge für Pflegehiebe in Schutzwaldstreifen 474; Einschneiden von Faserholzsortimenten mit einer fahrbaren Kreissäge 367; Aufarbeitung des Stockholzes zu Hackgut 376; Anlage von Mac-Connel 792; elektr. Säge "S 456" 801; handtragbare "Santilli"-Säge 226; Säge zum Anbau an den Schlepper "DT-14" und "DT-20" 183. - Zusammengesetztes Kreissägeblatt 475.

Sämereien, Sortieren körniger Stoffe, Grundlagen 837; Luftwiderstand 11; Entfernung eingeschlossener Luft bei Dichtigkeitsbestimmungen 1047; Messung der Ausflußmengen mit Blenden und Düsen 282. - Zählgeräte für Samen 788; Samenzähler für Erdnüsse 181. - Samenbehandlung, Lagerung, Prüfung und Transport 968; betriebseigene Trocknung von Futterpflanzensämereien 578; Aufbereitung von Saatgut, Lehrbuch 531; elektromagnetische Reinigungsmaschine "EMS-1" 63; zusätzliche Absackvorrichtung für das Ernten von Feinsämereien mit Mähdreschern 175. - s. auch die einzelnen Kulturen; Forstsamen s. dort.

Säureschutz in Molkereien 504.

Salat unter Nieder- und Hochglas, Arbeitskennzahlen 200; Jungpflanzenanzucht im Jiffy-Topf 768; Verwendung schwarzer Plastikfolien zur Bodenbedeckung 604; Vakuum-Kühler für den Erzeuger-Betrieb 407; Zusatzbeleuchtung 463.

Salbei, Bekämpfung auf Weideland vom Hubschrauber aus 1162.

Sammelpressen, neue Berechnungsmethode der auf die Mechanismen von Landmaschinen einwirkenden Kräfte 832; Einfluß einiger Parameter von Pick-up-Vorrichtung und Schwad auf den Aufnahmevorgang 890. - Instandsetzungstechnologie für Räum- und Sammelpressen 1245.

E i n s a t z: 46, 1082; Arbeitsweise und Einsatzgebiete von Hoch- und Niederdruckpressen 46; Hochdruck-Sammelpresse, Abhängigkeit des Leistungsbedarfes vom Durchsatz 1218. - Arbeits- und Kostenaufwand bei der Grünfutter- und Heuernte 428; Futterbergung einschl. Strohbergung 889; Strohbergung hinter dem Mähdrescher 50; Samenheubergung 48. - Einsatz in der BRD 1066.

B a u a r t e n, T y p e n: 46, 427, 556; Typentabelle 1081; internationale Vergleichsprüfungen von Räum- und Sammelpressen 560; Test-Reports 1961 des NIAE 282; Landmaschinensalon Paris 172, 1167; Smithfield-Schau 1961 380; Hochdruckpressen 308; Niederdruckpressen zum Laden von Heu und Halbheu 308. - Hochdrucksammelpresse "K 441", Prüfbericht Potsdam-Bornim 429; Rivierre-Casalis Sammelpresse "NRA 2-075", ILR-Prüfbericht Wageningen 891; Jones Ballenpresse "Star", Modell "420", NIAE-Test 172. - von Borga 894; hydraulische Ballendichtekontrolle von John Deere 891; Anhänge-Presse "Excelsior" 894; Hochdruck-Sammelpresse "Maximum" 890; selbstfahrende Presse von New Holland 489; Hochdruckpresse "New Holland 78" 430; Ballenwerfer an der Presse "New Holland 78" 111; Hochdruck-Presse "Super 68" 1245; S.A.I.M.M.-Pressen 894, 1347.
s. auch: Heuernte; Stroh.

Sammelroder für Kartoffeln

Gliederung: Hinweise
Einsatz
Bauarten, Typen
Trennvorrichtungen

H i n w e i s e: s. auch Kartoffeln: Ernte.

E i n s a t z: jährliche Kosten in Abhängigkeit von der Erntefläche 555; Arbeitsmethoden 1253; Arbeitsbedarf 52; Rodeleistungen von 3 Typen 54. - Einsatz auf scholligen und steinigen Böden 55; Sammelroden von Kartoffeln bei hohem Beimengungsanteil 1251. - Förderung in einen mitfahrenden Wagen oder Bunkerroder? 569; Maschineneinsatz und Arbeitsorganisation bei der Ernte und Abfuhr nach einem zentralen Lagerplatz 570; unterschiedliche Arbeitsorganisation der Abfuhr 569. - "E 675", Einsatz zur Möhrenernte 464, 1303; Ernten von Gladiolenknollen 1303.

B a u a r t e n, T y p e n: 489; Tendenzen bei der Entwicklung westdeutscher Roder 1252; Überblick über westdeutsche Maschinen 729; 2. DLG-Berichtsheft 1347; Vorführung 1962 in Dethlingen 1252; Bundesvorführung 1962 auf dem Esso-Hof in Dethlingen 896; Maschinen auf der DLG-Schau in München 728. - 7. Internationale Vorführung 898; Vorführung 1961 in Numansdorp und Tollebeek 569; Vorführung in West-Foulden 898; internationale Vorführung 1961 in Beelsby 54. - 2- und 3reihig 569; 2reihige Maschine der amer. Fa. Monarch Sales Co. 54; 2reihige "Twin Major" 898. - Roder für Maschinenträger 151, 537; "K-5B" für Maschinenträger 21; Eicher'scher Sammelroder für einen Geräteträger 728. - Roder aus Finnland 314; "Amac VA", ILR-Prüfbericht Wageningen 729; "Challenger" 1252; "E 675" 989, 904+; "E 675/1" 898, 997; "K-3", "K-6", "KGP-2", Prüfungsergebnisse 314; "K-3" und "KGP-2", Einsatz- und Prüfungsergebnisse 568; energetische Kennziffern des "KGP-2" 55; Leistungen der "KDN-2" und "KKR-2" 156; Mark "IX"898; "Massey Ferguson 711" 1251; "Stroneless" 898; "Tubermatic" 1252; "Whitsed RB" 1252.

T r e n n v o r r i c h t u n g e n: Verfahren zur Abtrennung der Erde, Kluten und Steine 52; elektron. Sichtung des Erntegutes 680; Untersuchung

des Schleuderrades mit Siebtrommel als Arbeitsorgan 730; Entwicklung und Einsatz einer Siebkette mit Gummisträngen 314; Zusatzvorrichtung zur "Minor" zur Entfernung der Steine 1086; Bürstenwalzen des "Luni"-Roders 1252; "Johnson" 1252; "Wisent" 1252; "Hassia", Tellerbürsten 1252.

Sand, Förderband "RH-Farmer 40" 156.

Sandbodenmeliorationspflüge s. unter Pflügen.

Sanitäre Anlagen, Teilergebnisse der Erhebung "Wohnverhältnisse in bäuerlichen Betrieben" in Österreich 1005; Planung im bäuerlichen Wohnhaus 1004.

Sauerampfer, chem. Bekämpfung auf Grünland 237.

Sauerkirschen s. unter Kirschen.

Sauerkraut, Bauten zur Herstellung, Baunormen 1351.

Sauna, Kleinanlagen, Konstruktion und Betrieb 1106.

Saunahaltung der Schweine 321.

Schachtbrunnen s. unter Brunnen.

Schachtlüftung s. unter Lüftung.

Schachttrockner s. unter Getreide: Trocknung. - s. unter Mais: Trocknung.

Schadvogelabwehr s. unter Vögel.

Schädlingsbekämpfung

Gliederung: Hinweise
Allgemeines
Verfahren und Mittel
Maschinen, Geräte

H i n w e i s e: Beizen s. dort; Nebeln s. dort; Spritzen s. dort; Sprühen s. dort; Stäuben s. dort; Unkrautbekämpfung s. dort; Flugzeugeinsatz s. unter Flugzeuge; s. auch Tierpflege.

A l l g e m e i n e s: Pflanzenschutz 996+; Handbuch des Pflanzenschutzes 1165+; Tätigkeit der Schädlingsbekämpfungsgesellschaft von Piacenza und Parma 992; Bibliographie der Pflanzenschutzlit. 109+; Sammlung von Arbeiten der Moldauischen Station für Pflanzenschutz 1959-1960 1345+. - Pflanzenschutz im Gemüseban, Symposium 1128; Bedeutung des Pflanzenschutzes im zukünftigen Intensivobstbau 954. - Verwendung von Pflanzenschutzgeräten, Betriebswirtschaft 1339; Pflanzenschutzbetriebslehre 1346+; Rentabilität des staatlichen Warndienstes 1345+.

V e r f a h r e n u n d M i t t e l: Wirksamkeit von Insektiziden und Herbiziden 1345+; Schädlings- und Unkrautbekämpfung bei Getreide und Mais, Mittelübersicht 485; chem. Schädlingsbekämpfung bei Zuckerrüben 485; Schädlings- und Unkrautbekämpfung auf dem Grünland, Mittelübersicht 237; Bekämpfung von Nematoden 1339; Bekämpfung von Mäusen und Ratten 992. - Mittel und Methoden zur Bekämpfung von Obst- und Beerenschädlingen 1345+; Pflanzenhygiene in Unterglaskulturen 1128; großflächige Bodendesinfektion zur Bekämpfung der Verticillium-Welke an Erdbeeren in Kalifornien 995; Behandlung von Obst in Kisten mit "stop scald"-Lösung 1312.

M a s c h i n e n, G e r ä t e: Mechanisierung der Pflanzenschutzmaßnahmen 1345+; Mechanisierung des Pflanzenschutzes in modernen Großbetrieben 996+; Stand der Gerätetechnik 378, 779; Stand der Technik in der DDR 107; Entwicklung von Geräten in England 379; Übersicht über westdeutsche Fabrikate 113; Zusammenstellung von Neuentwicklungen 113; Geräte für Lohnunternehmer, DLG-Bericht 802; DLG-Ausstellung 1962 in München 996; Smithfield-Schau 1961 380; Smithfield-Schau 1963 1212; anerkannte Pflanzenschutzgeräte 802, 1339. - Besonderheit der Gerätetechnik im Garten-, Gemüse- und Obstbau 1311; Geräte im Obstbau Australiens 781; Einsatzgrenzen am Hang 30; Schädlingsbekämpfung über die Regenanlage 1312. - Eignung von Kunststoffen 1041; Verschleißuntersuchungen an gefährdeten Teilen der Maschinen 1161. - Desinfektions- und Insektenbekämpfungsgeräte 238; Desinfektionsgerät "LSD-2" 446; Handinjektoren und fahrbare Injektionsgeräte für die chem. Bodenentseuchung 1311; Gerät von Bauffe für die Bodendesinfektion 1348; Anbau-Bodenbegasungsgerät "FPTN-2,25" 1345+; Gerät zur Bekämpfung von Nematoden 1339. - Modernisierung des Anhänge-Köderwurfgerätes 1345+; Streueinrichtung zur Ausbringung von Insektizid-Granulaten 1165; Verwendung des Weinbergpfluges "PRVN-2,5" für die Einbringung flüssiger Giftstoffe in den Boden 1345+. - Gerät zum Abbrennen der Seidepflanzen 1165. - Anlage zur Bereitung von Giftbrühen 486; Mittelbehälter, Verwendung glasfaserverstärkter Kunststoffteile 682.
Fanggeräte: Insekten-Fanggerät 1345; Licht-Fanggerät für Insekten 241, 242, 612; Gerät zum Fang von Coleopteren an Raps 1345; Lebendfanggerät für bodenbewohnende Säugetiere 1345; Fangschlitzgerät "S 662" 107; Bekämpfung von Erdeichhörnchen mit einem Gangzieher 234.

Schäleisen s. unter Holzaufbereitung.

Schälschutz, Einband 987.

Schafhaltung, Ausrüstung eines Milchschafbetriebes 184; Radio-Teleaktograph zur Kontrolle des Verdauungsapparates von weidenden Schafen 273. - Tränken 329; Selbsttränken 188; Tränken auf Weiden 188. - Badeanlage 190; ortsfeste Duschanlage "SDU-G" 445; elektr. Schur 441.

Schafställe, Baunormen und -regeln (SNiP) 1361; Ställe in Bulgarien 656; Großgruppenhaltung in den nördlichen Bezirken der UdSSR 670; Lattenrostställe 506; Lattenrostställe in Island 815; Stall für 250 Mutterschafe mit Nachzucht 1194. - Belüftung 669; Luftraten für Lüftung je GV 644. - Stall als Heulager 1370.

Schalldämpfer für Heubelüftungsanlagen s. unter Heubelüftung.

Schaltuhren für Haushaltsgeräte 79.

Scharfräsen s. unter Fräsen.

Schaumglas, Anwendung im landwirtsch. Bauwesen 247.

Schaumsilikat, Platten als Außenwandelemente für Warmbauten 520.

Schaumstoffe, Polystrol, zur Isolierung im Bauwesen 403.

Scheibeneggen s. unter Eggen.

Scheibenpflüge s. unter Pflügen.

Scheibenradfeldhäcksler s. unter Feldhäcksler.

Scheibensaugtränken s. unter Tränken: Rinder.
Scheideschlamm, Verwendung zur Kompostbereitung 1289, 1290.
Schere, Langschere zur Fruchtholzverjüngung 461.
Schermaschinen mit eingebautem Elektromotor 74; Verwendung von Elektromotoren für höhere Frequenzen 74.
Scherpunkte, Zusatzausrüstungen 336.
Scheunen, Anpassung an techn. Fortschritt 133.
Schiebesammler s. unter Heuernte.
Schiebetore und -türen s. unter Baukonstruktionen.
Schifftransport, Bakteriengehalt von Tankmilch 587.
Schilf, Rohrernte: Lit. über Schneiden und Bündeln 436+; Mechanisierung 735; Vorführung von Maschinen 180; Spezial-Mähbinder von Seiga 735. - Rohrmatten als Baumaterial 1016. - Schilfbekämpfung s. unter Grabenräumung.
Schlachten, Baunormen für Schlachtereien 1351; modernes Geflügelschlachthaus 1197; mech. Anlage für Geflügel 324; Schnellgefriereinrichtungen in Frankreich 145.
Schlackenweg als Wirtschaftsweg 93.
Schlagabraum, Ausrüstungen zur Verarbeitung 365; fahrbares Aggregat zum Zerkleinern. - s. auch unter Flächenabräumen.
Schlagleistendreschtrommel s. unter Mähdrescher: Baugruppen.
Schlagmühle s. unter Futterzubereitung: Zerkleinern.
Schlagstreifenverfahren s. unter Holzfällen.
Schlauchfoliensäcke, perforierte, zum Vorkeimen der Kartoffeln 403.
Schlegelernter s. unter Feldhäcksler.
Schleifmaschinen, Übersicht in Frankreich 275.
Schlepper
Gliederung: Hinweise
Allgemeines
Einsatz
Übersichten
Zweiachsschlepper
Tandemschlepper
Sonderschlepper
Entwicklung, Konstruktion
Fertigung
Motoren
Kraftübertragung
Kraftheber
Räder, Bereifung
Lenkung
Schlepperlader
Schleppergeräte
Zubehör
Pflege, Instandsetzung

Arbeitsschutz
Hangeinsatz
Gartenbau
Forstwirtschaft
Meß- und Prüfwesen
Verkehrsrecht

H i n w e i s e: Einachsschlepper, Kettenschlepper s. dort.

A l l g e m e i n e s: Inst. für Schlepperforschung Braunschweig-Völkenrode 1211; Automatisierung 829. - Erklärung der Begriffe Steuer-, SAE-, DIN-, Cuna- (ital.) und effektive Brems-PS 1051. - Bedarf von Großbetrieben 1211; Bedarf der ung. Landwirtsch. 1965 145; Wahl der Schlepper für den vollmech. Kartoffelanbau 845. - Zweckentsprechende Farbgestaltung anhand psychol. und physiol. Erkenntnisse 681. - Ermittlung des Gebrauchswertes 280. - Techn. Handbuch 287+; Schlepper und Automobile 699+; landwirtsch. Stoff- und Maschinenkunde 2; Tracteurs et machines agricoles 20+; Les tracteurs et les machines agricoles 20+; Traktor need for large scale farming 699+; Les besocins de l'agriculture en matiere de tracteurs dans les petites exploitations 699+; Referatenblatt 680+; deutsch-russisches Fachwörterbuch für Kraftwagen und Schlepper 1060+.

E i n s a t z: Werte über Zugfähigkeit und Rollwiderstand in verschiedenen Einsatzbereichen 862; Wähltabelle zur Ermittlung der für den Zug einer best. Anhängelast erforderlichen Schleppergesamtmasse 413; Auswirkungen der Verschiedenartigkeit einzelner Fahrer auf die Schlepperleistung 1213; Arbeiten mit dem Kriechgang 1057. - Einsatz und Ausnutzung verschiedener Typen bei landwirtsch. Arbeiten 692; Grenzen in der Rentabilität des Allradantriebes 829; Kosten des Einsatzes 533; Kraftstoffeinsparung durch überlegte Fahrweise 690; Anzahl der Arbeitsstd. auf Farmen 846; Analyse der Methoden der techn. Normung von Feldarbeiten 846; Einsatz von Schlepper der DDR in den Republiken Ghana und Guinea 830; rationeller Einsatz des "Belarus" unter den Bedingungen des Polessje-Gebietes der Ukraine 147; Vergleichsprüfungen für Zuckerrübenbetriebe 146; Bodenfreiheit bei verengten Zwischenreihen der Baumwolle 147. - Einsatz in der Innenwirtschaft 1266; Einsatz zur Entmistung 253; Verwendung auf Tierzuchtfarmen 1060+; Einsatz im Rindviehstall 655; Einsatz mit Anhängegeräten auf Milchfarmen 183. - Zweckmäßigkeit eines allradgetriebenen Straßenschleppers für Transportzwecke 543; Schlepper als Transportfahrzeug in Ungarn 701; Ausspuren von Schlepper-Anhängerzügen 1058.

Steigerung der Arbeitsgeschwindigkeiten: Perspektiven 145; Einfluß der Geschwindigkeit auf die Größe des Zeitausnutzungskoeffizienten 17; wirtsch. Bedeutung 545, 692; Möglichkeiten für die Erhöhung über 9 km/h 18; Anwendung in der UdSSR 845; Arbeitsbedingungen der Traktoristen auf dem Schnellschlepper "T-75" 847; "T-75" und "MTZ-5 LS", Arbeit bei erhöhten Geschwindigkeiten 534.

Bodendruckprobleme: 539, 540, 1221; Bodenverdichtung beim Rollen des Rades 862; biologische Voraussetzungen und Folgen des Schlepper- und Maschineneinsatzes auf dem Acker 862.

Übersichten: Test-Reports 1961 des NIAE 282; Jahresübersicht 1961 1; Rotes Buch 1962 2; Grünes Buch 1962 137; Grünes Buch, Hauptausgabe 1963 1037; Lit.-Übersicht 637; Überblick über Bauarten 845; Zusammenstellung von Neuentwicklungen 113; Entwicklungsstand des westdeutschen Schlepperbaues 533; Bestand in der BRD 1050; Zusammenstellung DLG-anerkannter Maschinen 113; Zusammenstellung techn. Daten und Preise in England 693, 1051, 1214. - Überblick über das Schleppersystem der SU und techn. Daten der neuen Typen 843; Produktion 1963 in der SU 829; Entwurf einer Typenreihe für die Jahre 1966-1970 in der SU 844. - Fach-Bezugsquellennachweis 830; Mitgliederverzeichnis der LAV im VDMA 275+; Old farm tractors 287+. - DLG-Ausstellung 146, 690, 845, 996; 32. Landmaschinen-Salon 357; Smithfield-Schau 1963 1212.

Zweiachsschlepper: 865+; Forderungen an den neuen Typ des Transportschleppers 411.

Darmstadt-Teste: JHC "Standard D-436" 20; Deutz-Zugmaschine "D 50-UF" 150; Massey-Ferguson "MF 25" 1055.

NIAE-Teste: Massey-Ferguson-Diesel "FE-35" 148; Massey-Ferguson-Diesel "M.F. 765 Mark II" 148; Allis Chalmers "ED 40 Diesel" 1053; Nuffield "460 Diesel" 1054; Nuffield "460 Diesel" 1054; County "Super-4 Diesel" 1054.

Maschinenprüfberichte Ultuna: McCormick-International "B-450" 150; Bolinder-Munktell "BM 320 Buster Volvo" "320 Buster" 408.

Nebraska-Teste: Massey-Ferguson Diesel "MF 65 Dieselmatic" 149; Massey-Ferguson-Diesel "MF-50" 149; Allis Chalmers "D 19 Gasoline" 855; Allis-Chalmers "D 19 Diesel" 850; Allis-Chalmers "D10 Gasoline" 850; Allis-Chalmers "D12 Gasoline" 851; Allis Chalmers "D19 LPG" 851; International "4300 Diesel" 851; Farmall "504 Diesel" 852; International "B414 Gasoline" 852; Farmall "404 Gasoline" 853; Farmall "504 Gasoline" 853; Farmall "504 LPG" 854; Kramer "KL 400 Diesel" 854; Massey-Ferguson "Super 90 Diesel" 854; Oliver "1900 Serie B Diesel" 1052; Oliver "1800 Serie B Diesel" 1052; Oliver "1800 Serie B Diesel" Mit Vierradantrieb 1053.

Allrad-Schlepper: 1056, 1217; Schlepper mit 100 PS von der Fa. Matbro Ltd. von Horley 850; County "Super 4" 380, 848; County "Super 6" 1166; "D 4K" 690, 849, 1215, 1346; "D 4K 70" 287; "Pullax" 856; "T-94" 18.

Schnellschlepper: mit Allradantrieb 18; in der SU für höhere Arbeitsgeschwindigkeiten entwickelte Schlepper 18; "Belaruß" 19; "Belaruß-MTS-5 MS" und "Belaruß-MTS-5 LS" mit Dieselmotor 18; Universal-Schlepper "T-40" 20, 148.

Starker Universal-Radschlepper für Pflegearbeiten 693; Zweiwege-Schlepper mit hydrostatischem Antrieb und Hydraulik-Radmotor 1; 3-Rad-Konstruktion 1214; "350 Export" 1052. - Holder Cultitrac "A 12" 849;

"Austro"-Schlepper "WT 20", "WT 33", "WT 50" 848. - Mit selbsttätiger Steuerung ausgerüsteter International "b 275" 861; "Belaruś" 34, 544, 690, 700+; "Belaruś E 50" mit 80 PS-Motor 18; "Brillant" von Hanomag 1346; "D 49", Einsatz im Bauwesen 116; "D 90" und "D 120" 1347; "DT-30" 18; "DT-54A" 157; Diesel-Elektro-Schlepper "DET-250" 839. - John Deere: "700" 1167; "4010" 693, 848, 1212; "5010" 694, 848, 1212; "8010" 693. - "Famulus-RT 330" 690; "Fe 35" mit Ladegabel 291. - Fordson: "Dextra" 380; "County Super 6" 1212; "Roadless Ploughmaster Modell 64" 1212. - "Go-Anywhere" mit Luftschlauch 153; Hanomag "Granit" 1346; Schlepper von Hürlimann 1347; International Harvester Co "4WD" 693; "K-700" 693. - Massey-Ferguson: "25" 408; "35" 291; "35 X" 848, 1166, 1212; "Super 90" 848, 1051, 1212; "MTZ-2", Einfluß verschiedener Antriebsräder-Typen auf die Zugeigenschaften 289; Katalog der Einzelteile 535+; Zugeigenschaften in Abhängigkeit von der Bodenfeuchtigkeit 540. - "MTZ-50" und "MTZ-52" 849; Weiterentwicklung des "MTZ-50" 829. - Nuffield: "460" und "342" 380; "Universal 4" 162. - Renault: 109; neue Entwicklung in der Schlepperreihe 848; "385" 1348. - "RS 14/30" 34, 690; Einsatz, Leistungen und arbeitswirtsch. Auslastung der Typen "RS 04/30" bzw. "RS 14/30" 693; "RS 14/46" 34; "RTA 0511", Einsatz und Versuchswerte 288. - "S350" und "S450" 1051; "Super Dextra" 148. - Modernisierte Hackfruchtschlepper "T.28" 287+; "T-90" 693; "T-91" 693; "T-91-2E" 693; "T-125" 693. - "Ursus C-325" 865+;"Utos" 34; Dieselschlepper "Utos 45 E" 110; "Utos-45" und "Utos-52E" 848+. - "Zetor" für Straßentransporte 544; "Zetor 3011" 113; "Zetor 4011" 1214; "Zetor Super" 34, 288; "Zetor-50-Super" 150+, 690.

T a n d e m s c h l e p p e r: Versuchsergebnisse mit dem in der DDR entwickelten Tandemschlepper 695; Lit. 411+; Schlepper von Bolinder-Munktell 110; "DT-20" 156; "Triple-D-Tractor" aus 2 Fordson-Super-Major-Schlepper 381.

S o n d e r s c h l e p p e r: Mercedes-Benz "Unimog" 153; "Unimog 411-112" 380. - Grätschschlepper für niedrige, eng gezeilte Drahtanlagen 357; McCormick-Schlepper mit Stelzachsen für hochwüchsige Kulturen 694. - Planierschlepper mit hydrostatischem Frontradantrieb 489; "Kraka" für unwegsames Gelände 856; "Toselli 226 S" zum wahlweisen Einsatz als Ketten- oder Radschlepper 110.

E n t w i c k l u n g, K o n s t r u k t i o n: Entwicklungstendenzen 401, 533, 690, 844; Entwicklung der Konstruktion ab 1970 844; Standardisierung 17, 1203; Schlepper der mittleren Zugkraftklassen, Kennwerte für einheitliches System 1212; agrotechn. Forderungen an die Schlepper eines einheitlichen Schleppersystems für die DDR 691; Entwicklung eines Zug-Transportschleppers mit Vierradantrieb in der SU 546; Konstruktions- und Leistungsmerkmale amer. Schlepper 693, 848. - Erhöhung der Betriebskennziffern 286; Einfluß der Masse der Schnellschlepper auf ihre energetischen und ökonom. Kennziffern 1050. - Formgestaltung 1040.

F e r t i g u n g: Stand des Schlepperbaues, Anforderungen 1049; Probleme der internationalen Zusammenarbeit bei der Produktion 1037; Mechanisierung und komplexe Automatisierung 847; Ackerschlepper Band II - Maschinenbau 287+. - Techn. Bedingungen für Basisteile 534+; Fertigungseinrichtung mit neuer Technologie für Hydraulikzylinder 847. - Anwendung von Plasten im Wolgograder Traktorenwerk 19; Plaststoffe anstelle von Ledermanschetten für Hydraulikzylinder 4; Verwendung glasfaserverstärkter Kunststoffteile 682; glasfaserverstärkte Kunststoffe für Motorhauben 805.

M o t o r e n: Entwicklungsstand bei Triebwerken 857; Entwicklung der Triebwerke in den letzten 50 Jahren 145; Theorie, Konstruktion und Berechnung 1049+; Entwicklungstendenzen sowjet. Motoren 409; Moteurs et tracteurs 113+; Bestimmung des reduzierten Trägheitsmomentes von Triebwerken 22; Anforderungen an das Anlaßsystem 410; Motoren- und Getriebebeanspruchungen 111; Schwingverhalten von Triebwerken 1211; Verbesserung der Funktionssicherheit und der Haltbarkeit 1216; Erhöhung der Verschleißfestigkeit von Zylinderbuchsen 1217. - Verbesserung der Kraftstoffausnutzung im Teillastbereich 857. - Motorleistung als Hauptkennwert des Maschinensystems für die Vollmech. der Landwirtschaft der RGW-Länder 843; Einflüsse auf die Leistungsfähigkeit von Motoren 1216; Beziehungen zwischen Motor- und Nutzleistung in Abhängigkeit von der Fahrgeschwindigkeit 533; Arbeitsweise der Motoren im Winter 538. - Ruston- und Hornsby-Hydraulikmotor, NIAE-Test 22; Abgasturbine "TKR-8,5" 409; Lärmabwehr 1.

Dieselmotoren: Entwicklung 857; Untersuchungen 1211; Gründe für die Bevorzugung des Dieselbetriebes in Schweden 1212; Besonderheiten des Verbrennungsprozesses beim Anlassen 695; Anlaßhilfen im Winter 153; Prüfung der Einstellung von Einspritzpumpen 288; Turbokompressor für die Aufladung 538; Kraftstoffverbrauch in Berkshire 146; Verschleißfestigkeit von Teilen des Motors "D-54" mit heraufgesetzter Leistung 696. - s. auch Dieselmotoren.

K r a f t ü b e r t r a g u n g: Bedeutung, Möglichkeiten und Probleme des Allradantriebes 697; Drehmomentschwingungen in Kupplungen 860; Schlepper mit hydrostatischem Antrieb 489, 858. - Schwedische Schnellkupplung für Tandemschlepper 695; Differentialsperren und Ausgleichsbegrenzungsvorrichtungen 859; automat. Differentialsperre 859; Selbstsperr-Differential 1057. - Mech. Drehmomentenverstärker ("Amplicouple") der Fa. Simca 110. - Untersuchungen an Gelenkwellen 276; betriebsbedingte Lage der Gelenkwelle zwischen Schlepper und Landmaschine 696.

Getriebe: stufenlose Getriebe 111, 1211; stufenlos verstellbare mech. Getriebe 23+; Anwendung hydrodynamischer Getriebe 410. - Hydrostatische Getriebe: Errechnung des optimalen Wirkungsgrades 1057; "Lucas 100" 858; Pumpen-Hydraulikmotoren-Reihe "Thomaflex" 1219. - Theoretische Zugkraftcharakteristik eines Schleppers mit hydraulischem Getriebe 858; hydraulische Getriebe "Case-o-matic" für Schlepper über 40 PS 110; Wechselge-

triebe der Fa. Case 110. - Untersuchung der von den Getriebeelementen übertragenen Kräfte 859; Getriebeschaltungen 857; Winkelantriebe 696; Selbstausrücken von Zahnradkupplungen in Getrieben 860; Untersuchung der Starrheit eines Versuchsgetriebes für Schlepper der 6-Mp-Klasse 858.

Hydraulik: Grundbegriffe des hydraulischen Antriebes 696; hydraulische Antriebe (Hubzylinder für Kraftheber und Lader) 538; Entwicklung von Hydraulik-Systemen 1059; Regelhydraulik-Systeme 1059; Regelhydraulik, Arbeitsweise 864; Mehrpumpen-Hydraulik-System 1222; Anbau-Gestänge an der Heckhydraulik 1059; Vorrichtung zur Bestimmung von Störungen in der Hydraulik 836.

Zapfwellen: Kraftübertragung von der Zapfwelle zum Gerät 1219; Verwendung der elektr. Zapfwelle für das Schwadmähen 174; "Atko Teleplastik"-Zapfwellenschutz 699.

K r a f t h e b e r: Regelung 290; Übersicht über westdeutsche Fabrikate 113; hydraulische Kraftheber für Dreipunktaufhängung 863; hydraulische Kraftheberanlage mit Regelfunktion 290; Bestimmung der Kräfte an Schlepper und Pflug bei regelndem Kraftheber 163; Kraftübertragung in Gestalt des Frontkrafthebers 805; hydraulisches Hubsystem für Aufsattelgeräte 25.

R ä d e r, B e r e i f u n g: Bestimmung des Wirkungsgrades der Triebräder 289; Verwendung elastischer Felgen 829; Rollwiderstände von Rädern mit starren Reifen 1060+, 1220; Einfluß der tangentialen Deformation der Reifen auf den Rollwiderstand der Räder 24; Antischlupfeinrichtungen 696, 829, 876. - Bereifung 289, 1058, 1211; Einfluß auf Zugfähigkeit 111; Einfluß des Triebradreifens auf die Zugkraft 698; Reifen für Sonderbeanspruchungen 861; Reifen-Tragfähigkeit und Anbau-Geräte 1058; Bereifung in niederschlagsreichen Jahren 697; TO-Luftreifen 1220; dynamische Eigenschaften fester und flüssiger Ballastmassen in einem Modell-Reifen 1221; Reifen Hofka "Nylabourband" 862. - Untersuchungen über Bodenhaftungen und Gleiten des Radschleppers mit und ohne Gleitschutz auf schnee- und eisbedeckten Wegen 105; Geländeketten im Forstbetrieb 470. - Neue Luftdrucktab. 1220.

L e n k u n g: Lenkbarkeit und Stabilität 23; Erfahrungen und Perspektiven der Automation bei der Führung von Schlepperaggregaten 700+. - Automat. Lenkung 24, 153, 273; Funkverfahren für das gleichzeitige automat. Lenken von 2 Schleppern 154; Radiosteuerung 829; elektronische Fernsteuerung 24, 696; Mechanismus der Programmsteuerung des "Bops 60" 1051; hydraulische Fernsteuersysteme 1058; elektrohydraulische Anlage zur Fernsteuerung des "Lipezk T-50A" 342. - Ausrüstung des "Land-Rover" mit Frontlenkung 856.

S c h l e p p e r l a d e r: hydraulische Ladegeräte 243; Bedeutung der hydraulischen Lader 1; Übersicht über westdeutsche Fabrikate 113; Übersicht in Frankreich 275; Einsatz beim Bergen von Stroh 176; Ladegabel, Laden von Getreidegarben 176; Laden von Ballenstapeln auf Wagen 556;

Anbau-Hydraulikkräne 294; Aufbau-Schwenkkran "C.T. 52" 294; Front- und Schwenklader 546; Aufbau und Funktionsweise von sowjet. Front- und Heckladern 864; Lit. über Front- und Heckgabeln für Heu- und Futterbergung am Hang 904+; Hublader "EB" für Kartoffeltransportbehälter, Prüfbericht Vollebekk 1253; Stapler für den Transport von Paletten 1122.
Frontlader: 546, 864, 904+; Lit. 291+; Konstruktion und Funktionsweise 869; statische Beanspruchung des Ackerschleppers 863; mech. Einwirkungen auf den Schlepper 863. - "T 150" zum Geräteträger "RS 09", Prüfbericht Potsdam-Bornim 154; "T 150" zur Erdeförderung im Gewächshaus 202, 1111; "PGT-0,8" 25; Frontladergabeln mit Gegenzange und Abzugstempel 170. - Einsatzmöglichkeiten 702, 1222; Möglichkeiten in der Innenwirtschaft 319, 659; Futterernte 556, 1079; Futterbergung einschl. Strohbergung 889; Laden von Erbsen 59; Arbeitsanleitung für das Laden von Kartoffeln aus Mieten auf LKW 1253; rübenreinigende Gabel für Frontlader 903; hydraulische Abschiebegabel der Fa. Baas 702.
Hecklader: 864, 904+; Atlas-Lader "402" 25; "E.C./4." von Pesci 154.
S c h l e p p e r g e r ä t e: Schlepper und Landmaschinen als Arbeitseinheit 846. - Schlepperaggregate: Bestimmung der Leistung in Abhängigkeit von Arbeitsbreite und Fahrgeschwindigkeit 17; agrotechnologische Grundlagen für die Arbeit bei erhöhten Geschwindigkeiten 31; Automatisierung der Arbeitsvorgänge 679; Vorzüge von Anbaugeräten gegenüber Anhängegeräten 699; Anbaugeräte und Regelungsfragen 865; Benutzung des unteren Lenkers zur Regelung bei Geräte-Kopplungen 1222; Einfluß der Lage der unteren Lenker der Anbauvorrichtung auf den Zugwiderstand des Kultivators "KRN-4,2" 540; Anbauvorrichtung, Test-Reports 1961 des NIAE 282; Minderung der Stoßbeanspruchung von Anbaugeräten 541; Anbau-Schleppe für das Abschleppen des Astholzes 471; Verwendung eines Antischlupfes im Aggregat Pflug-Schlepper 698. - Aufsattel-Kopplung zum "Belaruß" für Pflüge 302. - Verbindung Schlepper-Anhängegerät, Probleme 1211; Anhängevorrichtung für Fordson-Schlepper 1057; Zugcharakteristik beim Pflügen mit Anhänge-Pflug 535. - Werkzeug- und Vorrichtungsträger "943" von Massey-Ferguson, NIAE-Test 699; Kupplungselemente für die Fernbedienung von Seilwinden 201.
Z u b e h ö r: Grünes Buch 1962 137; Zusammenstellung DLG-anerkannter Maschinen 113; Übersicht über westdeutsche Fabrikate 113; Schutzkabinen und Schutzrahmen, Prüfung 25; Fahrerhaus Klippan "MAN 4R3 B061" 865; neue Fahrerhauskabine von Hanomag 291; Kabine "Polyka" aus Kunststoff 1347. - Auswahl der Zyklonkenngröße für Luftreiniger 14. - Fachnorm ON 13-229-61 "Elemente der Kupplung landwirtsch. Anhänger mit Radschleppern 0,6-1,4 t" 413.
Schleppersitze: Untersuchung von Fahrersitzen 864, 1060; optimale Fahrersitze 864, 111; Abmessungen bequemer Sitze 1060; Eigenschaften eines zweckmäßig konstruierten Sitzes 698; Verbesserung der Sitzkonstruktion 1223. - Unfallsicherer Beifahrersitz 110.

P f l e g e, I n s t a n d s e t z u n g: progressive Pflegeordnung 1212; Weiterentwicklung der vorbeugenden Instandhaltung zur progressiven Pflegeordnung 684; Grundlagen der Spezialisierung von Instandsetzungsbetrieben 684+; Methode zur Bestimmung der zyklischen Pflege- und Instandsetzungsarbeiten 691; Planung von Reparaturen und techn. Pflegemaßnahmen 534+; Kontrolle von Reparaturen und techn. Pflegemaßnahmen 700+; Verbesserung der Pflege, Wartung und Abstellung 684; Grundlagen der Instandhaltung 685+; Handbuch der Wartung und Instandhaltung des "DT-54A" 865+; Nachschlagebuch für Instandsetzung 535+; Pflege und Reparatur 834+; Fachkunde für Schlepper- und Landmaschinenschlosser 1223+; Untersuchungen über die Überholungsbedürftigkeit von Motoren 1217; Gebrauchs- und Instandhaltungsanweisung für den "UE-28" 865+; Errichtung eines Schlepperprüfdienstes 691; Hilfsmittel für die Kontrolle und Pflege 1223; Katalog der Ersatzteile 700+; Lit. über die Reinigung von Kraftfahrzeugen 700+; Instandsetzungsverfahren für Stützrollen 834. - Garage 394.
A r b e i t s s c h u t z: Berücksichtigung der menschl. Anatomie bei Anordnung der Bedienungselemente und Form der Sitze 1044; arbeitsphysiologische Probleme beim Schlepperfahren 846; Schwingungsverhalten von Ackerschleppern 1221; Schlepperfahren und Gesundheit 847+; Einfluß von Vibrationen auf Leistungsfunktionen und emotionales Verhalten 402; Verminderung der Schwingungsbelastung des Fahrers 1059, 1060, 1110, 1203; Einfluß des Motorenlärms und der Sitzschwingungen auf den Fahrer 847. - Unfallgefahren und Unfallschutz 526+; Umstürzen als gefährlichster Unfall 685; Unfallverhütung durch ein Schlepperverdeck mit Überschlagschutz 1060, 1223; Gerät "Life-saver" zur Verhinderung des Aufbäumens, ILR-Prüfbericht Wageningen 26; Unfallgefahren bei Feldeinsatz und Transport mit Anhängern in Hanglagen 526.
H a n g e i n s a t z: 708; Einsatzbereich 940, 1292; Probleme der Mechanisierung des Ackerbaues im Gebirge 548; Einsatz von Allradschleppern 533; Hangtauglichkeit 2; Hangtauglichkeit des "RS 09" 30; Lit. über Schlepper am Hang 411+; Steuerung am Hang 700+. - Leistung eines am Schlepper angebauten Neigungsmessers 19.
G a r t e n b a u: Schlepper mit Zusatzgeräten zur Bodenbearbeitung 782; Einsatz im italien. Obstbau 202; Schmalspurschlepper im Erwerbsobstbau? 342; Schlepper mit Hubgabel beim Palettenverkehr im Obstbau 343. - Entwicklung eines 2-Mp-Schleppers für den Weinbau 829; Grundprinzipien der Weinbergschlepper 201; Tragschlepper im Weinbau 357; Drei- und Vierrad-Grätschschlepper 93; Grätschschlepper mit 120-150 cm Bodenfreiheit 83; "Belaruś" 460; "Belaruś" mit dem Planierschild "TPN-4,20" 460; "Bolgar TL-30" für Weinbau 766; "Deutz D. 30S" 94; "DT-54" 460; "Eicher-Puma" 94; "Fahr D. 177 S" 94; Ferguson 460; Ferguson "F.E. 35" 94; "Güldner" 94; Allradschlepper von Holder mit Knicklenkung 357; "Porsche-Super-Schmalspur" 94. - Vierrad-Kleinschlepper "T-4 K-10" 1284; "T-46B" für Weinkulturen 1111; "T-28-Wladimirowitsch" 460. - "UE-28", Allradantrieb 939. - Weinbau-Schlepper "UH-28" 1346.

F o r s t w i r t s c h a f t: s. auch unter: Holzrücken und -bringen; Holztransport; Holzverladen. - Forstwirtsch. Bewertung 470; Aufgaben und Anforderungen im Forstbetrieb 95; wirtschaftl. Einsatz 1145; Einsatz von Kleinschleppern 95; Einsatz im StFB Haldensleben 481; Einsatz in Süd- und Mittelschweden 231; Mechanik im Forsteinsatz 617. - Einsatz für die Abfuhr 790; Arbeitsnorm für Holzabfuhr 618; Schulung der Bedienungs-AK vor dem Einsatz 214. - Sägevorrichtung 226. - Entfernen von eingeklemmten Steinen in Zwillingsreifen 214. - Schlepper mit Halbraupenbändern 477; Agria "Drott"-Kleinschlepper 784; "Blue Ox" als "Super C" 960; Bolinder-Munktell mit Hiab "Torgrip" 1323; "BM Boxer" mit Vollraupenbändern 628; mit Halbraupenbändern ausgerüsteter "BM-350" mit Hebekran, Winde und Raupenanhänger 372; "Buster" 359; mit Raupenbändern versehener Oliver Cletrac "OC-3" mit 2 angehängten Schlitten 617; umgebauter Oliver Cletrac "HG 42" mit Drehgestellaufhängung 617; John Deere-Lanz "1010" 237; "DB 990" der David-Brown-Serie 785; "DT-54", "D 157", Verwendung bei Erdarbeiten im Forstwegebau 989. - Fiat: "411 C" mit "Alfta"-Radraupenbändern 617; "80 CA" 237; "L-55" mit Seilwinde 104. - Ferguson: "MF 35" 1134; "FE 35", Eignung für den Forsteinsatz 95; Halbraupe im Tiefschnee 1135. - Ford "Country-Tractors" 1134; "Fordson-Major" 1134; "FWD Blue Ox Skidder" mit Vierradantrieb 795; amer. Waldschlepper "Garret Tree Farmer" 478. - "Jungle Buster" zum Vernichten von Strauch- und Buschwerk 784; forstliche Schlepper von Kenworth 1135; Krupp "Widder" 237; "Letourneau-Westinghouse Modell C" 1328. - MAN-Schlepper 95, 237; "Mark IV Forwarder" 794; "Master 12" und "18" 960; "Michigan PL 75" mit Rahmensteuerung 980. - Porsche "Super B" 95, 237. - "Stålhästen" 980; Steyr-Puch "Haflinger" 784, 1135; "Super Major FMD 50 S" 237. - "T-49", Einsatz zum Holzrücken 229; "T4K10" 97; "T-210" mit Knicklenkung für die Forst- und Bauwirtschaft 848; "Timber-Jack" 1324; Timberland "265 Skidder" 795; "Timberskidder 300" 960; "Tree-Farmer" 1324; "Garret Tree Farmer" mit Vierradantrieb 795. - Unimog 95, 214, 237, 784, 1134, 1322. - Ursus "C-45" mit Seilwinde 104; "Ursus C-325", Verwendung in der Holzabfuhr 103. - Zetor: "Super 40" 481; "Super 50" 469, 481; "2011" und "3011", Einsatz in Großkämpen 97; "Z 30II Major" 469; "Z Super Conty", vierradgetrieben 469.

M e ß- u n d P r ü f w e s e n: Anforderungen der Landwirtschaft an die Schlepperprüfung 691; Prüforganisation der UdSSR 692; Prüfung in Italien 692; einheitliche Prüfordnung der Organization of Economic Cooperation and Development (OECD) 1050. - Empfehlungen für Festlegung einer Zugkraft-Prüfmethodik 698; hydraulische Zugkraft- und Drehmoment-Meßinstrumente des Ungarischen Inst. für Landmaschinenentwicklung 141; piezoelektrische Geräte zur Erforschung dynamischer Vorgänge 273; Dreiachs-Meßwagen, staatl. Forschungsinst. für Schlepperbau 141; Methodik zur rechnerischen Ermittlung der Nennzugkraft 690; Zugkraft- und Drehmomentmessungen an Anhängemaschinen 1218; hydraulischer Zugkraftschreiber VISCHOM 141; Prüfgerät "Hydra Gange Dynamometer" für Motoren 288; Belastung der

als Bremsfahrzeug bei den Zugkraftermittlungen gezogenen Schlepper 534. - Leistungsbedarf zapfwellengetriebener Arbeitsmaschinen, Messung 1057; Gerät zum Messen und zur Registrierung der Motorauslastung (Drehmoment und Drehzahl) 21; Wagen mit Seilbremse für Prüfungen, Maschinenprüfbericht Ultuna 789. - Bestimmung der Eignung von Laufwerken, Meßverfahren 283; Einzelradmeßvorrichtung 861.

V e r k e h r s r e c h t: Landmaschinen und Sicherheit im Straßenverkehr 865; Vorschriften der westdeutschen Straßenverkehrsordnung 806; Einfluß einiger Bauvorschriften der Verkehrsgesetzgebung 541; Ausrüstung mit Sicherheitsleuchten 864.

Schlepperanhänger, Bauweisen und Einsatz 1063; Einachsanhänger? 27; Konstruktionsprobleme 414; Typenreihe der ČSSR 26; Einsatz in der ČSSR 543; Entwicklung in der BRD 412; Zusammensetzung des Bestandes in Ungarn 701; Einsatz in Jugoslawien 291. - Wähltabelle zur Ermittlung der für den Zug einer best. Anhängelast erforderlichen Schleppergesamtmasse 413. - Mechanisierung und Automatisierung der Bedienung 155. - Anhänger für den Transport von losem Getreide 48; Spezialanhänger für den Transport von Schnellkupplungsrohren 299; Vielzweckwagen für Rieselgüter 293; "T 3,5S" und "T 5P", "PzS-50" 414; "PTS-10" 26; "UV-2" 1064. - Verwendung des Tiefgangwagens 935; Tiefladeanhänger "T 015" für Obstbau 997; hydraulischer Anhänger von einem 3 t LKW-Ladegerät "M-4000" 785. - Anhänger mit Ladegitter für Grünerbsen 59; Rundumgatter für Langfutter 292. - Fachnorm ON 13-229-61 "Elemente der Kupplung landwirtsch. Anhänger mit Radschleppern 0,6-1,4 t" 413; Schnellkupplung 617; Anhängerkopplung "Universal U-1" 868.

Spezialanhänger mit Selbstentladevorrichtung 1227; selbstentladender Wagen mit Quertransporteur 489; Stalldungstreuer als Vielzweckwagen im Feldhäckslerbetrieb 293.

Kippanhänger: 1063; "PTS-3-776" 157; Hydraulik-Kipper 543, 1064; "RBT-4" und "Rol-4" 558; kippbarer Wagenkasten 1347.

Anhänger für den Transport von Holz s. unter Holzrücken und -bringen; Holztransport; Häckselaufbauten s. unter Feldhäcksler. - s. auch Ackerwagen.

Schleppermähwerke s. unter Mähen.

Schleuderstreuer s. unter Düngen.

Schlierenoptisches Sichtbarmachen feinster Luftströmungen in der wärmephysiologischen und raumklimatischen Forschung 1352.

Schlitten, Motorschlitten mit Raupenkettenantrieb 626.

Schlittentränke s. unter Tränken.

Schlitzdränung s. unter Dränage.

Schlitzdüsen s. unter Spritzen.

Schmalschlagverfahren s. unter Holzfällen.

Schmalspurbahnen, Einsatz im Gartenbau 1284.

Schmalspurschlepper s. unter Schlepper: Gartenbau.

Schmieren von Motoren 840; Zeitaufwand für das Schmieren von landwirtsch. Großmaschinen 684; Schmierstoffe und Schmierung, Lit.-Übersicht 684; Normvorschrift "GOST 3878-47" zur Prüfung der Motorenölqualität 531; feste Schmier-Schutzüberzüge 1043; Lagerwerkstoffe für ungünstige Schmierbedingungen 139; Verwendung von Altöl zur Kettenschmierung bei Motorsägen 226; Schmieröle im landwirtsch. Zirkel 843^{+}.

Schneckenförderer, Versuche zum Einlaufprozeß bei einer vertikalen Förderschnecke 1078; Einsatzbereich 869; Leistung 743; Fördern von körnigem und mehligem Gut 1; Transporte von Schütt- und Stückgütern 868; mech. Beschickung der Futterautomaten 331; Futterverteilung auf die Krippen 327; Förderer für Getreide 546; Förderschnecke "Ideal Rothery" zur Reinigung und Sichtung von Körnergut 294; "Spirella"-Förderschnecke 562; Förderschnecke zum Saatgutladen in Drillmaschinen sowie zum Kornladen in Transportmittel 546. - Schneckenförderer für Silage 320.

Schneckengetriebe s. unter Getriebe.

Schneebeseitigung, Einsatz des Schleppers "D 49" 116; Räumgerät zum Schlepper "TDT-60" 215.

Schneeeinwirkung auf landwirtsch. Bauten 248; Verminderung von Schneebruchschäden in Waldbeständen durch Hubschraubereinsatz 221.

Schneewege, Verdichten und Tragfähigkeit 629; Straßen für den Holztransport im Winter 799; Herstellung 633; Fräsen-Vibrationsmaschine zum Verdichten 633; Maschine "SevNIIP" zum Verdichten 1337.

Schneidgebläse 62.

Schneidgebläsefeldhäcksler s. unter Feldhäcksler.

Schnellheuer s. unter Heuernte.

Schnellumlauftrockner s. unter Grünfutter: Ernteaufbereitung.

Schollen- und Krümelsiebapparat 164.

Schorf- und Mehltaubekämpfung mit Beregnungsanlagen 612.

Schornsteine, Ölöfen mit Verdampfungsbrennern, Gefahr der Schornsteinversottung 814.

Schotter, mech. Entladen 988; Schotterstampfe 375.

Schrägförderer mit und ohne Reinigungseffekt 294.

Schrägrosttrockner s. unter Grünfutter: Ernteaufbereitung.

Schrapper "D-357G", "D-468" und "D-392" 421.

Schraubenschlüssel mit hydraulischer Drehmoment-Begrenzung 527; "Hipo-Universal 22" 1204.

Schraubenzieher, Elektroschraubenzieher "I 160" 801.

Schroten s. unter Futterzubereitung: Zerkleinern.

Schubkarre, Arbeitszeitbedarf für Transportarbeiten in Gewächshauswirtschaften 343.

Schuhwerk, fußgerecht 522.

Schüsseln, Material und Formgebung 338.

Schüttelbecher, Material und Formgebung 338.

Schüttelrinnen als Waagerechtförderer für Getreide 742.

Schulen, Typenprojekte 652.
Schulergänzungsbauten, Typenprojekte für Mehrzweckbauten 249.
Schuppen in Mastenbauweise 386.
Schutzhelme für Waldarbeiter 359, 783.
Schutzkabinen für Schlepper s. unter Schlepper: Zubehör.
Schutzkappen s. unter Arbeitsschutz.
Schutzschuhe für Waldarbeiter 783.
Schwaddrusch 895; Arbeitsaufwand 1082; Arbeit von Schlepperaggregaten bei erhöhten Geschwindigkeiten 31; Getreide 548; Anwendung großer Arbeitsbreiten bei der Getreideernte 723; Grassamen 48; "KBK-1,0", Einsatz zur Grünerbsenernte 89.
Schwadenverleger mit Tourenvariator für Zapfwellenantrieb 111.
Schwadernte, Trocknungerate bei Hafer im Schwad 48.
Schwadmähen, Verwendung der elektr. Zapfwelle 174; Arbeitsweise einfacher Lattenhaspeln 311. - Arbeit von Schlepperaggregaten bei erhöhten Geschwindigkeiten 31; Anwendung großer Arbeitsbreiten bei der Getreideernte 723; Schwadmähversuche mit Roggen 173; Zweiphasenernte von Körnermais 432; Schwadernte von Grassamen 48; Arbeit bei der Erbsenernte 735; Schwadmähen und Schwaddreschen von grünen Erbsen 175; Schwadmahd-Schwaddruschverfahren zur Ernte von Rübensamenträgern 1254.
Schwadmäher: theoretische Grundlagen für die Projektierung 1088+; mit eingebauten Quetschrollen 556; "Owatonna" 309; "Owatonna Modell 29" mit eingebautem Halmquetscher, selbstfahrend 44; "Owatonna Modell 80", selbstfahrend 723; "ŘS-350", selbstfahrend 566; "SchWN-10" für Maschinenträger 1215; "SHRB-4,5" 562; "SHWN-6" und "SHWN-10" 562; "ZA-12" 723; Anbau-Schwadmäher "ŽBA-3,5" 562; "ŽBA-2R", Einsatzerfahrungen 173; "ŽNU-3,2", Einsatz zur Grünerbsenernte 89; "ŽRB-4,9" 723; "ŽVK-15" 723; "ŽVN-10", Einsatz im Neulandgebiet 892.
Schwarzwälder Schäleisen s. unter Holzaufbereitung: Entrinden.
Schwarzwurzel, Mechanisierung der Ernte 776.
Schwebebahnen, Übersicht in Frankreich 275.
Schweden, Landtechnik 805; Svenskt jordbruk och Skogsbruk 1913-1962 1203+; Lit. über die Land- und Forstwirtschaft 275+. - Bodenkartierung 284. - Schlepperunfälle 685; Mähdreschereinsatz 47; Mechanisierung des Zuckerrübenanbaues 30.
Forstwirtschaft: Entwicklung der Mechanisierung 468; Arbeitsaufwand 213; Produktivitätsentwicklung 101; Transportverhältnisse 231; Schleppereinsatz in Süd- und Mittelschweden 231; Rationalisierung in einem schwedischen Forstbetrieb 477; Transportprobleme der Kleinwaldwirtschaft in Südschweden 477; Normaltypen für Holzlagerplätze 475; Fortbildungskurse für forstl. Arbeitsleiter 212.
Landwirtsch. Betriebsgebäude 510; Erfahrungen der Offenstallhaltung 400; Genossenschafts-Ställe 658; erster rationalisierter Viehhof 320; baurechtliche Gesichtspunkte 117.

Schwedenreuter s. unter Heuernte: Gerüsttrocknung.
Schweinefütterung
Gliederung: Allgemeines
Tröge
Futtertransport, -verteilung
Automatische Anlagen
A l l g e m e i n e s: Arbeitsaufwand verschiedener Methoden 184, 911; mech. Fütterung in Ställen 130; Mechanisierung der Arbeitskette 71, 72; Arbeitstechnik bei der Mast 1272; Mast mit im Harvestore silierter Körnergerste 917; Mechanisierung der Fütterung mit breiartiger Nahrung 445; Fütterung der Schweine in Gruppen auf einem zentralen Freßplatz 321. - Fütterung der Ferkel 262; Säugeapparat für Ferkel 745.
T r ö g e: Krippen- und Futtergangausbildung in Mastställen 262; gitterartige Trogabschlüsse bei der Großbuchtenhaltung 1273; schwenkbare Troggitter als Futtergeber 262; Dosierungsanlagen für Tröge 868.
F u t t e r t r a n s p o r t, -v e r t e i l u n g: Futterverteiler für Mastställe 1020; Futtermisch- und -verteilmaschine 71. - Rohrleitung 747; Futterverteilung in Mastställen über eine Ringleitung 331; Fütterung der Mastschweine über Plastrohrleitung 805; Rohrleitungen für die Futterverteilung aus gerolltem Material 1367; Transportrinne zur Portionsfütterung 412. - Fördereinrichtungen für die mech. Beschickung der Futterautomaten in Schweinemastfarmen 331; Futterband 1028; Futterkarren 584.
Futterverteilwagen: mit Mischvorrichtung und Ausbringförderer 747; 3rädriger Futterwagen mit seitlichem Auslauf 1093; Anhänge-Futterverteiler "PRK-3" 189; vom Schlepper "DT-20" gezogener Futterverteiler 189; "T 035" 260.
A u t o m a t i s c h e A n l a g e n: automat. Fütterung 916; Futterautomaten 331, 752; Trocken- und Saftfutter-Automaten 1266; Anwendung von Rundautomaten 331; Futterautomaten in der Ferkelaufzucht 1273; Fütterung von Saugferkeln mit Saftfutter aus Selbstfütterern 1017. - Fütterungsautomat "Super" zur Mast 445; transportable Selbstfütterer für den Weidegang 1017.
Anlagen für fließfähiges Futter: in der ČSSR 260; automat. Breifütterung 826; Flüssigfütterungsanlagen, Kompressoren, Spezialpumpen mit Rohrleitungen bzw. "Vakuumfutterautomaten" 919; Regelgerät für die Konsistenzregelung von fließfähigem Futter 1206; Meßgerät für Drucke in Rohrleitungen für fließfähiges Futter 1206; Füllstandswächter für fließfähiges Futter 1206; Morea-Fütterungsanlage 1093; pneumatische Förderanlage für Naßfutter 74; Vakuum-Selbstfütterer für große Mastbetriebe 188; Vakuumfutterautomaten 445, 1021, 1095, 1367; Einsatzmöglichkeiten des Vakuumfasses 1073.
Trockenfutterautomaten: 440, 1022, 1269, 1366; Einrichtung von McMaster 826; Gestaltung von automat. Schrotfütterungsanlagen 1098. - Futterdosieranlagen für die Schrotfütterung 1098; dänische Schrotdosieranlage "System Andersen" 919.

Schweinehaltung. Faktoren des Kosten- und Arbeitsaufwandes im Verhältnis zur Produktivität 581; Rationalisierung der Arbeiten 911; Arbeitsbedarf und Arbeitsverfahren 439; Arbeitsaufwand 184. - Haltung in den USA 1269. - UV-Bestrahlung 119; Ultraschallgerät zur Messung der Fettschicht 273. - Haltung in Großgruppen 655; Hygienische Probleme der Großgruppenhaltung 440. - Zweckmäßige Haltung der Sauen 668; Anbindehaltung für Sauen 821. - Arbeitsbedarf für die verschiedenen Meßverfahren 71; Mast mit fließfähigem Futter in der ČSSR 260.

Schweineställe

Gliederung: Allgemeines
Abferkelställe
Zuchtställe
Mastställe
Hütten
Stalleinrichtungen
Stallklima

A l l g e m e i n e s: Bauforschung 1170; grundsätzliche Fragen zum Stallbau 258; Raumbedarf für Mastschweine und Sauen 912. - Perspektiven der Haltung in offenen Laufställen in Schweden 125; Ställe in Rhodesien 667; Stall auf der Bausonderschau 1962 in München 519; Stall auf der DLG-Ausstellung 497; unifiziertes Gebäude in Skelettbauweise 125; Stall mit Futterküche 394; kreisförmiger Stall 1014. - Arbeits- und Methodenstudien 1007; Neuerungen hinsichtlich der Arbeitsmechanisierung 130.

A b f e r k e l s t ä l l e: 656; Konstruktion und Einrichtung 667; Errichtung mehrreihiger Ställe 1365; Ställe für 30 Sauen in Mastenbauweise 116, 809; offener Stall 129; Abferkelkästen bzw. -boxen 395; Abferkelkäfige 668, 1015, 1017. - Abferkelbuchten 259, 1024; Einbau von Echemer Abferkelbuchten 258; Abferkelbucht mit eingebautem Sauenstand 821.

Z u c h t s t ä l l e: Baunormen und -regeln (SNiP) 1361; Vor- und Nachteile der verschiedenen Aufstallungsarten 1015; Mängel der Konstruktion und Bewirtschaftung 668. - Offenställe 1023; offene Laufställe in Schweden 125; Offenställe in Sala, Schweden 1193; Offenstall aus Holz für Muttersauen 822; Zuchtfarm 129; Stall für die Gruppenhaltung säugender Sauen mit Ferkeln 1017; zweireihiger Stall für Sauen und Eber 656; Stall für 100 Sauen 666; Stall für 18 Sauen 654. - Anbindehaltung der Zuchtsauen 1023; mit Zwangsständen versehener Stall 1023; Zwangsstand für säugende Sauen 821; Ferkelboxen, die das Saugen ohne Aufsicht ermöglichen 805. - Gruppenhaltung von Saugferkeln 1017; Laufstallhaltung der Ferkel 259; gemauerte Ferkelnester 1017. - Arbeitsvereinfachung im Zucht- und Abferkelstall 912; Organisation mechanisierter komplexer Arbeitsgruppen 1100+.

M a s t s t ä l l e: Untersuchungen über die wirtschaftlichste Form von Stalltypen 1368; Vor- und Nachteile der verschiedenen Aufstallungsarten 1015; Wechselbeziehungen zwischen Baukosten und Betriebskosten 1020; Ratschläge für den Bau 1023; Baunormen und -regeln (SNiP) 1361; Wärme-

dämmung 250; Grundflächenbedarf von Mastschweinen in Mistgangbuchten 1169; Mindestabmessungen von Mastbuchten 1018; Mastbuchten, die sich der Zunahme der Tiere anpassen 259; Bucht für Aufzucht oder Mast 666. - Vor- und Nachteile geschlossener Ställe 668; Zweckmäßigkeit gut isolierter Ställe 1351; Offenställe 1269; Typenbauten mit komplett mitgelieferter Mechanisierung 1169; Typenprojekt für die mech. Mast 189; Entwurf zu einem idealen Maststall 1022; Ställe in Montagebauweise aus industriell vorgefertigten Bauelementen 821. - Kapazitätserhöhung durch Umbau 1366; Mängel der Konstruktion und Bewirtschaftung 668.
Großmästereien: Mechanisierung und Automatisierung 440; Mastzentrale in der Ukraine 189; mech. Farm 1019; engl. Großmastanlage 747; Mastfarm für 10 000 Schweine 259, 1020, 1021, 1367; Mastfarm für 8400 Schweine 130; Stall für 600 Schweine in Mastenbauweise 809.
Bau und Umbau von Ställen 260; Ställe mit getrenntem Liege- und Futterplatz und Mistgang 258; Anlage der LPG Murchin 260; Ställe in Norfolk 1023. - Stall nach dem nordischen System 1023; Stall mit dänischer Aufstallung und Kratzerkettenentmistung 826; automat. Stall 912; geschlossener Warmstall 1023; fensterlose Ställe 130, 1023; zweigeschossiger Stall 1015. - "Sauna-Stall" 258; irischer "Saunastall" 1015. - Offenstall, Solari-Typ 1023; Ställe mit offenen Kotplätzen 1019. - Stall aus Holzfertigteilen 1020; Stall aus Keramsitbeton-Platten 1193; Stall mit schräg verlaufendem Futtergang 678; Stall mit Spaltenböden 262; Stall mit neuem Fütterungsverfahren 1018. - Umbau eines Kuhstalles in einen Stall für ca. 300 Mastschweine 262; Umbau aus Pferdestall 1365.
Großbuchtenhaltung: 261, 1022, 1095; in der LPG "Philipp Müller" 261; in der ČSSR 259; im Altbau mit gruppenweiser Fütterung 321. - Grundrißgestaltung von Farmen 1368; Mastanlage für 3000 Schweine 1193; Ställe für 2500 Tiere 666; Stall für 1500 Schweine, Regulierung des Stallklimas 1015; Ställe für 1200 Tiere 1367; Stall mit 7 Großbuchten für 800 Mastschweine 1018; Stall mit Großbuchten für je 75-120 Tiere 1269; Stall mit Großbuchten für Tiefstreuhaltung 1093.
H ü t t e n: Hüttenhaltung von Zucht- und Mastschweinen im Vergleich mit der Stallhaltung 753+; Hütten an der Nordküste Englands, Baukosten 1024; Anlage eines 8eckigen Schweinepilzes 913; Hütten für Zuchtschweine 1023; Hütten bei der Weidehaltung von Sauen 822; Hütten für güste Sauen 913. - Schneeeinwirkungen 248.
S t a l l e i n r i c h t u n g e n: Ausrüstung und Mechanisierung 259; Krippen- und Futtergangausbildung in Mastställen 262; verbesserte Inneneinrichtungen der Mastställe für 1200 Schweine 1020; strohlose Aufstallung 911. - Mechanisierung der Wasserversorgung 73. - Boxentür für Sauen und Eber 131.
Fußböden: teerpech- und bitumenhaltige Fußbodenbeläge 513. - Bedeutung und Anlage von Spaltenböden 490, 506, 507, 667; Laufstall mit Spaltenboden 506; Ausbildung des Kotganges mit Lattenrosten 491.

Heizung: Abferkelställe 250; Abferkelställe, Bodenerwärmung 389; Abferkelställe, Infrarot-Strahler und elektr. Fußbodenheizung 1015; elektr. Fußbodenheizung in Aufzuchtställen 1016; vollautomat. Warmluftanlagen für Abferkelställe 1192; Heizungssystem in Ferkelställen 1366; Verwendung von Heizlüftern bei der Ferkelaufzucht 1366; Verwendung von Infrarot-Gasbrennern in Zuchtställen 913. - Temperierte Ställe mit außen liegendem Kotgang oder Schwemmentmistung 381; Zentralheizung für Großmästereien 820.

S t a l l k l i m a: 395, 820; Untersuchungen 644; vergl. Untersuchungen mit bes. Berücksichtigung der Abkühlungsgröße 644; Erhebungen über Temp. und Luftfeuchtigkeit 1175. - Wärmehaushalt 1176; Einfluß des Deckenmaterials 1016; Nieuwe varkenstallen in Duitsland verslag over toepassing van stalklimaat 389+. - Lufttemp. im Maststall 261; Einfluß des Stallklimas auf Gewichtszunahme und Futterverwertung 669; Beziehungen zwischen Stalltemp. und Mastleistungen 321, 322; Temperaturprobleme der Fußböden in Abferkelställen 1016. - Stallklima in Altbauten 821; Tauwasserbildung 819; Lufterhitzer zur Entfernung der Feuchtigkeit 1096.

Lüftung: 440, 668; Verwendung mikroklimatischer Unterlagen für Stalllüftungsanlagen, Bewertung ihrer Wirksamkeit 820; Verbesserung 1192; billige und effektive Entlüftung 1352; Luftraten je GV 644; Einrichtungen für Mastanlage 259; Lüftung mit Ventilatoren 1015.

Schweißen, Berücksichtigung der Spannungsfelder bei der Konstruktion von Schweißverbindungen 523; Einfluß des Impuls-Lichtbogenauftragsschweißens auf die Stabilität der Teile 683; Widerstandsschweißen 140+; elektr. Maschinen, Übersicht in Frankreich 275; Instandsetzung von Einzelteilen durch Auftragsschweißen im Wasserdampf 834; Verschweißen der Schienenstöße bei Waldbahnen 482.

Schweiz, Schlepperbesatz 1; maschinentechn. Probleme der Mischfutterherstellung 72. - Stand im landwirtsch. Bauwesen 114; Förderung landwirtsch. Baumaßnahmen 490.

Schwellen, automat. Schneidevorrichtung 228.

Schwemmentmistung s. unter Entmisten.

Schwenkkräne s. unter Kräne.

Schwenklader s. unter Laden.

Schweröl s. unter Gewächshäuser: Beheizung.

Schwimmbagger s. unter Bagger.

Schwimmtränken s. unter Tränken: Geflügel.

Schwingförderer zum Transport von Kraftfutterpreßlingen 545.

Schwingrinnen für den Körnertransport 412.

Schwingsiebroder s. unter Kartoffeln: Ernte.

Schwingungen, techn. Schwingungslehre 276+. - Gesetzmäßigkeiten der Vibration von Maschinen 551; Schwingungsverhalten von Ackerschleppern 1221; Elektromodellverfahren für die Untersuchung der in fahrenden Kettenschleppern auftretenden Schwingungsvorgänge 374. - Schwingungsübertragungen von Maschinen auf den Menschen s. unter: Arbeitsphysiologie; Schlepper.

Seidepflanzen, Gerät zum Abbrennen 1165.
Seilanlagen für Holztransport s. dort; zum Holzrücken und -bringen s. dort; s. auch die einzelnen Anlagen. - Laufwagen System "Istomin" 481.
Seilbagger s. unter Bagger.
Seilbahnen, selbstsperrender Keilrollenzug für das Aufspannen von Tragseilen 480; Transporte in Terrassenlagen 1112. - Seilschwebebahn: Beanspruchung des Tragseils unter der Lastrolle 233; Leistung eines Windflügelreglers zur Laufwagenbremsung 374. - Seilbahnen für Holztransport s. auch unter: Holzrücken und -bringen; Holztransport.
Seilförderer zur mech. Beschickung der Futterautomaten 331.
Seilkräne, Einsatz und Bau von Langstreckenseilkran-Anlagen 104; "DPL 2-2000" für den Transport ganzer Bäume 469; "J 2", System Janeschitz, mit automat. Tragseilklemme 981; "ÖSA 59" 479.
Seilriesen s. unter Holztransport.
Seilwinden, Wickelvorrichtungen für den Prüfstand 2; Elektromotor 294; durch Ultraschall ferngesteuerte Seilwinden 696; Kupplungselemente für die Fernbedienung von Schlepperseilwinden 201; Arbeitsvorbereitung für den Einsatz von Schlepperseilwinden 623; Einsatz in Hanglagen 294; Seilwinde von Plumettaz, Bex 357; Seilwinde "TL-6" und "L-59" 359. - Einsatz im Weinbau 935; Typentafeln über Weinbergsseilwinden 935; Seilwinden mit gezogenen Geräten für Hanglagen 1116; Weinberg-Sitzpflüge 458. - Übersicht über bei der Holzbringung eingesetzte Seilwinden 104; Einfluß des Rückens mit Seilwinden auf die Erhaltung des Unterwuchses 478; Rücken des Dünnholzes 980; Universalaggregat Buschmaster für forstwirtsch. Arbeiten 1317. - s. auch: Holzrücken und -bringen; Holzverladen.
Seilzug, Geräte mit Fernbedienung 294; Schlepper-Anbau-Winde mit "Einmannseilzug" 201; Fenbedienung von landwirtsch. Seilbahnen 865; Düngung im steilen Gelände mit Bodenseilzug 715; Einmannarbeit in Steillagen mit Sitzpflug und aufgebautem Motorwindenaggregat 1116. - Baumschulrodepflug "B 176" 461; Entladen des Rundholzes 1333. - Entmistung 920, 921.
Sellerie, Verwendung schwarzer Plastikfolien zur Bodenbedeckung 604; Mechanisierung der Ernte 354, 776; Ernten der Knollen durch den Vorratsroder "Schatzgräber 224" 89; Einsatz von Rübenvollerntemaschinen bzw. des Kartoffelroders 776. - Gefriertrocknung 199.
Sichel als Getreideschnittgerät in Oberösterreich 1082.
Sicherheitssteckdose für 25 A 759.
Sichtlochkarten s. unter Lochkarten.
Sieben, Theorie des Wirkungsgrades der Siebe 1208; Siebgerät mit der Wirkung des Handsiebs 142.
Siebkettenroder s. unter Kartoffeln: Ernte.
Siebradroder s. unter Kartoffeln: Ernte.
Silage s. Gärfutter; Silageentnahme s. unter Entnehmen von Silage.
Silieren 703, 317+; Entwicklung in der Silowirtschaft 1089. - Methoden 574, 718; Gebäude- und Arbeitskosten der Silage- und Heubereitung 135;

Langgutarbeitskette in Verbindung mit dem Hochsilo 173; Feldhäckslerkette 170; Kurzgut- u. Reißgutkette 307; Silieren von vorgetrocknetem Gras, Einsatz des Schlegelernters 171; "Hardeland"-Methode 574; Silieren im Fahrsilo, Arbeitsanleitung 62; Untersuchung über die Maissilierung in LPG 740; Silieren von Körnermais in Gruben ohne Luftzutritt 1265; Grassilage-Gewinnung im Eiderstädter Erdfoliensilo 316. - Silieren in den Niederlanden 307; Silieren von Futtergetreide in den USA 63; Harvestore-System 326; Entwicklung des Harvestore-Systems in Europa 136; Silieren in gasdichten Behältern 63; leistungsfähiges Konservierungs- und Fütterungssystem für Rinder 916.

Siliermaschinen: Vorführung 1962 in England 556; Silieren von Grünfutter, Maschinen 736+; Automat für das Einsilieren von Rüben 68.

B e s c h i c k e n: Ein- und Auslagerung von Silogut 327; Beschickung von Hochsilo mit Annahmegebläse, Steigrohr und Auswurfkrümmer 517; Greifervorrichtungen 44, 831; mech. Elevator 69; Förderband "RH-Farmer 40" 156.

V e r d i c h t e n: Silo-Wasserpresse "Frika", DLG-Prüfbericht 905; Einsatz eines Industrieverdichters 51.

A b d e c k e n: W.P.-Siloverschluß 62; Freigärversuche mit Silohauben 436; Kunststoff-Folien als Hilfe bei der Gärfutterbereitung 740; Kunststoffolien zur Bedeckung 403; Silieren im Flachsilo, luftdicht durch Folie abgeschlossen 273.

Silikagel als Sorbent bei der Getreidetrocknung 742.

Silikat, Pflugschare, Versuchsergebnisse 1071; Silikatbetonplatten, Komplexserie von Entwürfen für Produktionsbauten und Viehställe 1171.

Silo für Gerstenmehl und Kraftfutter 747. - s. auch Speicher; Gärfutterbehälter s. dort; für Getreide s. unter Getreide: Trocknung; Lagerung.

Silohauben s. unter Silieren.

Silokombine "CST-2" 558.

Silopreßsaft, Verwendung als Düngemittel 1203.

Sitkalaus im Weser-Ems-Raum 800.

Sitze s. unter Schlepper: Zubehör.

Skandinavien, Kühlkonservierung von landwirtsch. Rohprodukten und von aufbereiteten Lebensmitteln 597. - s. auch die einzelnen Länder.

Smithfield Show s. unter Ausstellungen: Großbritannien.

Sojabohnen, pneumatisches Sägerät 1238; Anbau-Drillmaschine "SKGN-6A" für Quadratnestsaat 1238; Vorrichtung für die gleichzeitige Aussaat von Mais und Sojabohnen 423, 424; Unkrautbekämpfung mit Flammenwerfern 829, 1076. - Messung der Ausflußmengen mit Blenden und Düsen 282.

Sonderfahrzeuge, Fahrzeug zum Niederwalzen von Waldteilen (Anlage von Wegen) 214. - s. auch unter Schlepper.

Sonnenblumen, Ermittlung der Mechanisierungsstufe in bulg. LPG 279. - Samenverteilung im Nest bei der Quadratnestaussaat 40; Anbau-Drillmaschine "SKGN-6A" für Quadratnestsaat 1238; pneumatisches Sägerät 1238. -

Mähdrusch 431; "SZK-3", an einen Mähdrescher anschließbare Sonnenblumenerntemaschine 1088+; Druschbelastung des Mähdreschers 1247. - Mechanisierung der Enthülsung des Samens bei Analysen von Zuchtmaterial 182.

Sonnenenergie, Getreidetrocknung und -lagerung 829; Kühlung von Ställen 387.

Sortieren körniger Stoffe, Grundlagen 837. - s. auch die einzelnen Erntegüter.

Sowchosen, Mechanisierung des Rechnungswesens 526+. - Probleme der Projektierung und des Baues im Neulandgebiet 1034, 1178; Planung in der Hungersteppe 654; Experimentalbau im Sowchos "Pobeda" 1360.

Sozialbauten für landwirtsch. Produktionsanlagen 124; Bauhandbuch für LPG 114; Ambulanz in Östra Husby 124.

Spaltenboden s. unter Stallfußboden.

Spanien, Schlepperbesatz 1.

Spannbandlagerung bei bewegten Teilen von Meßgeräten 687.

Spannbeton s. unter Beton.

Spannungsmessung s. unter Meßinstrumente und -verfahren.

Spargel, Veränderung der Agrotechnik unter dem Einfluß der Mechanisierung, Ernte 344; Beetpflug 85; geeignete Sorten für die Gefrierkonservierung 778.

Spatenpflug s. unter Rotierende Bodenbearbeitung.

Speicher, Speicherwirtschaft in den LPG 1200+; Probleme des Komponenten-Silos 1370; Buildings for the processing and storage of fodder 134+; Speicher in der ČSSR 673; Futtermittelspeicher der Offenstallanlage Groß-Lüsewitz 127; Häckselsilo 394. - Getreidespeicher s. unter Getreide: Lagerung; Speicher für Warmwasser s. unter Warmwasserversorgung.

Speicherraumheizung s. unter Heizung von Wohnräumen.

Spillwinde, Erprobung zum Einachsschlepper-Triebachszug 1219.

Spinat, Mechanisierung der Ernte 776; Vollerntemaschine 776; Mähen mit einer selbstfahrenden Kombine 1114; Ernte mit dem Mählader "E 0/62" 465. - Geeignete Sorten für die Gefrierkonservierung 778; Vakuum-Kühler für den Erzeuger-Betrieb 407.

Spindelbuschanlagen s. unter Obstbau.

Spinnkabel zur Starenabwehr im Weinbau 210.

Spitzenlagerung bei bewegten Teilen von Meßgeräten 687.

Sportzentren, Bau 646.

Sprengtechnik beim forstlichen Wegebau 632; Anlage von Wundstreifen oder Gräben mit Hilfe von Sprengstoffen 107; Sprengen der Pflanzgruben mit Sicherheitssprengstoff 767; Anwendung zur Waldbrandbekämpfung in der DDR 987.

Sprengwagen "T-108" für Eisstraßen 235.

Spreulager, Trocknung und Lagerung von Mähdrescherspreu 1029.

Spreu- und Körnergebläse "T 233" 293.

Spritzen

Gliederung: Hinweise
Allgemeines
Spritzgeräte
Baugruppen

H i n w e i s e: Flugzeugeinsatz s. unter Flugzeuge.

A l l g e m e i n e s: Tropfengröße und Ausbringmenge 487; Untersuchungen an Spritz- und Sprühschleiern 1161; Stand der Geräte- und Verfahrenstechnik 486. - Chem. Unkrautbekämpfung in herbizidempfindlichen Kulturen 803; chem. Unkraut- und Schädlingsbekämpfung bei Zuckerrüben 485. - Verfahren im Erwerbsobstbau 780; Verfahren zur Bewertung des Bespritzens von Obstbäumen 91. - Ausbringung von Pflanzenschutzmitteln über die Beregnungsanlage 612, 613, 1129; Schorf- und Mehltaubekämpfung mit Beregnungsanlagen 612; Korrosion feuerverzinkter Bandstrahlrohre von Beregnungsanlagen durch Pflanzenschutzmittel und Magnesiumsulfat 613. - Anlage zur Bereitung von Giftbrühen 486; Anlage "UPR-5" zur Bereitung von Giftmischungen 486. - Ist das Anspritzen von Hochspannungsleitungen gefährlich? 91.

S p r i t z g e r ä t e: Stand der Gerätetechnik 378; ökonomischer Vergleich von Spritz- und Sprühgeräten 108; Pflanzenschutztage von Grignon, Gerätevorführung 1339; neue Maschinen in der UdSSR 993; selbstfahrende Spritzgeräte 211; Himbeer- und Tabakspritzen für Terrassen- und Hangpflanzungen 1313; Gerät für eine Arbeitsgeschwindigkeit von 12 km/h 31; Anbau-Rohrspritzgerät 379; Geräte mit 12,2 m Plastik-Spritzbalken und Glasfiberbehälter 240; neues Feldspritzgerät, Bekämpfungserfolge gegen die Grüne Pfirsichblattlaus 108; Spritzeinrichtung auf dem Fahrzeug "Go-Anywhere" 153. - Gerät für die Prüfung von Pflanzenschutzmitteln im Freiland 803; Kleinparzellen-Spritzgerät mit auswechselbarem Behälter 1164; logarithmisch arbeitendes Dosiergerät für Kleinparzellen-Behandlung 993. - Schlauchspritzeinrichtung zum "S 293/4" bzw. "S 050", Prüfbericht 1339; Nebelbildung bei Schlauchspritzen 1162; tragbares Feldspritzgerät mit CO_2-Druckerzeuger 635. - Spritzpistolen 237, 802.

Feldspritze Allmann "100 Universal" 379; "Barford Atom" 357; Anhänge-Spritze mit Zapfwellenantrieb "Conomist" 379; "Fendt"-Geräteträger mit Spritzeinrichtung 1313; Universalmaschine GAN-8 "Urožaj" 487; "K.E.F.-Flamingo" 239, 240; Anbaugerät "K.E.F.-Cropsaver" 239, 240. - Gebläse-Spritzgerät "OKP-15" 379; "OND-100" 1340; Anbau-Spritze "ONT-WIM" für erhöhte Arbeitsgeschwindigkeiten 243; Umbau des Gerätes "ONK" 1163; "OSG-120" für die Arbeiten unter Glas 351; "OSŠ-15A" 1340; "OV-3" 954; "OVT-1" 954. - Aufbau-Spritze "Powermist Mayor" 379; Hochdruckspritze "S 050/2" 779, 1339; Feldspritze "S 050/3" 779, 1339; Hopfenspritze "S 091", Prüfbericht 1339; "S 293" 210; Erlands Feldspritzgerät "Super", Prüfbericht Vollebekk 240. - Anbau-Spritze "Tecnoma" 802; Schlepperspritzen "Twin", "Victair Super" und "Victair Junior" 379.

Unkrautbekämpfung: Bestimmung der Grundabmessung der Maisherbizidspritze 1341; "ONG-VIM" 1163; Gebläse-Spritzgerät "OKR" und "OVT-1" zur Unkrautbekämpfung im Lein 379. - Bau eines Bandspritzaggregates 108; Bandspritzverfahren und Bandspritzgeräte im Rübenbau 402, 635, 1341; Bandspritzung im Mais 107. - Gerät für die chem. Entkrautung 1230; Großgerät für die chem. Grabenentkrautung 32; Spritzbalken für die chem. Entkrautung zum "S 293/4", Prüfbericht 1339. - Gerät zur Einbringung von Herbiziden in den Boden 1164.
Obstbau: Geräte für Obst-, Garten- und Weinbau 1313; Betriebsuntersuchungen an Spritzgeräten 1312; Hauptfaktoren, die die Qualität der Behandlung von Obstanlagen durch Ventilator-Spritzgeräte bestimmen 780; Geräte in Australien 781; Spritze der Fa. Birchmeier 779.
Weinbau: Pflanzenschutzgeräte 1314; Ventilatorspritzgerät "OV-3" 466; Schlepper "Variomat" mit Dreizeilen-Spritzgestänge 1313; Niederdruckspritzverfahren mit Spritzgestänge 1312; Stelzengerät für Schlepper zur Blauschimmelbekämpfung 1313; Gespannspritze "S 016" 1314; Verfahren mit der Hochdruckspritzpistole 1312.
Kombinierte Geräte: "Chiron"-Spritz-, Sprüh- und Stäubeaggregat 802; Sprühblaser und Feldspritz- und -stäubeeinrichtung "S 872/2", Prüfbericht 1339; Spritz- und Stäubegerät "MSP-P" 203, 614; "MSP-8" 29; Anbau-Spritz- und -Stäubegerät "MSP-P" 203. - Weinbau, Spritz-Sprühen 1312; Entwicklung des Spritz- und Sprühgerätes "S 872/2" für den Tabakanbau 1162; Spritz- und Sprüheinrichtung zur Bekämpfung von Peronospora tabacina 239. - Prüfberichte Vollebekk: Hardanger Rückenspritz- und Nebelgerät 240; SoloRückenspritz- und Nebelgerät 240. - Kombinierte Geräte zum Hacken und Spritzen 211; Spritzvorrichtung zur Anbau-Hackmaschine "KRN-4,2" 379. - Bandspritzung beim Überdrillen 239; Bandspritz-Drillkombination für Rüben 238; Einzelkornsämaschinen "Monodrill" und "Stanhey" mit Reihenspritzvorrichtung 111.
Rückenspritzen: mit Propangas 108; "Bella" 802; "Grüno" 802; ergänzende Prüfung der Schefenacker "AS 1" für die Forstwirtschaft 106.
B a u g r u p p e n: Verschleißuntersuchungen an gefährdeten Teilen der Maschinen 1161. - Brühebehälter 466; Mittelbehälter aus Glasfiber 802. - Verwendungsmöglichkeiten von Membranpumpen 1129; Hardi-Membran-Anbau-Pumpen, Prüfungsergebnisse 992. - Arbeitsqualität von Düsen 1160; Eigenschaften von Drallkörperdüsen, Pralldüsen und Schlitzdüsen 1342; Dralldüsen und "Schlitzfächer-Düsen", Vergleichsuntersuchungen 635; Düsen aus Kapron 241.

<u>Sprühen</u>

Gliederung: Hinweise
Allgemeines
Sprühgeräte
Baugruppen

H i n w e i s e: Flugzeugeinsatz s. unter Flugzeuge.

A l l g e m e i n e s: Untersuchungen an Spritz- und Sprühschleiern 1161; Bekämpfung der Sitkalaus im Weser-Ems-Raum 800; Vorratsschutz mit Malathion 1343. - Ausrüstung für Tank- und Wartungsstellen 1345+.
S p r ü h g e r ä t e: Sprühtechnik und Sprühgeräte 612, 781; Stand der Geräte- und Verfahrenstechnik 486; ökonomischer Vergleich von Spritz- und Sprühgeräten 108; Prüfungsergebnisse von Groß- und Kleinsprühgeräten 1345+; Pflanzenschutztage von Grignon, Gerätevorführung 1339. - Sprüheinrichtung für Flächen- und Reihenbehandlung 1164; Anbau-Sprühgerät aus Plastik 110; Sprühblaser 1339; Anbaugerät für den "RS 09" zur chem. Grabenreinigung 32; "III-Conomist" 239; "Mikron-Twin"-Sprühgerät, NIAE-Test 241; "OND-100", Vernichtung von Sträuchern mit chem. Mitteln 106; Großsprühgerät "S 050/1", Prüfbericht 1339; selbstfahrendes Sprühgerät "Solo-Minor", Prüfungsergebnisse 992; Gebläse-Sprühgerät "Zarja" 636.
Gartenbau: Geräte für Obst-, Garten- und Weinbau 1313; Einsatz von Gebläsesprühgeräten 1345+; Versuche in Obstanlagen 92; Geräte im Obstbau Australiens 781; Geräte für Citrusplantagen 467, 1343. - Geräte im Weinbau 1314; Mehltaubekämpfung im Weinbau mit geringen Flüssigkeitsmengen 1314; Sprüheinrichtungen zur Verwendung in Tomaten- und Weinkulturen 992. - Selbstfahrende Sprühgeräte 211; Exponential-Sprüher für Forschungsarbeit 954; Versuchswerte des Exponential-Sprühers, statistische Sicherung 934; "BSE" mit Aufbau-Motor, Vergleichsprüfung 210; "Holder T.U.5 Z." 94; "Lebo Senior" 94; Aerosol-Sprühgerät "OAN-2" 782; Anhängegerät "OGT-2" für den Obstbau 466; "OPP-1" und "OPP-2" auf der Basis von Aerosolgeneratoren 91; Abgas-Sprühgerät "OVG-1" für Weinpflanzungen 955; Gerät mit Zentraldüsen "Rapidtox II", Vergleichsprüfung 210. - Groß-Sprühgerät "S 050" 210, 779; Hochdrucksprühgerät "S 050/1" 779; Groß-Sprühgerät "S 050/3" 954; Anhängegerät "Sigvardt" 92; Gerät mit Zentraldüsen, Stoll, Vergleichsprüfung 210.
Rückensprühgeräte: "AS 1", Prüfbericht Vollebekk 804; "ATO 75" 802; "Birchmeier" 780; "Boss", Prüfbericht Vollebekk 804; "Gnom", Prüfungsergebnisse 992; rückentragbares Motor-Sprühgerät, Prüfungsergebnisse 992; "Microniseur", Prüfbericht Vollebekk 804; "Solo Modell 1957" 92; "Supra", Prüfbericht Vollebekk 803; "Willmes R 2" 802.
Kombinierte Geräte: "Chiron"-Spritz-, Sprüh- und Stäubeaggregat 802. - Anhänge-Sprüh- und -Stäubemaschine "S 872/2" 107, 779, 954, 1339; Anbau-Sprüh- und -Stäubegerät "S 293" 602, 779, 1286; Anbau-Sprüh- und -Stäubegerät "S 293/4" 107; Karren-Sprüh- und Stäubegerät "S 012" 779; rückentragbare Motor-Sprüh- und Stäubegeräte "Grüno Petit" und "Grüno Uno" 802; Entwicklung bei rückentragbaren Motor-Sprüh- und Stäubegeräten 378. - Weinbau, Spritz-Sprühen 1312; Spritz- und Sprüheinrichtung 239; Entwicklung des Spritz- und Sprühgerätes "S 872" für den Tabakanbau 1162.
B a u g r u p p e n: Brühebehälter 466; Untersuchung am Rührwerk von Sprühgeräten 1345+. - Verschleißuntersuchungen an gefährdeten Teilen der Maschinen 1161. - Arbeitsqualität von Düsen 1160; Deflektor-Sprühdüsen

für die Schädlingsbekämpfung auf Baumwollplantagen 488; Sprühdüsen für das Gerät "Hardi" 993⁺.
Sprühgefriertrocknung, Verhinderung des Zufrierens der Sprühdüse 199.
Spurenelemente, Photometer "PPF-UNIIZ" und "FP-1" 273.
Stadtmüll, Verwendung zur Kompostbereitung 1289, 1290.
Stadtplanung, Anwendungsmöglichkeit der Mathematik 119.
Stände zur Klauenpflege 190; Stand für Massenuntersuchungen von Rindern 257; Zwangsstand für säugende Sauen 821.
Stäuben, Flugzeugeinsatz s. unter Flugzeuge.
A l l g e m e i n e s: elektrostatisches Stäuben 378; Naßstäuben 378; Dosierung 378. - Getreide, Vorratsschutz mit Malthion 1343. - Anlage "UPR-5" zur Bereitung von Giftmischungen für die Schädlingsbekämpfung 486.
S t ä u b e g e r ä t e: Stand der Geräte- und Verfahrenstechnik 486; neue Maschinen in der UdSSR 993; Pflanzenschutztage von Grignon, Gerätevorführung 1339; Anbaugerät "Dustmaster", Prüfungsergebnisse 992; Anbaugerät "MPV-P" 203; Verteilung von Granulaten durch ein handelsübliches handbetriebenes Stäubegerät 380; Rückenstäubegerät "Le Fontan" 779. - Werkstoffverschleiß durch staubhaltige Luftströmungen 1161.
Gartenbau: Geräte für Obst-, Garten- und Weinbau 1313; Gespann-Stäubegerät für Weinreben 203; Gerät "ONU" 954; Gebläse-Zerstäuber "OVT-1" und "OVS L'vov-1" 781; Motorverstäuber "S 612" 779.
Kombinierte Geräte: "Chiron"-Spritz-, Sprüh- und Stäubeaggregat 802. - Anhänge-Sprüh- und -Stäubemaschine "S 872/2" 107, 779, 954, 1339; Anbau-Sprüh- und -Stäubegerät "S 293" 602, 779, 1286; Anbau-Sprüh- und -Stäubegerät "S 293/4" 107; Karren-Sprüh- und -Stäubegerät "S 012" 779. - Rückentragbare Motor-Sprüh- und Stäubegeräte: Entwicklung 378; "Grüno Petit" und "Grüno Uno" 802. - Anbau-Spritz- und Stäubegerät "MSP-P" 203, 614.
Stahl, Zusammenhänge zwischen Dauerfestigkeit und mech. Eigenschaften 682; Einfluß der nichtmetallischen Einschlüsse auf die Dauerfestigkeit 682; Stahlrohre, Wirtschaftlichkeit bei der Feldberegnung 34. - Stahlbau im Bauwesen 495; Binderabstand bei einschiffigen Gewächshäusern in Stahlkonstruktion 461; Stahlhallen für die Landwirtschaft 1000.
Stahlbeton, zusammensetzbare Stahlbetonkonstruktion 115; Stahlbetonfertigteile, Milchviehställe in Montagebauweise 815; Stahlbeton-Plattentragwerke für forstliche Straßenbrücken 484. - s. auch Baukonstruktionen.
Stallbahnen für Transporte 868.
Stallbauten, Lit. über Stallbauten für die Tierzucht 395⁺; fortschrittliche Typenprojekte, Tagung des RGW 395, 828; Projektierungsnormen der Bauten für landwirtsch. Nutztiere 125; Wechselbeziehungen zwischen den Gebäuden 253. - Theoretische und hygienische Grundlagen 250⁺; Massivställe, stallklimatische Untersuchungen in verschiedenen Haltungssystemen 657. - Einrichtungen auf der Bausonderschau in Köln 519; Innenein-

richtung 441; Stallbau und Innenmechanisierung in der Intensivgeflügelzucht 185; Fenster aus Kunststoff 493; Ausstattung von Ställen mit Wasserleitungen ohne Metallrohre 650. - Heizung: theoretische und hygienische Grundlagen 250; elektr. Stall-Bodenheizung 745. - s. auch die einzelnen Stallarten.

Stallfußböden, Fußbodenausbildungen auf der Bausonderschau in Köln 519; Konstruktion jauchedichter, berührungswarmer Fußböden 253; Wärmeisolierung von direkt auf den Erdboden verlegten Stallböden 1003; Bodenbelag in Laufställen 127; Fußboden im Schweinestall 258; Keramsitbetonböden in Ställen 655; teerpech- und bitumenhaltige Fußbödenbeläge in Schweineställen 513; Kork-Asphalt-Fußböden 513; Holzpflaster mit Asphaltverfugung 513; Beton-Stallpflaster 246; Ställe mit einem elastischen Spachtelbelag 506.

Spaltenböden: Bedeutung und Anlage 507; Bau 661; Betonroste 1171.

Rinderställe: 128, 253, 256, 320, 745, 815; Laufstall mit Spaltenboden 506, 1094; Zweiraumlaufstall 1189; mit Spaltenboden versehener Anbindestall 654; Spaltenfußböden in norwegischen Anbindeställen 508; Rostbodenaufstallung mit Schwemmentmistung 752, 826; Maststall mit Spaltenböden 262. - Kälberstall mit Spaltfußboden mit darunter liegendem, schrägem Betonfußboden 580. - Einrichtung eines Spaltenbodens am Freßplatz eines Offenstalles für Jungvieh 911; Laufstall mit Bohlenroststand am Futterplatz 512; Freßplatz eines Milchviehoffenstalles mit Spaltenboden 816.

Schweineställe: 506, 667, 1269, 1368; automat. Entmistung als Alternative zum Spaltenboden 753.

Hühnerställe: 1369; Verwendung von Netz- oder Plankengittern als Boden für Geflügelställe 1197.

Stallklima, techn. Bauhygiene für geschlossene Ställe 1176; geschlossener Stall, Klima und Wärmehaushalt im Winter 388; schlierenoptisches Sichtbarmachen feinster Luftströmungen in der wärmephysiologischen und raumklimatischen Forschung 1352; Wärmehaushalt eines Stalles im Winter 1352; Wärmeflußmessungen 1169. - Abhängigkeit des Raumklimas von Sonnenschutz und Fensterlüftung 250; Kühlung von Ställen durch Sonnenenergie 387; Verdunstungskühlung in Ställen 253. - Beheizung schwach belegter Ställe mit Ölfeuerung 1169. - Bauhandbuch für LPG 114; Sanierung 245; Anlage 745; Baustoffe und -ausstattungen für optimale Stalluftverhältnisse 826; Stallklima und Al 497. - Einbau von Ventilatoren an Schwenkrahmen 1169. - Versuchs-Schafstall Weimersheim 1194.

Rinderställe: 664; vergl. stallklimatische Untersuchungen mit bes. Berücksichtigung der Abkühlungsgröße 644; Erforschung der natürlichen Wärmeausgleich-Durchzugentlüftung 645; Wärmehaushalt eines Stalles im Winter 1352; Formen der Wärmeregulierung in Offenställen im Winter 399; Verbesserung des Stallklimas durch Verstärkung der Wärmedämmung und Einbau eines Lüfters 1362; Jungbullenmastanlage im Laufhofsystem mit

Automatenfütterung 663; Einfluß der Baustoffe 657.
Schweineställe: 395, 644, 664, 820; Beziehungen zwischen Stalltemp. und Mastleistungen 321, 322; Einfluß auf Gewichtszunahme und Futterverwertung 669; Einfluß der Temp. auf die Fleischwüchsigkeit 321; Lufttemp. im Maststall 261; Erhebungen über Temp. und Luftfeuchtigkeit 1175; Tauwasserbildung 819; zweckmäßige Ställe in Altbauten 821. - Großbuchtenstall für 1500 Mastschweine, Regulierung des Stallklimas 1015; niewe varkensstallen in Duitsland, verslag over toepassing van stalklimaat 389⁺; Einfluß des Deckenmaterials auf das Stallklima 1016; Heizungssystem verbessert Stallklima in Ferkelställen 1366.
Hühnerställe: 395; Stallklima und Stallplanung 672; Wärmehaushalt 1176; Einrichtungen zur Beeinflussung des Stallklimas für Legehennen 263; Stallklima beim Übergang zur Intensivhaltung von Legehennen 118; Verbesserung durch Einstreu von Superphosphat 263.

__Stallmist,__ Transportprobleme 412; "Arbeitskette" Stroh-Stallmist 191; Förderband "RH-Farmer 40" 156; mechanisierte Dunglagerstätte 75.
L a d e n: Analyse der Güterbewegung 1201; Geräte 752; Ladegeräte, Arbeitsproduktivität 422; Frontladereinsatz 319, 1222; Frontlader "T 150" zum Geräteträger "RS 09", Prüfbericht Potsdam-Bornim 154; Lader "T 172", Prüfbericht Potsdam-Bornim 447; hydraulischer Lader von Pesci für Heckanbau 154; Streu- und Ladegerät 167; Universalbagger "Multi-Scoop" 298; Förderbänder zum Laden in die Transportwagen 446.
Gülle s. dort; Jauche s. dort.

__Stallmiststreuer,__ Forschungsarbeiten 831; Entwicklungstendenzen 805; Abhängigkeit des Leistungsbedarfes vom Durchsatz 1218; Arbeitsproduktivität 422; Methode für die allg. Berechnung der Anzahl von Maschinen und Leistungen in neuen Technologien 1036. - Bauweisen und Einsatz 1063; neuere Geräte und Maschinen in der UdSSR 877; Übersicht über westdeutsche Fabrikate 113; DLG-Ausstellung 1962 in München 996; Royal-Smithfield-Show 1962 996; Test-Reports 1961 des NIAE 282; Schmal- und Breitstreuer 752; Untersuchungen an Breitstreuern 1235; Streuvorrichtung 143; Streuer und Streuwerke 1073; Streu- und Ladegerät 167; "A.V.3" mit kombiniertem Hackfrucht- und Silageelevator 732; "Dungkönig" mit Einwalzenstreuwerk 109; Dungfräsmischer "Framix" 39; "Fristein Turbo" 111, 1347; "Gigant M4" 1347; Streuer von Howard 489; "MIB-2" 29. - "RmA-2b" auf Zweiachsanhänger "PsO-35" 1235; "RmA-4" für den Triebachsanhänger "NSH-30" 1235; "Rekord 3200", DLG-Prüfbericht 305; "Rotamixer" von Leconte 1348; "Rotaspreader" 296. - Unika "Normal" mit Pendelstreuwerk 715. - Düngung im steilen Gelände mit Bodenseilzug, mit Einachsschlepper und Triebachse 715; Schleuderstreuer für die gleichzeitige Einbringung von Stalldung und Mineraldünger 713; Stallmiststreuer, der mit einem Schleuderstreuer kombiniert werden kann 883. - Stalldungstreuer als Vielzweckwagen im Feldhäckslerbetrieb 293.

Standardisierung, Lit. 276+; Standardzahlen für die Arbeitszeitmessung 1045. - Schlepper und landwirtsch. Maschinen 1203; internationale Standardisierung der Ackerschlepper 17; Reihe von Schlepperpflügen in der ČSSR 879. - Verfahren und Arbeitsgänge in der Forstwirtschaft 957; TGL für Rohholz, Rinde und Harz 1320; Standardisierung als Vorlesungsfach der forstlichen Ausbildungsstätten 1133. - Begriffsdefinitionen im Bauwesen 642; Standardisierung von Elementen im Wohnungsbau und im ländlichen Bauwesen 117.

Standdüsenregner s. unter Beregnung.

Stare, phono-akustische Abwehr 242, 467, 1130; Abwehr mit Viskose-Spinnkabel im Weinbau 210.

Statistik, Auswertung von Versuchsergebnissen 680; Voraussage der Bestandsentwicklung von landwirtsch. Maschinen mit Hilfe einer graphischen Methode 1040; statistische Erforschung und Ermittlung der Arbeitsproduktivitätsreserven in der Landwirtschaft 1206+; Mechanisierung und Elektrifizierung der Landwirtschaft der SU 830+.

Staubsauger 599; Energieverbrauch 925; sinnvoller Einsatz 449. - Übersicht 82; Jahresübersicht 1961 456; techn. Entwicklung in England 342; Kölner Frühjahrsmesse 1962 83, 341; Staubsauger in Kesselbauweise 599; Schlittenstaubsauger "Alfa K-2" 1107; "Electrolux 65" 599; Hoover Gerät "652A" 599; Handstaubsauger "Gamma II" 1107; "Junior" 599; Handstaubsauger der Fa. Siemens mit "Vibromatic"-Düse 599; "Vampyrette" der AEG 83. - Staubsauger für die Viehreinigung, Verwendung von Elektromotoren für höhere Frequenzen 74. - Modelle mit Bohnereinrichtungen 599; Einscheiben-Saugbohner "B 5" von Elektrostar 1107; Klopfsauger von Hoover 765. - s. auch Raumpflege.

Staubtechnik, Jahresübersicht 1961 12.

Stechhygrometer zur Feuchtigkeitsbestimmung im landwirtsch. Betrieb 10.

Steckdose, Sicherheitssteckdose für 25 A 759.

Steckrüben, Pflanzmaschine "TP-r" 169+.

Stehendrodung s. unter Roden.

Steigeisen zur Forstsamengewinnung 222.

Steinfliesen, Arbeitsaufwand für die Fußbodenpflege 341.

Steinklaue "Fjelstads" zum Heben und Roden von großen Steinen und Stubben 162.

Steinsammler mit Zapfwellenantrieb 34; "Pixtone" 1320; "UKP-0,6" 301, 415.

Sterilisiergeräte, Material und Formgebung 338. - Für Melkmaschinen s. unter Melken.

Sternradheumaschinen s. unter Heuernte.

Sternrechwender s. unter Heuernte.

Stirnradflaschenzug "TMSch-3" 385.

Stockräumer s. unter Weinbau.

Stockrodung s. unter Roden.

Stoffwechseluntersuchungen, Stall und Ausrüstung für Untersuchungen mit Kühen 1359.

Stolze, Franz, zum Gedenken 1210.
Stoppelbearbeitung, Eignung verschiedener Bodenbearbeitungsgeräte 708; mit Fräse "Howard-Rotavator" 36.
Stoppelfrüchte, Verfahren der Bestellung in einem Arbeitsgang 30.
Stoppelrüben, Mechanisierung des Anbaues 548; Stoppelrübenziehmaschine, Zusatzgerät für die Futterrübenernte 731.
ß-Strahlen, Einsatz in Bodenuntersuchungen 529.
Strahlenkonservierung s. unter Konservierung von Lebensmitteln.
Strahlungsheizung s. unter Heizung von Wohnräumen.
Straßenbau, Rauhigkeit und Griffigkeit von Natursteinstraßen 392+; Bau von Autostraßen auf dem Land 121; ländliche Straßen in den Niederlanden 120; Verwendung von Beton 246; Einsatz des Schleppers "D 49" 116. - Straßenhobel: Gesetzmäßigkeiten der Vibration von Maschinen 551; Wegerhaltung 1335. - Forststraßen s. dort.
Straßentransport, Kühlwagen in Frankreich 145.
Strauchrechen, internationale Vergleichsprüfung 416.
Strauchschneider, internationale Vergleichsprüfung 416; mech. Strauchschneider 1321; Anbau-Strauchschneider 98; Einsatz eines Rotorschneiders in Auenmittelwaldungen 471; Rotorschneider "RSB 630" zum Dreipunktanbau 875; rotierender Schneider mit Hochleistungsmessern 1069; "KAN-2" 415; Buschschneider "Jobu", rückentragbares Gerät 784; Buschschneider "Locust" 784. - s. auch Flächenabräumen.
Strömungsdämpfer s. unter Wassertransport von Holz.
Stroh, Analyse der Güterbewegung 1201. - Kaltlufttrocknung von Stroh mittels Gebläse direkt auf dem Felde 738; Belüftungstrocknung von Mähdruschstroh 181. - Kunststoffolien zur Bedeckung von Mieten 403. - Strohzerkleinerer mit senkrechter Achse 243. - Verwendung im ländlichen Bauwesen 383.
B e r g u n g: bei der Getreideernte 896; hinter dem Mähdrescher 50; mech. 727; Transportprobleme 412; Vergleich verschiedener Verfahren 311; arbeitssparende Maßnahmen beim Einpflügen oder Bergen 48; Strohschneide- oder Strohteppichverfahren 727; DLG-Ausstellung 1962 in München 996; Einsatz einer von 2 Schleppern gezogenen Schleifeinrichtung 566; Ernterotor-Duplex 1079; Strohsammler mit einem Inhalt von 200 m³ 566.
Feldhäcksler: 566; Einsatzmöglichkeiten verschiedener Bauarten 720; Einsatz des Schlegelernters 559; Schlegelernter "E 068" 1247.
Sammelpressen: 548; Hochdruckpressen 308, 567; internationale Vergleichsprüfungen 560; Bericht vom 33. Pariser Landmaschinen-Salon 172; Presse von Borga 894; Anhänge-Presse "Excelsior" 894; Hochdruck-Presse "K 441", Prüfbericht Potsdam-Bornim 429; Rivierre-Casalis "NRA 2-075", ILR-Prüfbericht Wageningen 891; S.A.I.M.M.-Pressen 894; Jones Ballenpresse "Star", Modell "420", NIAE-Test 172; Hochdruck-Presse "Super 68" 1245. - Stapeln hinter der Sammelpresse mit Hilfe des "Gale"-Ballenschlittens 432.
Laden: mit Frontlader 319, 1222. - Laden von gestapelten Strohballen auf

Schlepper-Anhänger 567; Einsatz des Schlepperladers beim Bergen 176; Schlepperlader für das Laden von Ballenstapeln auf Wagen 556; Transport der Ballen vom Feld zum Strohschober 567; neues Ballenaufnahme-System aus 3 Maschinen 1247; Speziallader zur Ballenaufnahme 546; "Bussard"-Ballenlader 1166; Lader von Teupen aus einer Kombination von Aufnahmetrommel und Windgebläse 556.
Einsatz von Fördergebläsen 62; Wurfgebläse zur Förderung 546. - Förderband "RH-Farmer 40" 156. - Großhäcksler "GH 500", Prüfbericht Potsdam-Bornim 28.
Stubensandsteinboden, Adhäsion zwischen Boden und festen Werkstoffen 688.
Stutzmaschine für Eriken 605.
Sümpfe, Maschinen zur Entwässerung und Nutzbarmachung 703.
Syrien, Mähdrescher-Großeinsatz 894.

Tabak, Ermittlung der Mechanisierungsstufe in bulg. LPG 279; McCormick-Schlepper mit Stelzachsen für hochwüchsige Kulturen 694; Kosten beim Pflanzen von Hand und mit Maschinen 306. - Pflanzmaschinen: 938; Vergleichsprüfung 41; "SKNB-4" 42; "Super Prefer" und "Nardi" 425. - Einsatz motorisierter Hackgeräte 1240.
Schädlingsbekämpfung: Mechanisierung 239; Flugzeugeinsatz 1343; Blauschimmelbekämpfung 378. - Spritzen für Terrassen- und Hangpflanzungen 1313; Spritzgerät "K.E.F.-Flamingo" 239; Entwicklung des Spritz- und Sprühgerätes "S 872/2" 1162.
Ernte: Verwendung von rotierenden Schraubenflächen für die Blatternte 180; Vibrator als Arbeitsorgan für die Blatternte 734; pneumatische Fördereinrichtung für die mech. Ernte 734. - Zerschlagen von Stengeln mit Rotorschneider 875.
Trocknung: Trocknungsverhältnisse bei Schnittabak 439; Bau von Heißlufttrocknungsanlagen 824; Bewegung von grünen Tabakblättern im vertikalen und schrägen Luftstrom 734; Trockenschuppen 676; Trockenschuppen mit vertikaler Lüftung 439.
Tagungen, VDI/ATG-Tagung 1962 in Braunschweig 1213; 4. Völkenroder Tag 111; Konferenz über mech. Landwirtsch. 1962 in Harrogate 637; Internationaler Tag von Boistrancourt 243. - Tagungsbericht Schweizerische Gesellschaft für das Studium der Motorbrennstoffe 689; 4. Stuttgarter Sondertagung Widerstandsschweißtechnik 140+. - II. Agrarluftfahrtkonferenz 1962 in Grignon 1224; Tagung in Forli über den Flugzeugeinsatz in Italien 866. - Kongreß über Bewässerung und Dränage 1960 in Madrid 458; Tagung der Europ. Gesell. für Kartoffelforschung 1960 in Braunschweig-Völkenrode 1228; Heubereitung, Konferenz 1962 in Perth (Schottland) 556.
ECE-Symposium im Mai 1962 in Warschau 450; 55. Jahrestreffen des ASAE 1962 in Massachusetts (USA) 597; Symposium über Gefriertrocknen von Lebensmitteln in London, Okt. 1961 453.

Pflanzenschutztage von Grignon, Gerätevorführung 1339. - Forsttechn. Arbeitstagung der TZF 615; Fachtagung der Gesellschaft für forstliche Arbeitswissenschaft (GEFFA) 484; Planung der Arbeit, Arbeitssitzung der Fachgruppe "Arbeitswirtschaft" der GEFFA 959; XIII. IUFRO-Kongreß Wien 1961, arbeitswissenschaftl. Forschung 95; Sitzung der FAO/ECE über die Nutzbarmachung des dünnen Holzes 365; Tagungsberichte 1961 der Arbeitsgemeinschaft "Waldbrandverhütung und -bekämpfung" 632; "Wegedichte" 377. - 3. Unions-Tagung der sowjet. Architekten 827; 15. Tagung des RGW 1961, Einführung fortschrittlicher Typenprojekte für Stallanlagen 828; Protokoll zum IV. Bundeskongreß des BDA April 1961 827.

Tandemmelkstände s. unter Melkstände.

Tanks für Milch s. unter Milchsammlung und -transport.

Tankstellen für die Landwirtschaft 677; Lit. 1200+; Heizungsprobleme 1033.

Tauchgefrierapparat für Geflügel 199.

Tauchkühler von Rheinische Gerätebau GmbH und Alfa Laval für Obstverwertungsgewerbe 779. - Für Milch s. unter Milchkühlen.

Tauchsieder, elektr. 78; zum Erwärmen von Kälbermilch, Vorteile der Rohrheizkörper 78.

Teeplantagen, Verschleißfestigkeit von Gänsefußscharen bei Hackarbeiten 169; Geräteträger "SŠ-8G" für hängige Plantagen 152.

Teer, Wegebau durch Bodenverfestigung mit Straßenteer in Niedersachsen 650; Bodenverfestigung mit Straßenteer und Straßenteeremulsionen 811; heißgemischte Tragschichten für Wirtschaftswege unter Verwendung von hochviskosem Teer als Bindemittel 649; Teersplitteinstreudecke als Wirtschaftsweg 93.

Teestube, Typenprojekte 652.

Teflon, Verwendung für feste Schmier-Schutzüberzüge 1043.

Teichschlamm, Mechanisierung der Gewinnung und Kompostierung 1290.

Telematic-System, Fernsteuerung von Schleppern 696.

Teleskop-Bagger s. unter Bagger.

Teleskop-Plattformen zur Forstsamengewinnung 222.

Tellerdüngerstreuer s. unter Düngen.

Temperatur, Halbleitergerät für die Kontrolle und Registrierung in Brutapparaten 186; Temp.-Kontrolle von Motoren 840; Temp.-Regelung beim Lagern 523.

Tenit, Verwendung für Gewächshäuser 769.

Tensiometer für Bodenfeuchtigkeitsmessungen 283. - s. auch unter Meßinstrumente und -verfahren.

Teppiche, Vergleich der Reinigungsmethoden 200; Reinigungsgeräte Lit. 765; Teppichklopfer "Omega" 1106.

Terrassen, Gerät "T-4" zur Herstellung 962; Untersuchung der "ZINGG Conservation Bench Terrac" 876; Transporte mit Seilbahnen 1112.

Textilien, Gewebe aus beschichteten Fasern, chem. Reinigung 81.

TGL s. unter Standardisierung.

Thermoaerosolgenerator s. unter Nebeln.
Thermometer zur Messung der Ballentemperatur 556.
Thermoplastautomat "LM-50" 277.
Tiefgangwagen s. unter Schlepperanhänger.
Tiefkühlanlagen s. unter Gefrier- und Kühlkonservierung.
Tiefladeanhänger s. unter Einachsanhänger.
Tieflader für den Transport von Paletten 1122.
Tierhaltung, fabrikmäßige Produktion, vertikale Integration, Kontraktproduktion, Begriffsdefinition 1361; industriemäßige Gestaltung der Produktion 909; Hauptrichtungen der Automatisierung der Produktionsprozesse 1093+; Lit. über Kennzahlen zum Welthöchststand 909+; Mechanisierung der Arbeiten 441, 531; Mechanisierung der Arbeitsprozesse, Handbuch 581; Einfluß von Aufstallungsarten und Entmistungssystemen in der Milchviehhaltung auf die Arbeitsproduktivität 1267; Zweischichtenarbeit 1093; Arbeitszeitverkürzung, betriebswirtsch. Folgen 579. - Vorschriften für den techn. Arbeitsschutz 320+; Tierbeobachtungen mit Fernsehgeräten 273; Temperaturregelung 523. - Zusammenstellung DLG-anerkannter Maschinen 113. - Mehrsprachenbildwörterbuch 183+.
Tierkliniken, Bau 1006.
Tierpflege, Tierhygiene, hygienische Probleme der Großgruppenhaltung der Schweine 440; ultraviolette Bestrahlung 119; Viehputzgerät 745, 805; "Helmes" Patent-Schwanzschnüre mit Aufhängeseil und "Helmes" Patent-Kuhschwanzhalter, DLG-Prüfbericht 1273. - Spezialeinrichtung zur Behandlung von Tieren 238; Badeanlage für Schafe 190; ortsfeste Duschanlage "SDU-G" 445; Stände zur Klauenpflege bei Zuchtbullen 190. - Desinfektion-Sprühgerät 745; Desinfektionsgerät "LSD-2" 446; Spritzgerät "WMOK-1" 238.
Tipula, chem. Bekämpfung auf Grünland 237.
Tische, Klapp- und Ausziehtische 200.
Tomaten, Anbautechnik 1283. - Nest-Streifenverfahren bei der Aussaat 349; Bandnestverfahren für den Anbau 345; Pflanzenanzucht bei künstlicher Beleuchtung 773; Jungpflanzenanzucht im Jiffy-Topf 768; Handhydrobohrer für Pflanzlöcher 349; Vergleichsprüfung von Pflanzmaschinen 41; Pflanzen von Frühtomaten mit den Pflanzmaschinen "SRN-2" und "RSM-4" 202. - Entwicklung der Mulchtechnik mit Plastfolien 204; Bodenbedeckung mit schwarzer Polyäthylenfolie 604; Frostschutz und Ernteverfrühung durch Folienzelte 210; Einfluß der Bodenerwärmung im Freiland 774. - Drahtrahmenunterstützung 1112; Hochbinden an Stahl-Spiralpyramiden 203.
Anbau in mit Abwärme beheizten Gewächshäusern 775; Einfluß der Luftzirkulation auf Klima und Wachstum in einem Plastikgewächshaus 352; Anzucht in Plastfoliengewächshäusern 205; Kultur in Foliengewächshäusern 1118; Tropfenbewässerung 1121, 1288.
Ernte: 1301; Mechanisierung 776; maschinelle Ernte, Arbeitsqualität 464; Ermittlung eines Arbeitsorganes für die mech. Ernte 207; Versuche mit einer Erntemaschine 949; Vollerntemaschine für Ernte der grünen Tomaten 1301.

Sortiermaschine "Greefa Modell AT" 950. - Lagertemp. und Luftfeuchtigkeit in Indien 80; geeignete Sorten für die Gefrierkonservierung 778. - Spanischer Karton aus Wellpappe 1309.

Tonband, phono-akustische Abwehr der Stare 242, 467.

Tonrohrdränung s. unter Dränage.

Tore s. unter Baukonstruktionen.

Torf, Verwendung zur Kompostbereitung 1289, 1290.

Torfböden, Dränage-Pflug 786.

Tränken

Gliederung: Allgemeines
Pumpanlagen s. unter Pumpen
Rinder
Schweine
Schafe
Geflügel

A l l g e m e i n e s: Übersicht in Frankreich 275; Wasserversorgungsanlagen nach dem Prinzip der kommunizierenden Röhren 73; Regelung der Wasserentnahme aus artesischen Brunnen 748; Selbsttränken für Mehrzwecknutzung 1024; Durchfluß-Selbsttränken aus Ton oder Zement 319; fahrbare selbsttätige Tränken "RZ-41", "APP-0,7" 183.

R i n d e r: automat. Tränken aus Glaszement 329; Rohrschlittentränke für Kühe, Pferde und Schweine 73; Gruppentränke 662. - Selbsttränken 126; Selbsttränke "PA-1" 184; Pumpen-Selbsttränke "Oase", Maschinenprüfbericht Ultuna 1271. - Kälber: Selbsttränken 1024; nichteinfrierende Selbsttränke für Jungrinder 916; Universaltränkeinrichtung 189; Scheibensaugtränken 329; Milchwärme- und Tränkautomat 1346; Tauchsieder zum Erwärmen der Kälbermilch 78.

S c h w e i n e: Anlage für große Mastbetriebe 188; Tränkvorrichtungen 584; Tränkebecken von 2 m Länge 321; Molketransport durch Rohrleitung von Molkerei in Schweinestall 512. - Selbsttränken 73, 331, 821, 1022, 1024, 1367; Gruppenselbsttränke 1021. - Rohrschlittentränke 73.

S c h a f e: Tränken auf Weiden 1188; Mechanisierung in der Trockensteppe 329; Selbsttränken 188; Vakuumselbsttränke 329.

G e f l ü g e l: Tränken aus PVC-Kunststoff 1097; Selbsttränken 670; Küken, automat. Tränkebecken 656. - Hühner: Schwimmtränken und Hebelfederventiltränken 444; Durchlauftränken und Tropftränken für Legekäfige 444; automat. Tränken mit Anschluß an die Wasserleitung 748; Selbsttränken 73, 914; Tränkrinne 443; Tränkrinne aus Metall oder bitumiertem Holz 672; Muldenselbsttränke 323.

Transport 1063; Probleme des landwirtsch. Transportwesens 411; Lit. über Probleme in der sozial. Landwirtschaft 1063; Probleme in der Landwirtschaft der DDR 544; Forderungen der Landwirtschaft 26; Stellung des landwirtsch. Transportwesens in der Volkswirtschaft 543; Landwirtschaft und Straßenverkehr 701; Analyse des Bedarfs an landwirtsch. Transporten 544; Gliederungsvorschlag für den landwirtsch. Transport 544; Selbst-

kostensenkung durch Verbesserung der Organisation der Transport- und Lagerarbeiten 1063; Feldtransporte in Landwirtschaftsbetrieben 412; Transportarbeiten im bäuerlichen Betrieb 868. - Innerbetriebliche Transporte: Mechanisierung 441, 702; Lit. 292+; Transportmittel 1284; Hilfsgeräte für die Rationalisierung 1108; bessere Transportgeräte für Hof und Stall 1065; innerbetrieblicher Transport im Gartenbau 83. - Probleme in schwierigem Gelände 680; Transport und Förderprobleme auf Berg- und Hochlandfarmen 274; Transport im Gebirge mit Schleppern, Winden u.a. mech. Hilfsmitteln 292+; Transporte in Terrassenlagen mit Seilbahnen 1112.

Transportmittel: in der Landwirtschaft 701; Wirtschaftlichkeit 26; Maschinensysteme, Studium von den Güterbewegungen 1201; Maschinensystem der tschechoslowakischen Landwirtschaft 26; Zusammenstellung DLG-anerkannter Maschinen 113; DLG-Ausstellung 1962 412; Ausstellung in London 294; Messe in Utrecht 701; Maschinen auf der Smithfield-Schau 1212; Landmaschinensalon Paris 1963 1167; von Macchine & Motori Agricoli vorgestellte Neuheiten 1348; Transportmittel in Jugoslawien 291. - Maschinen zum Auf- und Entladen sowie zum Transport landwirtsch. Lasten 1065+. - Forderungen an den neuen Typ des Transportschleppers 411; Zweckmäßigkeit eines allradgetriebenen Straßenschleppers für Transportzwecke 543; zulässige Höchstgeschwindigkeit ungefederter landwirtsch. Fahrzeuge 1065+.

Trennung von 'Transportregal' und Karre für den Gartenbau 1111; Transportkosten beim Versandgemüse 935; Transport gekühlter Lebensmittel 1049+. - Folgerungen aus den gegenwärtigen Entwicklungstendenzen der Forstwirtschaft 376. - s. auch die einzelnen Transportmittel; Holztransport s. dort; Transporte im Gewächshaus s. unter Gewächshäuser; im Obstbau s. unter Obstbau; im Weinbau s. unter Weinbau; s. auch unter den einzelnen landwirtsch. und gärtn. Ernteprodukten.

<u>Traßkalk-Schotter-Beton,</u> Straßendecken 811.

<u>Treibriemen,</u> Jahreslit.-Übersicht 833.

<u>Treppen</u> aus Holz 1173.

<u>Tretschuhe,</u> Verwendung zur Kulturpflege 969.

<u>Triebachsanhänger</u> s. unter Einachsanhänger.

<u>Triebsätze,</u> Wirtschaftlichkeit 152; mit kippbarem Aufbau für innerbetrieblichen Transport 543; "Landini" 291; "UMA" 152, 244. - s. auch Maschinenträger.

<u>Trieur</u> "TU-400" 63. - s. auch unter Getreide: Reinigen, Sortieren.

<u>Trocknung,</u> Verhalten ruhender, luftdurchströmter Haufwerke aus Körpern verschiedener geometrischer Form in geordneter und ungeordneter Verteilung 13+. - Trocknungstechnik: Übersichtsarbeit 529; Sammlung trocknungstechn. Begriffe 904; Anwendung des Mollier-i, x-Diagramms 12; Messen und Registrieren der Veränderungen des Wassergehaltes der Trocknungsgüter 12; Mengenregelung 523. - Grundzüge der landwirtsch. Trocknung 406, 407+; landwirtsch. Trocknung in Österreich 904.

Trocknungsanlagen: Baunormen 1351; Zusammenstellung DLG-anerkannter Maschinen 113; Übersicht in Frankreich 275; Test-Reports 1961 des NIAE 282; Anlage von Lister 1346; Anlage für forstliche Samen 968; transportables Pyrethrum-Trocknungsgerät, NIAE-Test 209. - Trockenöfen zur Feuchtigkeitsbestimmung im landwirtsch. Betrieb 10. - Trockenschrank für Arbeitskleidung, Anschlußwerte 530.
s. auch die einzelnen Erntegüter; Trocknen von Wäsche s. unter Waschen.

Tröge, Betonverwendung in Österreich 246.

Trommelfeldhäcksler s. unter Feldhäcksler.

Trommeltrockner s. unter Getreide: Trocknung; s. unter Grünfutter: Ernteaufbereitung; s. unter Kartoffeln: Sonstige Aufbereitung.

Trommelwaschmaschinen für Textilien s. unter Waschen: Waschmaschinen.

Trommelwaschmaschinen für Kartoffeln 67.

Trommelwender s. unter Heuernte.

Trommelzetter s. unter Heuernte.

Tropftränken s. unter Tränken: Geflügel.

Truthühner, engl. Großmastanlage 747.

Tsetsefliege, Bekämpfung vom Flugzeug aus in Ostafrika 867.

Türkei, Schlepperbesatz 1; landwirtsch. Bauen 491.

Tuffstein, Verwendung für Stallfußböden 253.

Tungstendisulfid, Verwendung für feste Schmier-Schutzüberzüge 1043.

Turbinen, Gasturbinen s. dort; Turbinendeflektor s. unter Lüftung; Turbinenpumpen s. unter Beregnung.

Turbohseuer s. unter Heuernte.

Turbokompressor s. unter Schlepper: Motoren.

Turmkran s. unter Kräne.

Typisierung und Serienfertigung von Bauelementen 245; Typung, Begriffsdefinition: Teilgebiet der Standardisierung 642. - Holzrückeverfahren 477.

Überlastkupplungen s. unter Kupplungen.

Überlastprüfung von Landmaschinen 280.

Übernachtungsheim, Typenprojekte 652.

Uhren, Schaltuhren für Haushaltsgeräte 79.

UKW-Funk, Fernsteuerung von Schleppern 696; Einsatz bei der Waldbrandverhütung 1149.

Ulmen, Vorschläge zur Erhöhung der Keimkraft des Saatguts 1137; Vorrichtung zum Ausheben von Sämlingen 364.

Ultraschall, Aggregat "UZIS-6" für Kontrollmessungen und Defektoskopie 527; Gerät zur Messung der Fettschicht lebender Schweine 273.

Ultraviolette Strahlen, Meßgerät zur Intensitätsbestimmung 527; Bestrahlung landwirtsch. Nutztiere 119; Bestrahlung von Geflügel mit Quecksilber-Quarzlampen 75. - Wasserentkeimung durch Bestrahlung 1004. - UV-Leuchten für Insektenfanggeräte 242.

Umluftheizung s. unter Gewächshäuser: Beheizung.
Unfallschutz, Analyse landwirtsch. Unfälle 525; Unfallgefahren und Unfallschutz bei der Arbeit mit Landmaschinen und Schleppern 526+; Hinweise 526; Les accidents du travail et leur prevention 9+. - Forstwirtschaft: 213, 615; Maschinen-Schutzvorrichtungsverordnung in Österreich 213; Verhütung von Unfällen im forstlichen Seiltransport 985; Waldarbeiter-Schutzhelme 359. - s. auch unter Schlepper: Arbeitsschutz.
Ungarn, Stand der landtechn. Meßtechnik 141, 404; Transportmittel in der Landwirtschaft 701; Entwicklung und Produktion von Mähdreschern 725; Mechanisierung der Körnermaisernte 177; Ergebnisse der Grünfutter- und Heutrocknungsversuche 572; Stand der Folienverwendung im Gemüsebau 1117.
Unkrautbekämpfung bei Gemüse 1283; in Forstgärten und Baumschulen 1136.
C h e m i s c h: Bekämpfung auf dem Grünland, Mittelübersicht 237; Bekämpfung bei Getreide und Mais, Mittelübersicht 485; Einfluß der chem. Unkrautbekämpfung auf die Agrotechnik im Kartoffelbau 1341; Gemüsebau 1311; Schilfbekämpfung an Wasserläufen 873; Obstanlagen 1287. - Flugzeuge, Ausbringung von Herbiziden in Zuckerrohr 1342. - Tropfengröße und Ausbringmenge beim Spritzen 487; Bekämpfung in herbizidempfindlichen Kulturen 803. - Geräte: 379; Universalmaschine GAN-8 "Urožaj"487; Spritze "ONG-VIM" 1163; Gerät zur Einbringung von Herbiziden in den Boden 1164; Vorrichtung für den Obstbaukultivator 1115; Bekämpfung im Lein mit Gebläse-Spritzgeräten 379; Einbringen von Dichlor-Harnstoff 295; Vorrichtung für die Dippelmaschine "McCormik 35o" zur Einbringung von Herbiziden 423. - Bekämpfung in Mais 107; Bestimmung der Grundabmessung der Maisherbizidspritze 1341. - Rüben: 485; Bekämpfung mit Kalkstickstoff und chem. Mitteln 295; Bandspritzverfahren und Bandspritzgeräte 402, 1341.
Forstwirtschaft: 1321; Entwicklung von chem. Mitteln 96; Bekämpfung in Baumschulen 100; Vernichtung von Sträuchern 106; Ausbringen selektiver Herbizide mit Flugzeugen 1334; ergänzende Prüfung der Motorrückenspritze Schefenacker "AS 1" 106. - Arbeitsschutz 615.
M e c h a n i s c h: durch Bodenbearbeitung und Saatpflegemaßnahmen 1069; Bekämpfung im Getreide 425; Bekämpfung in Maiskulturen 107; Vernichtung in Maissaaten mit mittelschweren Eggen 552; Bekämpfung in Kartoffeln 306; Bekämpfung in Zucker- und Futterrüben 426. - Bekämpfung mit Ackerbürste und Unkrautstriegel im Pflanzgemüsebau 555; Bekämpfung bei Erdtopfpflanzungen 604. - Ackerbürste "B 281" 602; Fräse "Howard-Rotavator" 36; rotierender Arbeitskegel 42. - Gerät zum Abbrennen 1165; Unkrautbekämpfung mit Flammenwerfern 630, 1076.
Unkrautstriegel s. unter Unkrautbekämpfung: Mechanisch.
Untenfräsen s. unter Entnehmen von Silage.
Untergrundbewässerung s. unter Bewässerung.
Untergrundlockerung, Geräte 304; Aufbau und Einsatz eines Tieflockerungs- und Kalkungsgerätes 708; Vibrations-Tiefenlockerer, Kurzinformation 1233; Lockerer "RN-80B" 304; Vergleichsprüfung von Anhänge-Beetpflügen mit

Untergrundlockerern 302; Lockerungshaken für 1 m Tiefgang 708. - Tiefpflüge s. unter Pflügen.

Unterstellräume s. Einstellräume.

Urbarmachung von Strauchgelände 162.

USA, landtechn. Entwicklung 275; Organisation der landwirtsch. Forschungsarbeit 1202; Erziehung ingenieurtechn. Fachkräfte 138. - Meßverfahren der Spitzenbelastung des Menschen bei der Arbeit 680. - Rotes Buch 1962 2; Schlepperbesatz 1. - Betriebsgrößen von Maisfarmen 279. - Forschungsarbeit über Verdunstungsvorgänge im westlichen Nord Carolina 687; Beregnung in Oklahoma 298; Beregnung von Getreide in Oklahoma 33; Bewässerung in Californien 1069. - Mechanisierung des Zuckerrübenanbaues 30; Technologie bei der Kartoffelernte 53; Silieren von Futtergetreide 63. - Bericht über die Rinderhaltung 1268; Hofmilchtank-Tanksammelwagensystem und Qualitätskontrolle 590; Bericht über die Schweinehaltung 1269. - Klima- und Kältetechnik 1961 338; Kühlkonservierung von landwirtsch. Rohprodukten und von aufbereiteten Lebensmitteln 597. - Stand der Mechanisierung der Obsternte 1305. - Arbeitsaufwand in der Forstwirtschaft 213; Maschinen für den Holzeinschlag 222. - Landwirtsch. Betriebsgebäude 510, 1007.

UdSSR, Entwicklungstendenzen und neue Maschinen der Landwirtschaft 243; Automation in der Landwirtschaft 24; Farm mechanization 830+; Elektrifizierung und Aufgaben des Landmaschinenbaues 530+; Prüforganisation von Schleppern und Landmaschinen 692; Mechanisierung undAutomatisierung der Innenwirtschaft 1266; Mechanisierung von Lade-, Entlade- und Transportarbeiten 546; Schlepperbesatz 1; Überblick über das Schleppersystem 843. - Mechanisierung des Zuckerrübenanbaues 30. - Vollmechanisierung in der Rinderhaltung 439; Steigerung der Arbeitsproduktivität in den Milchfarmen 746. - Kühlkonservierung von landwirtsch. Rohprodukten und von aufbereiteten Lebensmitteln 597. - Steigerung der Obst- und Weinproduktion 344; Erweiterung der Anbaufläche unter Glas in beheizten Gewächshäusern 351; Stand der Folienverwendung im Gemüsebau 1117. - Forsttechnik 468; Waldwirtschaft und Holzindustrie 94+. - Elektrifizierung der holzaufbereitenden Industrie 961; Menge und Verwertung des in der Lettischen SSR anfallenden Schlagabraumes 371. - Landwirtsch. Bauwesen 639+.

Vakuumfässer s. unter Behälter.

Vakuumkühlung s. unter Gefrier- und Kühlkonservierung.

Vakuum-Selbstfütterer s. unter Schweinefütterung.

Vakuum-Zähler zum Zählen der Samen 968.

VEG s. Volkseigene Güter.

Ventilverschleiß, Lit. 286+.

Verbrennungskraftmaschinen, Verschleiß an Zylinderlaufbüchsen aus Schleuderguß 285. - s. auch Motoren.

Verdunstung. Druckwaage für Versuche 11; Behälter aus Plastikfolien für Verdunstungsbestimmungen 688; Forschungsarbei im westlichen Nord Carolina 687. - Verdunstungskühlung: in Gewächshäusern 773; in Ställen 253.

Vereinzeln von Rüben
Untersuchungen zur Einsparung an Vereinzelungsarbeit 555; Arbeitsaufwand 43; Ausdünnen von weißen Rüben 423; Vereinzeln und Jäten mit Ausdünnern, Hackwerkzeugen und langer Hacke, Arbeitsanleitung 1076; Vereinzeln von Hand mit langstieligen Spezialhacken 1073. - Ausdünnen mit Netzeggen 295; Einsatz des Ausdünnstriegels 1240.
Vorführung von Ausdünngeräten 307; Vorführung von Maschinen 1961 in Jodoigne 179; Ausdünnmaschinen in der Praxis 717; "Vicon"-Ausdünner 426; Vereinzelungsautomat "Ferté" 548; Auslichtgerät "Johnson Blackwelder" 295; Vereinzelungsmaschinen von Rau, Kirchheim/Teck 548; Ausdünn-Anhängemaschine "PPS-6" 427; Drillmaschine "2 SPS-6" mit einer Vorrichtung zum Ausdünnen 40.

Vergaser s. unter Motoren.

Verkehrsrecht. Vorschriften der westdeutschen Straßenverkehrsordnung 806; Unzulänglichkeiten der westdeutschen StVZO 26; Landmaschinen und Sicherheit im Straßenverkehr 865; zulässige Höchstgeschwindigkeit ungefederter landwirtsch. Fahrzeuge 1065+.

Verkehrssicherheit. Folgen von Arbeit und Ermüdung 138.

Verladegeräte s. unter Fördern; Laden; für Holz s. unter Holzverladen; für Stallmist s. unter Stallmist; s. auch unter den einzelnen Ernteprodukten.

Vermessungswesen für Forsttechniker 990+.

Verpackung. Standardisierung von Form, Größe und Qualität 1309; Standardisation of packaging for fresh fruits and vegetables 953+; neuere Probleme der Verpackungstechnik 12; Verpackungsdichtigkeit und Haltbarkeit von Lebensmitteln 81. - Zentrale Markthalle der nat. Interessengemeinschaft in Agen 1370. - Material für Nahrungsmittel 763; Material für Gefrierfleisch 930; Anwendung von Kunststoffen 5, 276; Folien 5, 1293. - Verpakkung gefriergetrockneten Gutes 453. - Verpacken von Geflügel 324; Verpacken der Gemüsegerichte in sog. Kochbeuteln zum Gefrieren 597. - Eier 186.
s. auch die einzelnen Erntegüter.

Verschleiß. Haltbarkeit und Verschleiß von Werkzeug- und Maschinenteilen der Landtechnik 1204; zyklische Verschleißfestigkeit der Metalle 834+; Messung mit Hilfe von Radionucleiden 142; Verschleißmessung, Verwendung der Bezugsmarkenmethode 1048. - Lit. über Motorenverschleiß 286+. Motorenverschleiß bei Kaltbetrieben 841; Messungen mittels radioaktiver Isotope an Kolbenringen und Gleitlagern von Verbrennungsmotoren 841; Lit. über Kolbenringverschleiß 286+; Erhöhung der Verschleißfestigkeit von Zylinderbuchsen der Motoren 1217; Verschleiß an Zylinderlaufbüchsen aus Schleuderguß 285; Lit. über Zylinderverschleiß 286+; Lit. über Ventilverschleiß 286+; Verschleißlinien des Kettenschleppers "DT-54" nach

verschiedenen Ölbeimengungen im Motorenschmieröl 531. - Verschleißfestigkeit von Gänsefußscharen bei Hackarbeiten in Teeplantagen 169. - Verschleißmessungen an Pflanzenschutzgeräten 1161; Werkstoffverschleiß an Pflanzenschutzgeräten durch staubhaltige Luftströmungen 1161. - Verschleiß bei der Arbeit von Kettenschleppern mit Erdbaumaschinen 287.

Verschulen von Forstpflanzen, maschinelle Verschulung und Pflege auf leichten Standorten 220; Maschinen und Geräte für Baumschulen 216; Verschulmaschinen 469.

Versorgungseinrichtungen, Bauhandbuch für LPG 114.

Versuchsfelder, techn. Hilfsmittel 83; Wägeeinrichtung für Feldversuchserträge 10; Reihenzieher 719+. - Hydraulischer selbstfahrender Futterernter 429; selbstfahrender Mähdrescher 1; Mähl̈ader für die Einmannernte der Grünlandparzellen 45; Kartoffelroder 1251. - Mechanisierung ler Enthülsung des Sonnenblumensamens bei Analysen von Zuchtmaterial 182; Erbsenpaler 371; Reinigungs- und Größensortiermaschine für Erbsen 489.

Verticillium-albo-atrum, großflächige Bodendesinfektion zur Bekämpfung an Erdbeeren in Kalifornien 995.

Vertikale Integration, Begriffdefinition 1361.

Vertikalmischer s. unter Futterzubereitung: Mischen.

Vertikalpresse für Reparaturwerkstätten 278.

Vertütungsvorrichtungen s. unter Kartoffeln: Aufbereitung.

Verwaltungsbauten, Gemeindehaus in Kosta 122.

Veterinärstützpunkt, Anwendung von Silikatbetonplatten 1171.

Vibration, Bodenbearbeitung mit schwingendem Keil 1069; Vibrations-Tiefenlockerer, Kurzinformation 1233. - Vibrationsvorrichtung zum Verdichten von Schneewegen 629. - Vibrationsbelastung des Menschen s. unter Arbeitsphysiologie.

Vielfachgeräte s. unter Gerätekombinationen.

Vinyl, Verwendung für Gewächshäuser 769.

Viskose-Spinnkabel zur Starenabwehr im Weinbau 210.

Vögel, Abwehr im Weinbau 935; Einsatz phonoakustischer Verfahren zur Starenabwehr 467, 1130; druckfestes Perlonnetz zum Schutz vor Vogelschäden 1130; Viskose-Spinnkabel zur Starenabwehr im Weinbau 210.

Volkseigene Güter, techn.-wirtschaftliche Kennzahlen zur Planung der Arbeit 279+, 835+.

Vollerntemaschinen, landwirtsch. Stoff- und Maschinenkunde 2. - s. auch die einzelnen Maschinen.

Vollumbruch s. unter Bodenbearbeitung: Forstwirtschaft; Pflüge s. unter Pflügen: Forstwirtschaft.

Volumentheorie des Zerkleinerns 11.

Vorratspflege, Lehrbuch 1282+. - s. auch die einzelnen Erntegüter und Verfahren.

Vorreinigungsmaschine s. unter Getreide: Reinigen, Sortieren.

Waagen, Übersicht in Frankreich 275; Getreidewaage für Einbau in Mähdrescher 1249; Druckwaage für Verdunstungsversuche 11; elektr. Feinwaage "EFW 10/61" mit Einkanalverstärker "TE I/61" 12; Wägeeinrichtung für Feldversuchserträge 10; Steuergerät für eine automat. Futterdosierwaage 1206.
Wachholder, Vorschläge zur Erhöhung der Keimkraft des Saatgutes 1137.
Wälzlager s. unter Lager.
Wärmedämmung s. unter Wärmeschutz.
Wärme-Energie, landwirtsch. Stoff- und Maschinenkunde 2.
Wärmeflußmesser von E. Schmidt 389.
Wärmepumpe, Heizung von Gewächshäusern 13.
Wärmeschutz, Zählgerät für Serienmessung von Bauteilen 118; Prüfapparaturen für die Wärmeableitung von Fußböden 389; Messung der Wärmeableitungen von Wohnungsfußböden 497. - Wärmeschutz im Stallbau 1176; Wärmedämmung in Rindvieh- und Schweineställen 250; Verbesserung des Stallklimas in einem Rinderstall durch Verstärkung der Wärmedämmung und Einbau eines Lüfters 1362; Zweckmäßigkeit gut isolierter Schweinemastställe 1351; Wärmedämmung in Hühnerställen 514. - Wärmeisolierung von direkt auf dem Erdboden verlegten Stallböden 1003; Isoliermaterial aus "Flumser"-Steinwolle 264. - s. auch die einzelnen Bauten.
Wärmewirtschaft, Forderungen der Landwirtschaft 121.
Wäschetrockner 454, 764; Trockner der DRU-fabrieken, Ulft. 1281; Trockenschrank "Elektrapex" 764.
Wagen, Einsatz im Gartenbau 1284. - s. auch: Ackerwagen; Einachsanhänger; Schlepperanhänger.
Wagenkasten auf Triebsatz "UMA" 152.
Wagenköpfroden s. unter Rüben: Ernte.
Waldbahn s. unter Holztransport.
Waldbrandbekämpfung, Einsatz der Technik 1149; Lit. über Waldbrände und Sturmschäden 988+; Tagungsberichte 1961 der Arbeitsgemeinschaft "Waldbrandverhütung und -bekämpfung" 632; vorbeugender Waldbrandschutz im Herbst 107; Flugzeugeinsatz 1224; Feuerwachttürme mit Signaleinrichtung 631; Beobachtungsmast der SU 631. - Waldbrandriegel, Projektierung und Anlage 630; Anbaugerät zur Herstellung eines Feuerschutzgrabens 632; Brandschutzstreifenzieher "K 2-Rotkitten" 107. - Einsatz der Sprengtechnik 987; Vervollkommnung der Sprengtechnik 235; Anlage von Wundstreifen oder Gräben mit Hilfe von Sprengstoffen 107. - Einsatz von Chemikalien 631; amer. Waldbrand-Löschmittel 988.
Walderneuerung s. unter Aufforstung.
Waldwege s. Forstwege.
Walnüsse, Anbaugerät zum Aufsammeln 776.
Walzen, Entwicklungsstand 1069; Bodendruckprobleme 1221; Arbeitsnormen 1233; Ringelwalze "3TI-5,3" und Glattwalze "3TM-1,4" 166; an Kehrpflüge angehängte Stachelwalze 83; Croskill-Tandemwalze für Schlepperzug 110. - Straßenbau, 10 t-Motorwalze "D-365" 1338; Fahrzeug zum Niederwalzen von Waldteilen (Anlage von Wegen) 214.

Walzprofilträgerbrücken für forstliche Straßenbrücken 484.
Wandkühlschrank s. unter Gefrier- und Kühlkonservierung.
Wandlufterhitzer s. unter Gewächshäuser: Beheizung.
Warmwasserversorgung, Arbeitserleichterung im Landhaushalt 77, 826, 925; zentrale Versorgung des Bauernhofes 757; Anlagen und Brennstoffe im Landhaushalt 1281; Planung der Installation 78; Verbrauch in Wohnungen, Meßverfahren und Auswertung 1103. - Bereitstellung im Stall, in der Milchsammelstelle 77; Versorgung für den Fischgrätenmelkstand 664; Bereitung in Broilerställen 670. - Geräte auf der Herbstmesse 1962 in Köln 600; Flammrohr-Generator für Wasserdampf und Heißwasser "LSG-2" 286; Kessel für die Warmwasser- und Dampfbereitung zur Reinigung und Sterilisation der Milchgeräte 1101; Thermosyphon-Heißwasserbereitung 589; Heizölgeräte 251, 451. - Kunststoffrohre für Leitungen 498; Entkalkungseinrichtung 449.
Gasbeheizte Geräte: Verwendung von Fern- oder Flüssiggas 925; gasbeheizte Speicher 926; Gasdurchlauferhitzer 596, 759.
Elektrische Geräte: Möglichkeiten der elektr. Warmwasserbereitung 78; Tendenzen 758; Zukunftsaussichten 592; Vorteil der Elektrizität 499; Planungsgrundsätze zu den verschiedenen Arten 1103; Elektroenergieverbrauch 143; Netzbelastung durch Wassererhitzer für die spez. Zwecke der Milchwirtschaft 589. - Jahresübersicht 1961 456; Übersicht über brit. Markt 449; brit. Verkaufs-Konferenz in Harrogate 341. - Speicher 450, 758; Anschlußwerte 530; Speicher mit Transformator-Wassererhitzer 337; Speicher der Frico AB, Göteborg 765; Niederdruckspeicher "N 501" 1106; Druckspeicherschäden, Verhütung 1104. - Boiler 450, 758; Boiler mit Warmwasser-Mantel "F 351", Prüfbericht Potsdam-Bornim 1278; Automatic-Boiler der Dr.-Stiebel-Werke 600. - Durchlauferhitzer 758; Druck-Durchlauferhitzer zur zentralen Warmwasserversorgung 599. - Druck-Durchlaufspeicher mit Heizschlange 600. - Sadia-50N-Modell 758; "Kent"-Warmwasserbereiter 758; Elektrodenheizung 1121, 1280. - Tauchsieder 78.
Warndienst s. unter Schädlingsbekämpfung.
Waschen von Textilien: Arbeitsaufwand 77; Geräte für die Hauswäsche 1281; Energie- und Leistungsbedarf von Elektrogeräten 758.
Waschmaschinen: Arbeitsaufwand maschineller Verfahren 194; sinnvoller Einsatz 449; Arbeitserleichterung im Landhaushalt 78; Ratschläge für das Waschen 931; Kosten bei den einzelnen Maschinentypen 337; Wasserbedarf 195. - Entwicklungsgang der Waschmaschinen für den Haushalt 931; techn. Entwicklung in England 342; Polypropylen als Werkstoff im Waschmaschinenbau 199. - Wasch- und Bügelgeräte, Jahresübersicht 1961 456; Frühjahrsmesse 1962 in Köln 453, 455; Herbstmesse 1962 in Köln 600; brit. Verkaufs-Konferenz in Harrogate 341; "Empress" 764; "Sunbreeze" 764; Kombination von Waschmaschine und Küchen-Spülbecken 340.
Trommelwaschmaschinen: Energieverbrauch 1104; Maschinen mit Schrägtrommel 453; "Liberator Tumble-Wash" 765; "Rotomatik" 764; Maschine von Siemens für beschränkte Raumverhältnisse 765.

Waschautomaten: 764; Trommelwaschmaschinen, Konstruktion, Arbeitsweise und lauf. Kosten 931; Anschlußwerte 530. - A.E.I.-Hotpoints 764; Automaten der Robert Bosch GmbH 455; "Hoover-Automatic" 455, 599, 764; "Keymatic" 765; AEG-Gerät "Lavamat" 455.
E n t w ä s s e r n: in der Wäscheschleuder, Energieverbrauch 1104; Schleudern 454; Spülzentrifugen 454. - Trockeneinrichtungen 454, 764; Trockner der DRU-fabrieken, Ulft 1281; Trockenschrank "Elektrapex" 764.
Waschküche, moderne Haustechnik 78.
Waschmaschinen für Wurzelfrüchte: Kartoffeln 67; Wascheffekte bei Kartoffeln, Rüben und Rübenblättchen 68+.
Wasserbau, allg. Entwicklung, Lit.-Übersicht 703; Probleme der Mechanisierung in der DDR 31.
Wassergebundene Wegedecke als Wirtschaftsweg 93.
Wasserkessel, Überblick über Geräte in England 760.
Wasserkraftmaschinen, Lit. 843+.
Wasserkühltürme zur Milchkühlung in der Farm 756.
Wasserleitungen s. unter Wasserversorgung.
Wassermelonen s. unter Melonen.
Wasserpumpen s. unter Pumpen.
Wasserspulen, Erfahrungen mit Stahl-Wasserspulen 251.
Wasser-Streichblechschmierung beim Pflügen 709.
Wassertransport von Holz: vergl. Kalkulation über Flößungs- und Autotransportkosten 231, 629; Langholzflößung 375; Flößen von Birkenfaserholz auf dem Meer 233; neue Lasteinheit für 2 m-Sorten in Bündeln 624; Stapelverfahren für überflutbare Lagerplätze 233; "Selbstabhängeleinen" für ein mech. Stapeln und das Hineinrollen von Rundholzbündeln ins Wasser 232; Kutter "T-117" mit 150 PS Motor "3D6" 359; Strömungsdämpfer 375; Streichversatz mit abgeschrägtem Flügel zum Abweisen des Triftholzes 234; Flößauflöse- und Anlademaschine "VKF-CNII lesosplava" 375.
Wasserversorgung, Brunnen, Pumpen, Warmwasserversorgung s. dort; s. auch Tränken.
Jahresübersicht 1356; gesetzliche Bestimmungen in der DDR 813. - Beschaffenheit, Gewinnung und Aufbereitung von Wasser 347; Entkeimung durch Bestrahlung mit UV-Licht 1004. - Wasserverbrauch, Normen 1004; Faktoren, die den häuslichen Wasserbedarf beeinflussen 195; Arbeitserleichterung im Landhaushalt 77; Enthärtungsanlage für Geschirrspülautomaten 197. - Kommunale Gemeinschaftsplanung in Wasser- und Kanalisationsfragen 122; Wasser und Abwasser in Molkereien 503; Vorschläge zur techn. Lösung 441, 1280; Versorgung in Tierzuchtfarmen 332+; Automatisierung in Viehhaltungsfarmen 753+; Versorgung in Offenställen 256; Einfluß der Wasserhärte auf die Reinigung von Milchgerätschaften 590; Normen und Gütevorschriften für die Projektierung von Geflügelfarmen 513. - Gerät "SM-6M" zum Bestimmen des Grundwasser-Salzgehaltes 273. - Speicherung auf Farmen, Rundbehälter aus Ziegeln 392; Wasserbehälter aus Kunststoffen 403. - Verfahren der Grundwassersammlung auf Schwarzerde 651; Regelung der Wasserentnahme aus artesischen Brunnen 748.

Rohrleitungen: gute Dimensionierung 449; Ausstattung von Ställen mit Wasserleitungen ohne Metallrohre 650; Asbestzement für Druckrohre 247; Leitung in Broilerställen 670; Leitung für die Euterwäsche 662; Anwendung von Kunststoffen 122, 276, 403, 813, 1293.
Wasserwirtschaft, Lehre und Forschung in Österreich 870; Bedeutung der Grundwasserreserven bei radioaktiver Verseuchung 703.
Wechselnutzungsgebäude s. unter Mehrzweckbauten.
Wegebau, volkswirtsch. Gesichtspunkte 498; Rentabilitäts-Berechnung eines Wegnetzes 121+; Anforderungen an Wirtschaftswege 390, 392; Planung und rationelle Ausführung von Wirtschaftswegen 1355; Versuche zur Befestigung bzw. Neuanlage in der DDR 1356; staatliche Förderung in der BRD 391; Planung in Schleswig-Holstein 647; Wirtschaftswegebau auf der Nordseeinsel Föhr 1355; Befestigung der Hauptwege in Obstanlagen 948.
Prüfung verschiedener Bauarten für Wirtschaftswege 93; Bauhandbuch für LPG 114; einfache Wegebefestigungen 391; Wegebau in Marsch und Moor, Bauverfahren 1354. - Geräte 497; Fahrzeug zum Niederwalzen von Waldteilen (Anlage von Wegen) 214; Instandsetzung, Maschinensystem 1356. - Bauweisen mit Bitumen 648, 812; Ausführung mit bituminösen Allwetterbindemitteln 1355; heißgemischte Tragschichten für Wirtschaftswege unter Verwendung von hochviskosem Teer als Bindemittel 649. - Versuche im Einfach-Wegebau mit hygroskopischen Salzen 498. - Zementvermörtelte Schotterdecke 1354; Straßendecken aus Traßkalk-Schotter-Beton 811; Zementstabilisierung mit Sand 811. - Erfahrungen mit Stahl-Wasserspulen 251.
Verwendung von Beton 120, 246; Betondecken 648; Betondecke als Voll- oder Spurbahn 1355; Betonspurbahn 649; Betonverbundplatten für die Befestigung von Spurwegen 1171; Betonsteinpflaster 812; Fahrbahnbefestigung durch Stahlbetonfertigteile 647.
Bodenstabilisierung: 121, 647, 1356; Lit. über Bodenverfestigung mit chem. Mitteln 1005+; Bodenstabilisierung mit hygroskopischen Salzen 1355; Stabilisierungsmethoden und Bau-Mischverfahren in Österreich 1156. - Bodenvermörtelung 812; Bodenverfestigung mit Kalk 391; Bodenverfestigung mit Zement 649, 812; Verwendung von Pectacrete-Zement 1355; Bodenstabilisierung mit Sand-Zement 652. - Bodenverfestigung mit Straßenteer in Niedersachsen 650, 811.
Forstwege s. dort.
Weichobst, Kleinverpackungen 209.
Weidemelkstände s. unter Melkstände.
Weiden, Arbeitsorganisation eines Weidebetriebes 1045. - Maschinen zur Verbesserung des Graslandes 551; Zusammenstellung DLG-anerkannter Maschinen 113; Rotorschaufelkultivator "Rotadigger" zum Umbruch 296;Ernterotor-Duplex zum Weideputzen 1079; Gerät zum Abbrennen 1165.
Weidenruten, Lit. über Schneiden und Bündeln 436+.
Weidezäune s. unter Zäune; Elektrozäune s. dort.

Weidezentralen, Grundkonzeption für Weidezentralen mit Rohr- und Kannenmelkanlagen 257; verbesserte Zentrale für Milchvieh mit stationärem Fischgrätenmelkstand 665; Einrichtung einer Weidezentrale für Jungvieh 1012.

Weinbau

Gliederung: Hinweise
Allgemeines
Schleppereinsatz
Bodenbearbeitung
Bestellung
Düngung
Pflege
Schädlingsbekämpfung
Transport
Weinlese
Aufbereitung

Hinweise: Frostschutz s. dort; s. auch Nebeln, Spritzen, Sprühen.

Allgemeines: Weinbau im Großbetrieb 202+; arbeitswirtsch. Untersuchungen 2; Arbeitsaufwand in der UdSSR 344; Grenzen und Möglichkeiten der Weitraumanlagen 346. - Voraussetzungen für die Anwendung der Technik 1287; Einsatz von Maschinen in Weitraumanlagen 84; Lit. über Mechanisierung 347+; Zusammenstellung DLG-anerkannter Maschinen 113; Vorführung in Gau-Bickelheim 211; Maschinen aus Rumänien 203. - Stockroden, Erdbewegungen, Rebholzbeseitigung, Schädlingsbekämpfung, Lesearbeiten und Traubentransport, Maschineneinsatz 1287. - Beheizung von Gewächshäusern für die Weintreiberei 352.

Erfahrungen mit Seilwinden 935; Typentafeln über Weinbergseilwinden 935; Anbau-Seilwinde von Plumettas, Bex 357; Kupplungselemente für die Fernbedienung von Schlepperseilwinden 201.

Schleppereinsatz: Schleppertypen 201; Tragschlepper 357; Entwicklung eines 2-Mp-Schleppers 829; Einsatz von Einachsschleppern 20. - Drei- und Vierrad-Grätschschlepper 93; Grätschschlepper für niedrige, eng gezeilte Drahtanlagen 357; Grätschschlepper mit 120-150 cm Bodenfreiheit 83. - "Bolgar TL-30" 765; "T-46B" 1111; "UH-28" 1346. - Spezialfahrzeug von Steyr "Haflinger" 1116.

Bodenbearbeitung: 84; bei Flach- und Steillagen 1292; im Drahtbau 940; im nordfranzösischen Weinbau 83. - Einfluß von Rigolen auf die Bodenstruktur 84; Mechanisierungsmöglichkeiten 1116. - Geräte 935. - Schlepperpflüge 1289; Pflüge "SZEK" 203+; Scharpflüge hydraulisch betätigt, ausweichende Pflugkörper 457; Sitzpflüge 203, 458; Einmannarbeit in Steillagen mit Sitzpflug und aufgebautem Motorwindenaggregat 1116. - Maschine zur Bedeckung der Rebstöcke für den Winter 86; Abpflügen und Stöckeputzen 83. - Mech. Freilegen der Weinstöcke mittels Luftstrom 940. - Breite Scheibeneggen 457.

B e s t e l l u n g: Kostensenkung durch Veränderung in der Pflanzweite und in der Hocherziehung 457; hydraulischer Pflanzlochbohrer "GVN-2" 938; Anbau-Wasserstrahl-Bohrer für das Pflanzen von Rebstöcken 938.
D ü n g u n g: 84; Versuche 1283.
P f l e g e: Standweiten- und Erziehungsversuche 1283; Spaliererziehung, die ein maschinelles Abschneiden und Einsammeln der Trauben gestattet 776; pneumatische Scheren für den gleichzeitigen Schnitt der Rebstöcke in mehreren Reihen 457. - Bewässerung von Reben 347+. - Mech. Rebholzentfernung 84; automat. arbeitende Stockräumer 357; Rebholzzerkleinerer der UCF Paris 357.
S c h ä d l i n g s b e k ä m p f u n g: 84, 935, 1312; Flugzeugeinsatz 1343; Mehltaubekämpfung mit geringen Flüssigkeitsmengen 1314; Spätfrost- und Vogelabwehr 935; druckfestes Perlonnetz zum Schutz vor Vogelschäden 1130; Viskose-Spinnkabel zur Starenabwehr 210; Bekämpfung von Staren mit phonoakustischen Verfahren 467, 1130.
T r a n s p o r t: Mechanisierung 935; Lastentransport 1287; transportable Hängebahn 1285.
W e i n l e s e: Mechanisierung 1302; Teilmechanisierung 84. - Mech. Ernte: Verfahren 1307; Probleme und Fortschritte 950; Versuchsergebnisse und Entwicklungen in Cornell 1307; Erntemaschine für Rosinen- und langstielige Weintrauben 457.
A u f b e r e i t u n g: Vorteile bei Vermarktung von standardisierten Tafeltrauben in Einwegbehältern 356. - Pressen: Übersicht in Frankreich 275. - Horizontal-Weinpressen, DLG-Prüfberichte: 800 l 610; 1000 l 1128; "HWP 2500" 1128. - Mech.-hydraulische Traubenpresse 203; "Luxor"-Preßaggregat 1311.

Weißkohl s. unter Kohl.

Weißtanne s. Abies alba Mill.

Weizen, Messung der Ausflußmengen mit Blenden und Düsen 282; Entfernung eingeschlossener Luft bei Dichtigkeitsbestimmungen 1047; Verluste in Abhängigkeit vom Feuchtigkeitsgehalt beim Dreschen 727; direkte Trocknung mit Rauchgasen 1091; Trocknungstemp. 823. - Saatgutbereitung mit hoher Wechselspannung 1262; Reinigungsanlage "Monitor", Typ "2", Maschinenprüfbericht Ultuna 64. - Neue Verfahren zur Bekämpfung von Flugbrand 1344.

Wellasbestzement, Dacheindeckungen aus Wellasbestzementplatten, Sturmschäden 1001.

Wendeldraht-Wasserförderer "VOS-2" 188.

Werkstätten, Bauhandbuch für LPG 114; Gebäude, Anwendung von Silikatbetonplatten 1171; Werkstattwagen der Fa. Domar 990. - Ausrüstungen, Grünes Buch 1962 137. - s. auch Instandsetzung.

Werkstoffe, Forschungsarbeiten des Inst. Braunschweig-Völkenrode 831; Adhäsion zwischen Boden und festen Werkstoffen 688; Gerät zum Überwachen der Stoffeigenschaften und der Stoffzusammensetzung, Lit.-Übersicht 682; Werkstoffveränderung durch Isotopenstrahlung 142; zyklische Verschleiß-

festigkeit der Metalle 834+. - Werkstoffe für Sonderzwecke 525+; Methode zur Gewinnung von organisch-mineralischen Stoffen mit hoher Festigkeit 832; organische und mineralische Stoffe zur Herstellung und Beschichtung von Pflugscharen und Pflugstreichblechen 1071; Lagerwerkstoffe für ungünstige Schmierbedingungen 139. - Verwendung von Leichtmetallegierungen und Plasten bei Beregnungsaggregaten 419; Erfahrungen mit Hartschaumstoffen als Temperaturisolierung von hydrologischen und meteorologischen Meßinstrumenten 836+; Festigkeitseigenschaften und Zusammensetzung von Glaszement 329. - s. auch die einzelnen Werkstoffe.

Werkzeugkunde für die Waldarbeit 95+.

Wicken-Hafer-Gemisch, Arbeitsweise von Siebreinigungsvorrichtungen 64.

Wiesen s. unter Grünlandwirtschaft.

Wildbachverbauung in Österreich 990.

Wildgatter s. unter Zäune.

Winden s. unter: Holzrücken und -bringen; Holztransport; Holzverladen; Seilwinden. - Anwendung im Weinbau s. unter Weinbau. - Kräne oder Winden zum Verladen von Sägeblöcken? 1332; "TL-5" mit Draggleine zum Beladen der Autokipper mit Sand und Kies 1330; "LM-47" für Rückeschlepper 1330.

Windenergie, Windkraftanlagen, Lit. 843+; Stromversorgung durch kleine Windkraftwerke 838; Windmotor-Wasserförderer "VP-3" 188.

Windkräfte bei Offengebäuden 249.

Windschutz, Versuche zur Klärung des Windschutzeffektes in den norddeutschen Marschgebieten 1114; Flugsandschäden und Reliktheckenvorkommen in Mecklenburg 1241+.

Windwurf, Aufarbeitung 101, 571, 972; Erfahrungen in der Aufarbeitung von Fichten-Windwurf 1139; Arbeitsschutztechnik 1324.

Winkeldrehpflug s. unter Pflügen.

Winkelpflanzung s. unter Pflanzen: Forstwirtschaft.

Wirtschaftsgebäude s. unter Gebäude.

Wirtschaftswegebau s. unter Wegebau.

Wischegge s. unter Eggen.

Wörterbücher, Mehrsprachenbildwörterbuch Tierfütterung und Tierhaltung 183+; Lexicon of terminology used in the fruit and vegetable trade 200+; Horticultural dictionary in eight languages 200+.

Wofatit, Wasserenthärtung 347.

Wohnhäuser, Aufgaben und Perspektiven des ländlichen Wohnungsbaues 1180; Wohnungs- und Landwirtschaftsbau, Jahresübersicht 1349; Teilergebnisse der Erhebung "Wohnverhältnisse in bäuerlichen Betrieben" in Österreich 1005; Wohnbereich der bäuerlichen Familie 1358; Verbesserung der Grundrißgestaltung 77; Arbeitsverbesserungen für die Bäuerin 815; vom Wohnen im Bauernhaus 1006. - Technik und bauliche Gestaltung, Bedeutung für den Arbeitszeitbedarf 1357, 1358; Entwicklungsstand und Einsatz der techn. Hilfsmittel 1359; wirtschaftliche Einordnung von Bau und Technik in den

finanziellen Rahmen des Landhaushaltes 1358; neue Mittel für das Planen und Bauen landwirtsch. Wohn- und Arbeitsstätten 1357; Leitsätze zur Planung für den bäuerlichen Familienbetrieb 393. - Umbauten im Hinblick auf den Betriebs- und Arbeitsablauf 1358; Ausbau von Wohnungen 1181. Typenentwicklungen 1180; Komplexserie ländlicher Wohn- und Kulturbauten für Neulandgebiete 392; rationelle Bauverfahren, Einfluß auf funktionelle Gestaltung, Bauausführung und Kapitalbedarf 1358; Standardisierung von Elementen 117; Häuser aus Raumzellen 1181; Vergleich der Baukosten eines ein- und eines zweigeschossigen Hauses 123; bäuerliche Wohnhäuser 1005; südschwedisches Langhaus 652; Landarbeiter-Doppelhaus 393; Haus im Bungalow-Stil 505. - Wohnungshygiene 500; Lufttemp. und Luftfeuchtigkeit 593; Lüftung 1005.
E i n r i c h t u n g e n: Vorfertigung haustechnischer Einrichtungen 121; Häuser mit Wasserleitung, Kanalisation und Zentralheizung 389; Fußbodenkonstruktionen 814. - Bedeutung eines Wirtschaftsraumes im Arbeitsablauf des ländlichen Haushaltes 1006; Arbeitsplätze und Sitzgruppen in Wohn- und Schlafräumen 1005. - Eingebaute Schränke, Schrankwände und Wandschränke 1005; Innen- und Außentüren aus Holz 1172.
Wolle, Zusatzausrüstungen für Scherpunkte 336; Bauten zur Verarbeitung, Baunormen 1351.
Wurfband als Zusatzausrüstung für Fuderlader 556.
Wurfhäcksler für Heu und Stroh 62.
Wurmparasiten, Abtötung im Fleisch durch Strahlung 13.
Wurzelschnitt, Maschinen und Geräte für Forstbaumschulen 216.

Zählbretter zum Zählen der Samen 968.
Zäune, Stand der Weidezauntechnik 185; Weidezäune, Material und Anlage 322; Arbeitsaufwand und Kosten des Aufbaues verschiedener Weidezäune 70; Anbaugeräte zur Errichtung von Drahtzäunen 322. - Anlage von Wildschutzzäunen, Wirtschaftlichkeit 801; Bau von Nagelzäunen zum Wildschutz 1159; Wild- und Kulturschutzzaun "Chrom-Ewag" 990; Nylon-Netze für Wildgatter 236. - Elektrozäune s. dort.
Zahnräder und Zahnradgetriebe, Jahresliteraturübersicht 832; Zahnradkupplungen, Selbstausrücken in Getrieben 860.
Zahnscheiben-Bodenlockerungsgerät "DZP-1" 219.
Zapfenernte s. unter Forstsamen: Gewinnung.
Zapfwellen, Schutzhaube, Test-Report 1961 des NIAE 282. - s. auch unter Schlepper: Kraftübertragung.
Zement im Landwirtschaftsbau 246. - Bodenverfestigung: 812; Wirtschaftswegebau 649; Verwendung von Pectacrete-Zement 1355; Zementstabilisierung mit Sand beim Bau der Wege 811; Zementstabilisierung von Forstwegen, Baukosten 378; zementvermörtelte Schotterdecke 1354.
Zentralheizungsherd s. unter Küchenherde.
Zentralrohrsilo s. unter Getreide: Trocknung.

Zentrifugalpumpen s. unter Pumpen; s. auch unter Beregnung.
Zentrifuge s. unter Milchseparieren.
Zerkleinern, Volumentheorie 11. - s. auch unter Futterzubereitung.
Zetten s. unter Heuernte.
Zettwenden s. unter Heuernte.
Ziegel als Baustoff 1171; Entwicklung und Verwendung 246; Ziegelmontageverfahren am DLG-Lehrhof München 495.
Zierpflanzenbau, arbeitswirtsch. Untersuchungen bei Cyclamen 933; Arbeitsverfahren bei der Cyclamenkultur 345; neuzeitliche Hilfsmittel bei Moorbeetkulturen 605; Ein- und Umtopfmaschinen für den Topfpflanzenbetrieb 1108; Streifen-Jiffy-Multitopfplatte und Erdwürfelverfahren 1108; Arbeitsverfahren beim Umtopfen von Hibiscuspflanzen von 3,5-cm-Multitopfplatten in 8-cm-Tontöpfe 1291; gekühlte Glas- und Plastikhäuser für den Zierpflanzenbau in Südafrika 945; Kosten der Beregnung unter Glas 206; CO_2-Begasung in Nelkenhäusern 1298. - Arbeitsgestaltung beim Schneiden von Erikenstecklingen 601; Ernten von Gladiolenknollen mit Hilfe eines Kartoffelsammelroders 1303. - Aufbewahrung von Rosen in Lagerräumen mit direkter Kühlung 612.
Zirbelnüsse, Vorschläge zur Erhöhung der Keimkraft des Saatguts 1137.
Zisternen, Übersicht in Frankreich 275.
Zitronen s. Citruskulturen.
Zuckerrohr, Flugzeuge, Ausbringung von Herbiziden 1342; Mechanisierung der Ernte 736; Zerschlagen von Stengeln mit Rotorschneider 875; 3-Walzen-Vertikalquetschmaschine für das Auspressen 60.
Zündkerzen, Lit. über Herstellung 286+.
Zuschneidemaschine "Spa-We-Schnitt", Einsatz zum Zuschneiden der Ballentücher 941.
Zuwachsbohrer der Fa. Forestry Seppliers 223.
Zwangsstand für Massenuntersuchungen von Rindern 257; für säugende Sauen 821; Stände zur Klauenpflege 190.
Zweiachsanhänger s. Schlepperanhänger.
Zweiachsschlepper s. Schlepper.
Zwiebeln, Festigkeitsmessung mit einer Druck-Prüfmaschine mit Druckschreiber 934; Anbau, neue Produktionsverfahren 204; Anbauversuche von Saatzwiebeln unter Verwendung schützender Papierstreifen 937. - Aussaat von Steckzwiebeln mit dem Säschar der Reihensaatmaschine 1114; Pensaer Steckzwiebelsämaschine "PLS" 937; automat. Legemaschine 489. - Ernte: Mechanisierung 354, 776, 1301; Erntemaschinen 1087, 1251, 1301; Rodegerät 489, 776; Rodegerät "Gläser", Prüfbericht Potsdam-Bornim 465; Umrüstung von Kartoffelrodern für die Ernte 1123.
Vorrichtung zum Trocknen 674; Bunker- und Sacktrockner 207. - Gefriertrocknung 199. - Sortiermaschinen 207; Reinigung und Sortierung der Steckzwiebeln in der Maschine "OSM-3U" 1309. - Anbau-Putzmaschine von K.H. Layn 207; "Cooch"-Zwiebelputzmaschine, NIAE-Test Nr. 322, 1124.
Zwischenfrüchte, Bestellung von Stoppelzwischenfrüchten 1241+; Fließarbeit bei der Ernte 308.
Zylinderlaufbüchsen aus Schleuderguß, Verschleiß 285.

32402

FSC
www.fsc.org
MIX
Papier | Fördert
gute Waldnutzung
FSC® C083411

Zeitfracht Medien GmbH
Ferdinand-Jühlke-Straße 7
99095 Erfurt, Deutschland
produktsicherheit@kolibri360.de